变形高温合金制备
工艺依据及优化方法

Optimization of Manufacturing Processes
of Cast and Wrought Superalloys

董建新　　江　河　　姚志浩
李　昕　李　澍　张亨年　姚凯俊　著

北　京
冶金工业出版社
2024

内 容 提 要

本书共7章，第1章主要介绍高温合金及应用、变形高温合金生产制备、变形高温合金制备过程工艺依据及关联影响，第2章主要讲述真空感应熔炼过程控制模型构建、真空感应熔炼控制模型的验证和真空感应熔炼工艺依据优化方法及推广应用，第3章主要讲述真空自耗重熔控制模型建立、真空自耗重熔控制模型的验证、真空自耗重熔工艺依据优化方法及应用推广，第4章主要介绍去应力退火控制模型和方法应用及推广，第5章主要内容包括均匀化模型构建、均匀化模型的验证和方法应用推广，第6章包括开坯过程控制模型构建、开坯控制模型验证、模型应用实例及推广，第7章介绍了盘件锻造过程控制模型构建、盘件锻造控制模型的验证和盘件锻造工艺依据优化方法及应用推广。

本书可供从事高温合金材料研究、生产和开发的有关人员阅读，也可供高等院校相关专业师生参考。

图书在版编目（CIP）数据

变形高温合金制备工艺依据及优化方法 / 董建新等著 . -- 北京：冶金工业出版社，2024. 9. -- ISBN 978-7-5024-9969-3

Ⅰ. TG135

中国国家版本馆 CIP 数据核字第 2024XJ0082 号

变形高温合金制备工艺依据及优化方法

出版发行	冶金工业出版社	电　　话	（010）64027926
地　　址	北京市东城区嵩祝院北巷 39 号	邮　　编	100009
网　　址	www.mip1953.com	电子信箱	service@ mip1953.com

责任编辑　李培禄　于昕蕾　美术编辑　吕欣童　版式设计　郑小利
责任校对　王永欣　责任印制　窦　唯
北京博海升彩色印刷有限公司印刷
2024 年 9 月第 1 版，2024 年 9 月第 1 次印刷
710mm×1000mm　1/16；15.25 印张；295 千字；234 页

定价 120.00 元

投稿电话　（010）64027932　投稿信箱　tougao@cnmip.com.cn
营销中心电话　（010）64044283
冶金工业出版社天猫旗舰店　yjgycbs.tmall.com
（本书如有印装质量问题，本社营销中心负责退换）

前　言

自 1989 年踏入北京科技大学伊始，遂与高温合金结缘，一直耕耘其中，授课程、育学生、做科研，回眸再顾，已然 35 年。从开始的懵懂闯入，到入题入戏，再到多次去国外大学、研究所和企业的拓研认知，高温合金之故事所牵所挂始终萦绕于脑际。

期间走访了国内不少高温合金生产和应用企业，也曾有国外高温合金生产企业访研工作的经历，深感与以往相比当今国内高温合金的生产进步和产品质量的不断提升。就目前我国高温合金市场需求和生产装备水平而言，实际上已经具有了庞大的营帐阵容，但头脑中仍总是萦绕着一个问号——何时能媲美先进国家的产品质量和成本优势，迄今制约我国高温合金产品质量再提升的技术瓶颈又为何。答案似乎有一个趋同的认知，国内变形高温合金产品的提升可能更仰仗于设备升级更新和经验积累，依靠经验凭"豪华式"先进硬件装备的生产方式者居多，而真正提高高温合金产品高质量及高性价比所需的关键核心"软"技术（制备工艺依据及优化）尚处"起步"阶段，还未能"茁壮成长"。建立深入挖掘设备潜力的科学式生产方式，使得变形高温合金制备全过程中诸个工序的工艺制订有据可依，并充分关联工艺间的遗传规律，对每个环节的工艺制定建立"科学依据"，乃迫在眉睫的解题之策。

纵观我国近 70 年的高温合金研发史，目前正是处于从量的积累到质的飞跃的转折期，也即从能做出来并做大到做强做精的提升阶段。进而若能综合统筹构建变形高温合金工序间可贯通传递的全流程工艺控制技术，分析研判全流程中诸控制点的影响权重，同时进一步提取诸分工序控制点的影响权重，最终提出各控制点的工艺控制对策，做到有的放矢，必然能提高产品质量稳定性、合格率和高性价比，造就强大的国际市场竞争力。而从目前我国变形高温合金的技术积累、合金制备认知和研究手段等角度来看，实际上也具备了使得这个转折期快速顺畅跨越的条件。

再回眸本人多半生的科研之路，不弃不离步步为营，始终未离变形高温合金半步。从高温合金组织性能关系的研究为切入，奋燃多载，渐悟导致其变应关联前序工步，故重心前移至高温合金均匀化开坯的探究，又近 10 年，悟感合金熔炼凝固控制乃更上之源头，顾及其中复又耕耘多载。回顾再望，从熔炼凝固控制开始再顺之至锻件的整个变形高温合金制备流程，又深感高温合金制备流程之长、影响因素之众，稍有扰动必会影响全局。为此思虑能否予以梳理顺通，研判工艺设计的依据，做精做强高温合金。复又苦苦思索攀研数载，于 2015 年第十三届高温合金大会提出了高温合金锻件全流程集成式虚拟生产线的建立及工艺优化的研究思考。依此持续为战，借两机专项和高端金属材料攻关之东风，求索解道，奋力以求，让思索和研究结果落地，提振信心。

本人从博士研究生期间就开始研究 GH4169 高温合金，到现在又做了一个更大的 GH4169 合金大棒材（直径 1050 mm）和大盘件，有苦有甜，有感更有悟。授课、带研究生，思虑变形高温合金制备的控制之策，不断学习先进技术，走访调研并与生产企业合作，请教收集生产企业的反馈信息，消化吸收国外的先进思想和方法，求索产品质量与先进国家差距的根源和解题之道。感悟多年，似有所悟，思考整理了本书，试图为我国的变形高温合金生产企业提供一点点的建议和思考方向，为变形高温合金的科技进步尽绵薄之力。

本书的完成主要靠博士研究生们的辛勤工作，在此深表感谢。其中第 2 章初稿由李澍撰写，第 3 章初稿由张亨年撰写，第 4~6 章初稿由李昕撰写，第 7 章初稿由姚凯俊撰写。同时也感谢江河、姚志浩老师在科研工作和本书撰写完善过程中的无私奉献。

董建新

2024 年 6 月

目　　录

1 变形高温合金制备工艺

高温合金是指以铁、镍、钴为基，在 600 ℃以上高温环境服役，能承受苛刻的机械应力，并具有良好表面稳定性的一类合金。高温合金一般具有高的室温和高温强度、良好的抗氧化和抗热腐蚀性能、优异的蠕变与疲劳抗力、良好的组织稳定性和使用可靠性，广泛应用于涡轮发动机等先进动力推进系统热端部件。

通过对变形高温合金不断的累积开发研究和研究工作中的反思及感悟，尤其结合我国高温合金六十多年的发展历程，试图找寻我国高温合金产品质量与进口产品质量存在差距的根源和解题之道；依此对高温合金制备过程做一个梳理分析，并结合自身的研究积累，提出解决困惑的研究思想和方法。本章首先简要介绍高温合金及应用和变形高温合金的生产制备过程，进而对制备过程工艺优化提出思考分析，为后续章节的展开分析做引入和知识铺垫。

1.1　高温合金及应用

高温合金研究的不断深入，不仅推动了航空/航天发动机等国防尖端武器装备的技术进步，而且促进了交通运输、能源动力、石油化工、核工业等国民经济重要产业的技术发展。目前，高温合金已经成为国防武器装备不可或缺的核心材料，同时也是民用工业领域中的关键材料，其研究和应用水平是衡量一个国家材料科学发展综合实力的重要标志。

高温合金的发展与航空发动机的进步密切相关，在高温合金发展历程的前几十年中，为了一些特殊的力学性能和化学性能，不断添加了许多元素。20 世纪 30 年代选用 Ni 或 Co 为基，因为它们能获得稳定的面心立方结构（FCC）奥氏体，加入足够的 Cr 以便于提高抗氧化性；其后，加入了少量 Al、Ti 和 Nb 以产生共格的 γ' 强化相；在 40 年代后期，研究发现，添加 Mo 可以通过固溶作用和析出碳化物产生显著的强化；此后，其他难熔元素，W、Nb、Ta 和 Re 也被用来产生同样的强化作用。

可以看出，所有高温合金都含有多种合金元素，有的多达十几种，也就是说，一方面把多种合金元素加入到基体元素（Ni、Co 和 Fe）中，使之产生强化效应；另一方面高温合金生产工艺和技术的不断改进和革新，比如采用新工艺、改善冶炼、凝固结晶、热加工、热处理及表面处理等环节改善合金组织结构而强化，进一步推高了高温合金的综合性能。因此，一般来看，高温合金均是从两个方面即合金强化与工艺强化相结合，两者不断相互促进，使得高温合金得以不断发展。

高温合金从一开始就主要用于航空发动机，在现代先进的航空发动机中，高温合金材料用量占发动机总量的 40%~60%，可以说高温合金与航空发动机是一对孪生兄弟，没有航空发动机就不会有高温合金的今天，而没有高温合金，也就没有今天先进的航空工业。在航空发动机中，高温合金主要用于四大热端部件，即导向器、涡轮叶片、涡轮盘和燃烧室。发展大飞机，首要的问题就是研制高性能的航空发动机。提高涡轮进口温度是改进发动机性能的有效措施，而要提高涡轮进口温度，就必须采用能够承载更高温度且具有优异性能的高温合金材料。因此，高性能高温合金的研制是实现先进航空发动机设计与制造的关键。

工业燃气轮机的核心热端部件采用高温合金材料制备。与航空发动机相比，工业燃机使用寿命长（10 万小时乃至更长），工作环境更恶劣，要求高温合金材料同时具有良好的抗热腐蚀性能、高的承温能力、良好的长期组织稳定性，以及可满足大型叶片和大尺寸涡轮盘制造所需要的良好工艺性能。

为了摆脱对传统化石燃料的依赖，核电技术获得大力发展。第四代高温气冷核反应堆，其工作温度可达 920~950 ℃，这不仅对高温合金材料的需求量显著增加，而且对高温合金性能及安全可靠性的要求也明显提高。发展长寿命、高可靠性的高温合金管材和板材的制备与加工技术就显得尤为重要。

此外，高温合金在其他民用工业的一些领域，如民用燃气轮机和烟气轮机等叶片和涡轮盘、汽车涡轮增压器、冶金加热炉衬板、内燃机排气阀座、乙烯裂解炉管、烟气脱硫装置等方面得到广泛应用。近年来，高温合金的应用领域不断扩大，特别是耐高温耐腐蚀合金在石化和机械制造等行业的应用有明显进展。因此，民用高温合金的应用范围将不断扩大，用量会大幅度增加。

鉴于高温合金用途的重要性，因此对高温合金的产品质量之严、检测项目之多是其他金属材料所没有的。高温合金外部质量要求有外部轮廓形状、尺寸精度、表面缺陷清理方法等，如锻制圆饼因呈鼓形且不能有明显歪扭，锻制或轧制棒材不圆度不能大于直径偏差的 70%，其弯曲度每米长度不能大于 6 mm，热轧板材的不平度每米长度不能大于 10 mm，等等。高温合金内部质量要求有化学成分、合金组织、物理和化学性能等。高温合金的化学成分除主元素外，对气体氧、氢、氮及杂质微量元素铅、铋、锡、锑、银、砷等的含量都有一定的要求。一般高温合金元素达 20 多种，单晶高温合金分析元素达 35 种之多。

合金组织除了有低倍和高倍要求外，还要提供有关高温组织稳定性数据，其检测项目有析出相、晶粒度、晶界状态、夹杂物的大小和分布、断口分层、疏松和纯洁度等。高温合金力学性能检测项目有室温及高温拉伸性能和冲击韧性、高温持久及蠕变性能、硬度、高周和低周疲劳性能、蠕变与疲劳交互作用下的力学性能，抗氧化和抗热腐蚀性能等。为了说明合金的组织稳定性，不仅对合金铸态、加工态或热处理态进行上述力学性能测定，而且合金经高温长期时效后仍需要进行相应的力学性能测定。高温合金物理性能的测定通常包括密度、熔化温度、比热容、线膨胀系数和热导率等。

为了保证高温合金生产质量和性能稳定可靠，除上述材料检验和考核外，用户还必须对生产过程进行控制，即对生产中的原材料、生产工艺、生产设备和测量仪表、操作工序和操作人员素质、生产和质量管理水平等进行考核。可见，高温合金生产、管理和检测等环节之严格也能反映出高温合金质量控制之难度。

1.2 变形高温合金生产制备

为了保证高温合金具有优异的质量水平，必须严格控制化学成分和提高纯洁度，而这主要取决于熔炼技术。高温合金可以采用多种冶炼方法，即可以用电弧（EFM）炉或与氩氧脱碳（AOD）结合的 EFM/AOD、感应（IM）炉或真空感应（VIM）炉进行一次熔炼，也可以用电渣重熔（ESR）炉或真空自耗（VAR）炉进行二次重熔，有的甚至采用三次熔炼，以发挥各自的优点。

选用什么样的工艺路线，主要根据高温合金的成分特点和要求。合金化程度高，通常都采用真空感应炉熔炼，然后再经真空自耗或电渣重熔进行二次熔炼。一些大锭型优质合金采用真空感应+电渣重熔+真空自耗三联工艺进行联合熔炼。通过三联工艺中的电渣重熔可以去除真空感应电极中的部分夹杂物，并为真空自耗重熔提供致密、缺陷少的电极，保证了重熔过程的稳定性，进一步改善纯洁度，降低了宏观偏析倾向。

1.2.1 真空感应熔炼

真空感应熔炼（VIM）高温合金的原理是：利用电磁感应在炉料中产生涡流使其加热和熔化，并通过真空脱氧、脱氮、杂质元素挥发以及控制熔体与坩埚作用等一系列物理化学反应，冶炼出化学成分准确且纯洁度高的高温合金锭，如图1-1所示。目前，高合金化优质高温合金几乎毫不例外都采用真空感应熔炼作为一次熔炼，然后再进行二次熔炼，甚至三次熔炼。

但真空感应熔炼也有其不足，合金液与坩埚耐火材料之间发生某些化学反应，使合金在一定程度上受到污染。真空感应炉仍然采用钢锭模浇铸，较难控制合金的凝固过程，钢锭结晶组织可能会出现普通铸锭工艺所具有的一些缺陷。

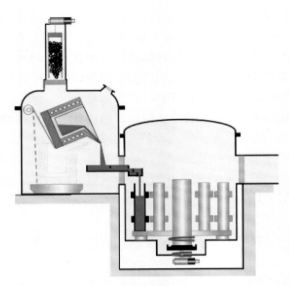

图 1-1 真空感应炉熔炼示意图

1.2.2 电渣重熔

电渣重熔（ESR）的基本原理如图 1-2 所示，自耗电极、渣池、金属熔池、电渣锭、底水箱、短网导线和变压器之间形成电回路。当强大的电流通过回路时，

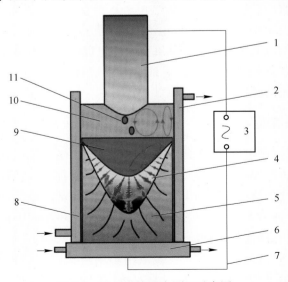

图 1-2 电渣重熔基本原理示意图

1—自耗电极；2—水冷结晶器；3—变压器；4—糊状区；5—铸锭；6—水冷底盘；7—短网；
8—渣皮；9—金属熔池；10—渣池；11—金属液滴

由于液态炉渣具有一定的电阻，渣池内产生强大的渣阻热。渣阻热一方面把渣池自身加热到高温，另一方面把埋入渣池中的自耗电极端部逐层熔化和加热，薄层电极金属液在重力、电磁力以及熔渣冲刷力的综合作用下，沿电极熔端表面向下流动并汇集成熔滴，熔滴力图向下坠落，但熔渣与熔滴界面张力则力图阻止熔滴脱离。随着电极金属的不断熔化，熔滴体积逐渐增大，当其重力和电磁力、熔渣冲刷力的综合作用超过界面张力的作用时，熔滴断落。断落熔滴穿过渣池，转移到金属熔池，完成熔滴过渡过程。

金属熔池一方面不断接受过热的金属熔滴及渣池的热量，另一方面又受到结晶器中的水冷却，不断向下和向结晶器壁方向散热，即液态金属熔池同时受定向加热和定向冷却的双重作用。熔池内的金属液逐渐依照由下而上、由边缘向中心顺序结晶成锭。重熔过程中，渣池与金属熔池不断上移。上移的渣池在水冷结晶器的内表面上首先形成一层渣壳（它是重熔锭渣皮的前身，也可视为铸锭结晶的模壁），它起到径向绝热作用，导致径向散热强度小。基于这样的结晶特点，电渣重熔锭结晶呈轴向发展。

电渣重熔在净化金属、减少钢中偏析和改善钢锭结晶组织方面有优越条件，所以被广泛应用于滚珠轴承钢、工具钢、不锈钢及高温合金等优质钢的重熔。电渣重熔由于自身的特点，具有钢锭的纯洁度高、组织致密均匀、钢锭的表面良好等优越性；但是其去气效果较差，含铝、钛元素高的合金，成分不易准确控制和调整等。

1.2.3 真空自耗重熔

真空自耗重熔（VAR）是在无渣和低压的环境下或者是在惰性气体的气氛中，金属电极在直流电弧的高温作用下迅速地熔化并在水冷结晶器内进行再凝固，但液态金属以熔滴的形式通过近5000 K的电弧区域向结晶器中过渡以及在结晶器中保持和凝固的过程中，发生一系列的物理化学反应，使金属得到精炼，从而达到了净化金属、改善结晶结构、提高性能的目的，如图1-3所示。因此，真空自耗重熔法的实质是借助于直流电弧的热能把已知化学成分的金属自耗电极在低压下或者在惰性气体中进行重新熔炼，并在水冷结晶器内铸成钢锭以提高其质量的熔炼过程。

真空自耗重熔具有两个主要的冶金特点，一是自耗电极呈薄层熔化，然后集中成熔滴向金属熔池滴落，熔滴的形成和过渡都处在真空环境中；二是金属液在水冷结晶器中凝固。

真空自耗重熔的优点是可有效去除钢和合金中的氢和有害金属夹杂，能有效去除氧、氮，主要靠其夹杂物的上浮，一部分由挥发去除；改善夹杂物的分布及状态，由于其结晶特点以及重熔过程中夹杂物的熔解和再生，重熔后金属中夹杂

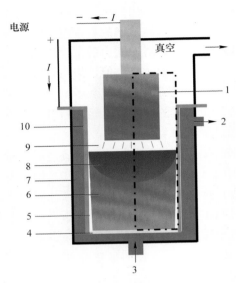

图 1-3 真空自耗重熔基本原理图

1—电极；2—出水口；3—入水口；4—底盘；5—氦气冷却；6—已凝固铸锭；7—冷却水；
8—熔池；9—电弧；10—铜制结晶器

物分布较为弥散；不接触耐火材料，因而可杜绝外来夹杂物的沾污；活泼元素烧损少，合金成分比较稳定。但是与电渣重熔比较，钢锭表面质量较差，致密度较差，缩孔不能完全消除；重熔后铸锭通常要经表面扒皮，脱硫能力以及改善夹杂物分布不如电渣重熔。

1.2.4 高温合金铸锭

在高温合金的发展进程中，由于合金化程度不断提高，合金的加工塑性随高温强度的提高而降低。合金的组织结构变得愈发复杂，锻压加工工艺技术的发展不但要解决变形高温合金的最佳工艺参数选择问题，而且要解决高温合金在选定的工艺参数下，获得所需的组织和性能，以便满足不同零件使用的性能要求。控制热加工参数使合金加工后获得要求的组织结构，从而使合金获得优异的使用性能，这是确定热加工工艺的一项基本原则。

质量优异的高温合金铸锭是成功进行热加工的保证。目前大多数变形高温合金都利用真空感应熔炼作为一次熔炼，之后采用真空自耗重熔或电渣重熔作为二次熔炼或三次熔炼。一次熔炼必须严格控制主要化学元素或微量有益元素在技术条件规定的范围内，或者按事先要求把它们控制在技术条件规定范围内的某一狭小范围，而且要严格操作，加强电磁搅拌使成分均匀。

要严格控制有害杂质元素的含量，它们不仅对力学性能造成非常有害的影响，而且还会导致严重偏析，使热加工性能变差。夹杂物也是影响高温合金热加工质量的重要因素，降低氧和氮的含量可以减少夹杂物对热加工性能的影响。此外，还可以通过熔炼过程中的陶瓷过滤进一步降低夹杂物数量。

高温合金铸锭的结晶组织对热加工性能的影响也十分显著。真空自耗重熔和电渣重熔由于有水冷结晶器，钢锭结晶情况良好，从下至上有定向凝固趋势，其中尤以电渣重熔效果最好。这是因为电渣重熔过程中熔渣在钢锭与结晶器壁之间凝固，降低了结晶壁的冷却效果，从下到上定向结晶效果更好。如果在重熔过程中降低熔化速率，增加凝固速率，可以使定向结晶效果更好，而且还可以降低凝固偏析，对热加工性能的改善效果更好。

1.2.5 高温合金铸锭的均匀化

由于高温合金的合金化程度高，在钢锭凝固时会造成明显的枝晶偏析而影响合金的成分均匀性。这种不均匀性会遗传到以后的锻件，使得成分和组织存在不均匀，导致性能的不均匀。特别是为大锻件制备而生产的大型钢锭，其偏析更为严重。为了减轻偏析，合金钢锭在热加工成坯料前必须在高温进行长时间的均匀化扩散退火，随后进行合金锭的开坯。

合金的偏析包括两方面，即偏析相和元素分布的偏析，因此评价合金均匀化应从两个方面考虑，即偏析相的消除程度和元素分配程度。对于偏析相的评价方法主要是观测其在合金中的含量，一般来说，借助于金相法或图像分析仪就可测定合金中偏析相的含量。偏析相包括多种，如低熔点有害相和初熔相等，对于低熔点有害相而言，其消除较为容易，在适当的温度较短的时间就可以消除。

合金经高温退火主要是消除元素的偏析，特别是针对 GH4169 这些偏析较严重的合金。主要是通过评判偏析系数大小程度来评判均匀化，常用的方法是借助于电子探针或能谱仪测定合金枝晶间和枝晶干元素的含量，接着计算出偏析系数，这种方法可以较为准确地说明偏析值为多少。但由于未与枝晶间距（表征冷却速度）、均匀化时间相结合，因此难以对工业实际应用提供指导。在评判元素偏析程度时，通用的方法是用残余偏析指数来评判，通常用 δ 来表征合金中元素的偏析程度，其表达式如下：

$$\delta = \frac{C_{\max} - C_{\min}}{C_{0\max} - C_{0\min}} \tag{1-1}$$

式中，δ 为偏析指数；$C_{\max}$、$C_{\min}$ 分别为经均匀化处理后的最高浓度和最低浓度；$C_{0\max}$、$C_{0\min}$ 分别为铸态的最高浓度值和最低浓度值。

从式（1-1）中可以看出，残余偏析指数 δ 与元素的扩散系数、枝晶间距和均匀化时间等参量有关。也就是说可以通过残余偏析指数来评估合金所需的均匀化时间，但是此评判方法也有不足，例如残余偏析指数达到多少，就可以评判合金大致达到了均匀化，合金中元素的扩散系数值较难得到。

1.2.6 开坯

高温合金铸锭在锻造前先要改锻成坯材，目的是使铸造组织细化，便于宏观检验、超声检验、封焊显微疏松和除去钢锭的表面缺陷，改善显微组织的一个目的是需要得到更优良的力学性能尤其是低周疲劳性能。由于一些原因，如较低的锻造温度、非均匀应变、模具的激冷、模具的锁合及摩擦，在不少锻材的锻造显微组织中存在一些遗留的初始显微组织，且存在于整个锻造变形中。因此，由于锻材的晶粒尺寸控制和低周疲劳性能要求日益提高，对钢坯组织的均匀性和质量要求也更高。

压力加工要求原料的加工塑性和表面质量要好，形状便于加工。钢锭的成分偏析较大，组织疏松，尤其是柱状晶的晶界是高温塑性的薄弱环节，加工时往往沿着这些晶界产生裂纹。小型钢锭的组织均匀，成分偏析较小，具有较好的加工性能。随着钢锭尺寸的增大，上述问题增多，给加工造成困难。从加工的角度考虑，在保证一定的锻压比情况下，尽量采用较小的钢锭。钢锭表面经清理后进行加工，为了消除钢锭内部的铸造组织和在一定程度上改善合金成分和夹杂物分布不均匀的状态，一般采用的锻压比为 4~6，生产中根据具体条件和要求，还会有明确的规定。

为了减小变形抗力、提高加工塑性和得到较好的组织，合金的加热温度必须严格控制。特别是均匀化后的铸锭，晶粒粗大，晶界上存留的一些低熔点相和夹杂物，若加热温度过高会产生"过烧"现象，产品表面出现龟裂，内部产生中心裂纹等缺陷。加工温度过低容易产生角裂现象，加工过程中要注意倒棱。

由于高温合金导热慢，合金坯料在加热和冷却的升降温过程中要格外引起注意，尤其是大型高温合金锻坯，否则会引起锭坯的开裂等现象。对于低塑性铸锭往往采取锻造方法开坯，尤其是用水压机锻造开坯以避免冲击压力，这对加工变形抗力大、尺寸又大的部件非常有利。锻造钢锭时，在钢锭的粗大柱状晶还没有破碎之前，要轻捶快打和小变形量，进给量应尽可能地小而均匀。水压机锻造时，注意要控制每一次的压下量。当钢锭四周变形达到一定程度、柱状晶被破碎之后，才可以逐渐加重锤击力和变形量，提高生产效率。锻造时注意防止温度降低，利用变形时的热效应，但锤击力过大和变形速度过快时，由于变形的热效应使钢坯中心部分温度过高而产生中心锻造裂纹。

1.2.7 锻造和轧制

锻造包括自由锻和模锻，一般说来其加工间隔时间长，有利于回复再结晶过程和塑性恢复，而且锻造时的压应力状态较轧制时强。锻造前锭材的加热速度要适宜，尤其是对锭型尺寸大、热裂敏感性大的合金，装炉温度不宜过高，随后的温升不宜过快，以防产生较大的内应力引起"拉裂"。加热温度过高会引起晶粒粗大和合金塑性降低；加热温度过低，终锻温度低，其结果一方面表现出变形抗力大使加工困难，另一方面是变形时易产生角裂和最终组织不均。锻造操作开始时变形速率或锤击不宜过快过重，否则会造成坯料内局部升温过热引起晶粒长大甚至内裂；若过轻过慢，坯料表面降温快也易引起角裂。因高温合金加工温度范围窄，往往需经几次加热后变形才能完成。

热轧的任务往往是使产品具有一定的尺寸和形状，如获得热轧棒材和板材，同时还要满足对组织的要求，以保证合金的质量。热轧工艺对组织的影响集中反映在合金晶粒的大小和均匀程度上。变形温度高，原始晶粒和成品热处理后的晶粒也粗大；变形温度过低，变形中晶粒破碎严重，轧后热处理时晶粒长大快会出现大晶粒组织。在锭坯生产时往往也有时不对终轧温度提出要求，在不影响质量的前提下开轧温度可以尽量高。但如果在轧制生产中对组织有一定要求，则需规定终轧温度并以此来确定开轧温度。终轧温度较高或低于再结晶温度，均会使热处理后晶粒粗大，特别是晶粒对热轧参数敏感的合金，尤其要考虑终轧温度。当变形温度一定时，晶粒尺寸取决于变形的程度，若想得到均匀的晶粒，必须增加道次变形量，且变形程度要大于临界变形程度。

1.3 变形高温合金制备过程工艺依据及关联影响

自高温合金体系建立至 20 世纪 70 年代，高温合金材料合金化研究已经有了足够的积累。80 年代新工艺成为改善高温合金性能的主要途径，先进工艺和材料相结合，促使高温合金发展进入了一个快速提升阶段。目前的应用需求对高温合金部件的整个生产链，特别是工艺过程控制，提出了更高的要求。高温合金领域出现了设备—材料—工艺相配合的一体化研究模式，从原材料→冶炼→热加工→冷加工→成品件→废料回收这一高温合金供应链接中，技术精细化控制和创新管理是当今解决国内高温合金高水平发展的关键所在。

我国高温合金在跟踪国际高温合金领域发展的过程中，结合我国自身的特点，进行了有创新的技术吸收和进一步的消化利用。从合金的设计、制备和新工艺的利用等方面都能紧跟国际潮流。但是，由于我国高温合金发展时间相比先进国家还是较短，目前仍有局部处于跟踪发展阶段，与先进国家过百年的高温合金发展历史相比，我国仅有近六十多年的发展历程，与其相比有较大的差距，尤其在工艺设计等"软"方面有显著不足之处。纵观我国高温材料的研发体系，较为分散、零碎、重跟踪轻创新、重生产轻中试、重硬件轻软件和数据积累，导致我国在高温材料方面从目前来看，还只能说是停留在材料"做出来甚或可做大"

而不能称其为能把材料"做稳和做精"的程度。

目前我国高温合金锻件产品质量稳定性存在一定程度的波动，而生产和应用企业在对产品性能波动方面又没有系统的分析。综观高温合金锻件，诸如涡轮盘、管、带、板材等全流程涉及很多工序，如图1-4所示，合金设计、冶炼（冶炼方式、渣系选择、冶炼工艺等）、均匀化、开坯、锻造（自由锻、模锻）、热处理、轧制（挤压）、冷变形、中间热处理等众多环节（每一个环节都涉及很多工艺控制因素）。其中，任何一个工艺环节出现问题都势必遗传影响至产品最终质量，任何一个工序点出现扰动都将会对整条工艺线产生干扰甚至叠加。只有所有环节都保证在有设计依据的规范控制范围内才能保障最终产品质量的稳定性，因此如何在长流程多控制环节中优化控制工艺、提升高温合金产品质量控制稳定性是一个急迫和困难的命题。

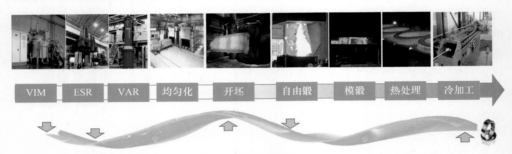

图 1-4 变形高温合金生产流程

本质上，长工艺流程，多控制点，若某一点出现偏差，就会导致牵一发而动全身的扰动，如图1-5所示。通过合金组织行为的遗传性，很可能会被逐级放大，最终导致产品的稳定性受到影响和制约。从我国目前高温合金锻件相关产品质量来看，该问题较为突显，也成为了我国高温合金锻件产品质量提升计划的痛点。

图 1-5 长流程高温合金制备质量提升"痛点"寓意说明

为解决该痛点问题，针对变形高温合金制备过程，需努力的攻坚方向应该使得每个工序的工艺制订要有据可依，并充分关联工艺间的遗传规律，做到工艺制订有理论支撑和对应判据；即对每个环节的工艺制定建立"依据"，有据可循，告别靠经验凭高级设备的"土豪式"生产方式，建立尽量挖掘设备潜力的科学生产方式。给质量提升抓"控点"，有的放矢，凭工艺依据进而获取最优化的工艺以提高产品的质量稳定性，并有依据地提高产品的收得率和性价比。

通过分析高温合金锻件的制备工艺全流程，分离出各自的控制子工序，基于物理模拟和设备现场参数建立各子工序的理论模型。在理论模型构建基础上，建立基于现场生产设备工况的各子工序的数值计算模型和分析方法，构建各子工序计算模型和全流程一体化控制思路，贯通各子工序建立全流程控制方法，最终给出全流程控制工艺的优化分析方法。在这个方面，与国外企业在高温合金生产各环节已经普遍应用集成建模分析进行一体化全流程工艺设计相比，我国生产和应用企业在该方面可能还仅停留在"展望"阶段，虽然高校和研究院所进行了一定量的工作，但如不引入实际生产企业，还不能起到真正对生产起指导作用。

通过对变形高温合金的研究积累和感悟，找寻我国高温合金产品质量与进口产品质量存在差距的根源和解题之道，认为很可能与我们没有很好地掌握全制备过程中工艺制订的依据（很难谈得上真正获得最优化的工艺），也就是说我国一些生产企业主要还是基于经验式的生产且依赖着有世界一流的装备。为此，如何建立全制备过程的工艺依据，并能给出有依据的控制原则，是本书作者一直在思索和试图去解答的科研之困。若能构建并能使得变形高温合金全流程工序间可贯通传递，获得全流程诸控制点的影响权重，进而给出诸分工序控制点的影响权重，最终提出各控制点的工艺控制对策。这样势必能做到有的放矢，显然能提高产品质量的稳定性和性价比。

以涡轮盘制备为例，需要通过对真空感应、电渣重熔/真空自耗、去应力退火/均匀化、开坯、盘件锻造和热处理等，连贯起来就是一个从冶炼开始到盘件制备的全过程，试图给出每个工艺模块的控制模型构建和工艺制订依据，依此可针对具体工况和设备条件获得最优的工艺控制参数。

围绕变形高温合金的生产流程，要讲好稳质量提性价比这个诱人的故事，包括以下内容：

首先试图要讲好真空感应冶炼过程中设备、边界条件、工艺参数对合金铸锭凝固行为的影响，即流槽/中间包的影响，如图1-6所示。合金真空感应浇铸形成的有关缩孔、疏松和铸锭凝固/开裂敏感性判据及控制等，如图1-7所示。

其次，对经 VIM 冶炼获得的铸锭进行去应力退火，提出一种去应力退火工艺的制定方法，改善大型铸锭实际熔炼过程的电弧稳定性。通过对真空自耗重熔过程的建模分析，建立工况条件、设备等边界参数对真空自耗重熔过程的影响规

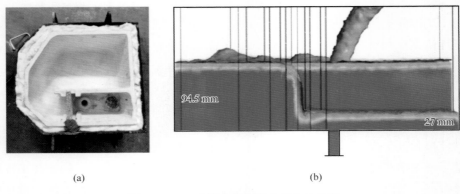

(a)　　　　　　　　　　　　　　(b)

图 1-6　VIM 冶炼中间包及分析方法构建

（a）中间包实物；（b）模拟计算结果

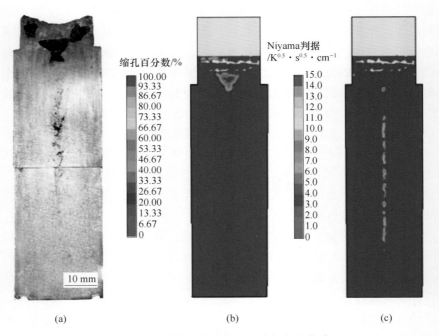

(a)　　　　　　　　　　(b)　　　　　　　　　　(c)

图 1-7　VIM 铸锭缩孔与疏松分析方法构建

（a）500 kg GH4169VIM 铸锭纵剖面；（b）缩孔模拟结果；（c）疏松模拟结果

律进行分析，提出相关的分析模型和方法。如图 1-8 所示为预测大型铸锭 VAR 过程黑斑形成概率（*Ra*）分析，及真空自耗重熔后铸锭凝固组织的预测等。

高温合金在浇铸凝固过程中由于存在溶质再分配，凝固后将会导致严重的成分偏析甚至产生偏析相，使得加工困难。通常的解决办法是：经过一定温度、一

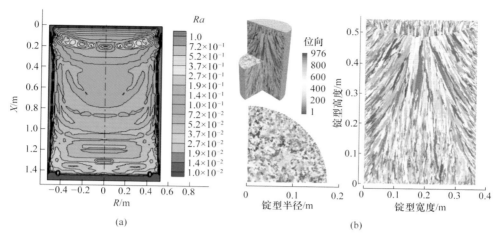

图 1-8 VAR 过程黑斑概率（a）及铸锭凝固组织预测方法构建（b）

定时间的均匀化高温扩散退火，然后进行铸锭开坯。该过程能耗高（高温合金一般都会在高达 1200 ℃、长达 40 多小时甚至上百小时），加之开坯开裂导致成材率降低。尽管对 GH4169 合金均匀化探索出了先低温回溶 Laves 相后高温消除元素偏析的两段式均匀化处理工艺，为高温合金的均匀化工艺提供了实验和经验依据；但迄今我国在均匀化/开坯环节几乎没有太显著的进展，企业界可能大多还是停留在经验判断阶段。为此，对高温合金均匀化需进行综合的系统分析，如图 1-9 所示。

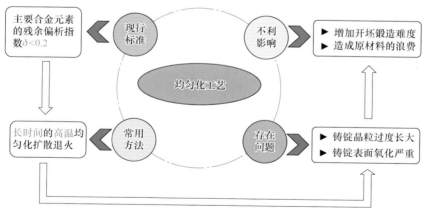

图 1-9 高温合金均匀化需要考虑的因素

现今工程上一般要求残余偏析指数 δ 达到 0.2 的水平为完全均匀化态，此时晶粒度已经很大，比如 GH4169 合金均匀化后晶粒度会达到十几毫米的数量级。如果此时再延长均匀化，即进入偏析指数小于 0.2 的过均匀化态，晶粒将更加粗大。一般认为，均匀化工艺有利于提高铸锭的热加工塑性，而过均匀化后，塑性反而急剧下降。图 1-10 示意给出了均匀化过程中偏析相、元素偏析及晶粒度对塑性的影响，一旦过均匀化，最终叠加的塑性反而要低于铸态。因此，一味强调均匀化过程中元素均匀分布（即提高温度或延长时间），以提高铸锭加工塑性并非完全正确的概念。

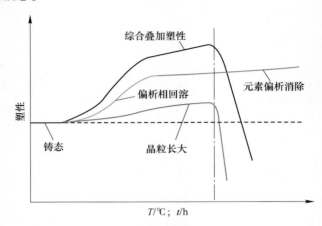

图 1-10 均匀化对塑性的影响规律

实际上，铸锭均匀化后开坯是将铸态组织转变为等轴锻态组织的模态转换过程，是变形高温合金极为重要的工艺控制环节，若工艺不合理会导致开坯成材率不高，甚至开裂。开坯初始组织输入取决于均匀化工艺，关联其遗传规律的影响并获得工艺制订的依据，进而对开坯工艺进行优化极为重要。开坯过程是一个多循环复杂的热力作用，如图 1-11 所示，镦拔次数的增加，对开坯工艺的精准性

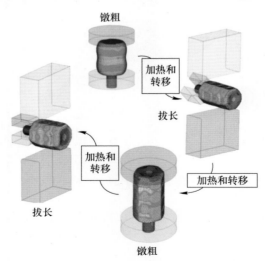

图 1-11 高温合金开坯过程的工艺分析方法构建

提出很高的要求。因此，需要建立开坯过程的控制模型，综合考虑企业生产条件、设备能力、操作要求、合金特性及铸锭尺寸等，做到有依据地给出优化的工艺，确保提高开坯成材率并获得满意的组织和性能。

同理，对经开坯获得的棒坯，最终要锻造成锻件，比如图 1-12 所示的涡轮盘制备，需要综合考虑整个锻造过程的热/组织的遗传和传递。构建合金锻坯锻造过程中的控制模型，充分考虑热/力/组织的遗传规律，建立加热、转移、锻造、转移、再加热等多循环的分析模型，据此就可获得涡轮盘锻造的优化工艺。

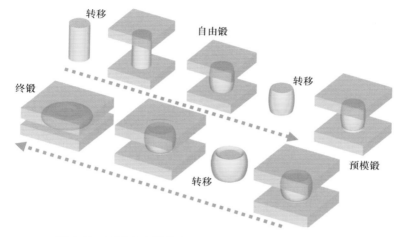

图 1-12　高温合金涡轮盘锻造过程的工艺分析方法构建

总之，经过 60 多年的发展，尤其是近几年随着"两机专项"的推进，对高温合金需求提出了更高的要求，同时对高温合金的质量稳定性和性价比提高更为迫切。结合我国高温合金的发展史，目前我国高温合金生产正处于从数量到质量提升的这个转折阶段，也就是说应该到与进口产品比质量的时间节点了。

2 真空感应熔炼工艺依据及优化

高温合金熔炼通常经真空感应（VIM）一次熔炼[1]，之后再经真空电渣重熔（ESR）[2]或真空自耗重熔（VAR）[3]二次熔炼等，很显然一次熔炼导致的问题，均会影响后续重熔。高温合金真空感应熔炼工艺中金属液在熔炼完成后，需要通过流槽/中间包进入钢锭模，在钢锭模中完全凝固后在应力安全时进行脱模。整个工艺流程较长，其中任何环节都会影响铸锭的质量。但是，目前对高温合金真空感应的研究大多集中于金属液在钢锭模中的凝固过程，对金属液经过流槽时的温降和钢锭模移出真空室的时间关注较少；而且以往一般以某个单一工序过程作为研究对象开展研究工作，没有形成高温合金真空感应熔炼工艺上完整连贯的工艺探究。

本章对高温合金真空感应熔炼工艺的研究从金属液经过流槽开始考虑，分析金属液经过流槽后的温降，根据浇铸温度确定金属液进入钢锭模时的温度；再分析金属液浇铸进钢锭模后的凝固过程，判断各种工艺条件下钢锭的疏松与缩孔情况并研究金属液的应力变化情况，最后确定铸锭在应力安全时的安全脱模时间。以 GH4169 高温合金为例实现以上的想法，通过对 500 kg GH4169 高温合金真空感应熔炼工艺完整连贯的实验、建模及验证研究，形成和提出一种高温合金真空感应重熔过程的工艺控制方法。该分析方法可以推广应用到各种锭型、各种高温合金真空感应熔炼工艺的优化中，比如减小缩孔体积、改善铸锭的凝固开裂倾向、确定脱模时间等，为高温合金真空感应熔炼的工艺制定提供实验和理论依据，构建和提出 VIM 优化工艺的一种方法。

2.1 真空感应熔炼过程控制模型构建

一般真空感应熔炼会出现缩孔位置低于冒口，中心疏松过于严重，甚至会出现心部开裂的情况。这些问题会导致后续重熔过程中，需要切除较大的铸锭缩孔缺陷部分，造成成材率下降，甚至会导致在后续的电渣重熔或真空电弧重熔过程中出现电流和电压等工艺参数不稳定的情况，影响重熔电极的质量，从而影响成品的质量和合格率。

为此，控制好一次熔炼的电极质量，是后续重熔的一个重要保障。为了控制这些缺陷，最开始都是从实验与实践角度来经验式的进行优化，这对小锭型还可以操作，如果铸锭大到十几吨时，这样的代价就很高了。随着模型构建和计算分析的发展，可通过模拟计算分析高径比、锥度、保温层高度、浇铸温度和浇铸速度等铸造参数对钢锭疏松缩孔的影响[4-6]；也可模拟分析金属液浇铸的凝固过程，推测金属液在凝固过程中的应力情况和疏松缩孔形成情况，从而改进浇铸工艺，对铸锭的疏松缩孔进行优化，控制铸锭的应力，减少开裂倾向[7-9]。

2.1.1　中间包/流槽金属液流动模型构建

为了分析金属液在中间包/流槽的流动情况和温度变化情况，构建中间包/流槽的金属液流动模型。金属液流动模型需要中间包/流槽的实际设计方式和尺寸、材料以及实际浇铸工艺。根据中间包/流槽的设计图构建 CAD 模型，再根据中间包/流槽的材料在三维模型中输入相应的材料属性，最后按照实际浇铸工艺设置合适的边界条件。

真空感应熔炼往往给出的金属液浇铸温度是中间包/流槽的入水口处的温度，而金属液在经过中间包/流槽时温度会降低，因此需要对金属液在中间包/流槽中的流场和温度场变化进行分析，确定金属液在中间包/流槽出水口处的温度。

以 500 kg GH4169 合金真空感应熔炼为例来分析经中间包后浇铸温度与水口温度之间的关系，将金属液通过中间包浇铸进入钢锭模。中间包内部材质为 Al_2O_3，在中间包使用过程中会在外侧加入镁砂；分别获取实际中间包 Al_2O_3 的厚度，Al_2O_3 与外侧的镁砂厚度，设定钢液外部的耐火材料厚度、过滤块的材质和厚度、出水口直径等实测参数。中间包的实物照片如图 2-1 所示。

图 2-1　中间包的实物照片

运用 Ug 软件对中间包的实物模型进行几何建模，基于 Workbench 中的 Meshing 模块对中间包进行网格划分，生成包含 30 万个网格的网格模型用于计算，如图 2-2 所示。

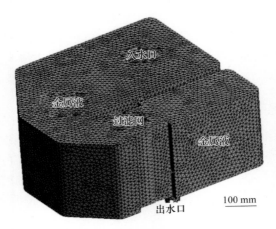

图 2-2　中间包的三维网格模型

在 Fluent 软件中，根据实际浇铸条件，中间包包壁温度可设为 800 ℃，中间包的上表面温度设为 100 ℃，过滤块的流体率设定为 0.7，金属液的温度设为 1460 ℃，浇铸时间设为 309 s；浇入中间包的铸流直径较大，设为 50 mm，浇铸角度设为 45°。利用 VOF 多相流模型，采用 PISO 算法，对中间包的浇铸过程进行数值模拟，其中连续性方程、VOF 方程、能量方程等的收敛残差值为默认值 10^{-3}[10]。

若针对大型真空感应熔炼炉，比如 12 t 的真空感应熔炼过程，可应用 Solidworks 软件建立 12 t 真空感应炉流槽的几何模型，流槽分为受钢区、中间区和水口区三个不同的区域。同样针对实际生产的流槽，分别测量获取挡渣坝与挡渣堰的厚度、挡渣堰的高度、挡渣坝与挡渣堰的间距和水口的直径等实测参数，耐火材料的材质、钢结构材料的材质、刚玉厚度等。根据流槽尺寸、挡渣堰和挡渣坝尺寸建立几何模型，基于 Workbench 中的 Meshing 模块对其进行网格划分，生成包含 60 万个网格的网格模型用于计算，如图 2-3 所示。

图 2-3　流槽的三维网格模型

根据现场工况，并根据传热学第一类边界条件，将流槽壁温度设置为 750 ℃，刚玉的热导率为 7.5 W/(m·K)。操作环境设置为真空环境，环境温度设置为 200 ℃。浇入流槽的铸流直径设为 50 mm，浇铸速度设为 10 kg/s，浇铸温度设为 1450 ℃。瞬态计算过程中利用 VOF 多相流模型，采用 PISO 算法，对流槽的浇铸过程进行数值模拟，其中连续性方程、VOF 方程、能量方程等的收敛残差值为默认值 10^{-3}。

通过对中间包/流槽的金属液流动模型的构建，并建立针对中间包/流槽基于实际工况条件下的边界条件；建议获取实际设备条件的中间包/流槽图纸、浇铸合金材料以及实际浇铸工艺的相关信息，再根据图纸运用三维制图软件画出需要的模型，进而根据材料和实际浇铸工艺在 Fluent 软件中设置相应的边界条件，最后进行模拟计算；可获得实际中间包/流槽使用过程对水口温度的影响规律，为此获得真正对合金凝固起关键影响的水口浇铸温度和浇铸速度，而非金属液出钢时的浇铸温度。

2.1.2 铸锭凝固模型构建

为了构建铸锭凝固模型，往往需要获取浇铸系统的图纸（尺寸）、材料以及实际浇铸工艺。根据钢锭模的图纸构建 CAD 模型，再在三维模型中输入相应的材料属性，最后根据实际浇铸工艺设置合适的边界条件。为了说明模型的构建及分析，以 GH4169 合金为例给出研究方法。

根据现场实际情况，建立 500 kg 钢锭的 CAD 模型，包括钢锭模具、底垫、铸锭、冒口，如图 2-4 所示。钢锭模具平均直径为 294 mm，高度为 1100 mm。再

图 2-4　500 kg GH4169 合金铸锭和钢锭模系统三维有限元网格

基于 ProCAST v2019 软件，生成包含 49074 个面网格、582730 个体网格的有限元网格用于模拟计算。

利用 ProCAST 的 CompuTherm 热力学数据库计算 GH4169 合金随温度变化的热物理性能，例如热导率、密度、比焓、固相百分数等，如图 2-5 所示。

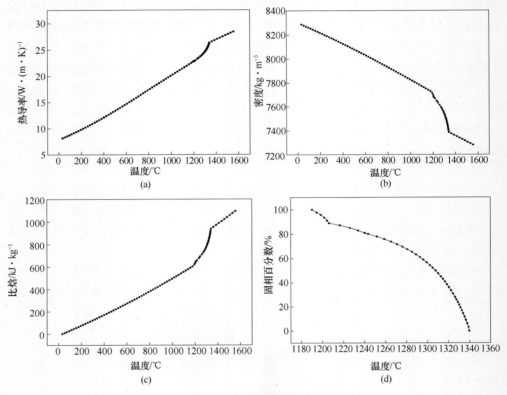

图 2-5　GH4169 合金物理性能随温度的变化

（a）热导率；（b）密度；（c）比焓；（d）固相百分数

钢锭模具材料为 Q235 钢，冒口材料为硅酸铝纤维，底垫材料为刚玉，根据钢锭模具、冒口和底垫的材料，参阅相关资料[11]和手册或经 ProCAST 计算，获得相关的热物性参数。

数值模拟中采用顶注法，根据现场的测温实验，真空室温度设为 100 ℃，锭模温度设为 450 ℃，底垫温度设为 400 ℃，冒口温度设为 300 ℃。浇铸的金属液温度设为 1460 ℃，充型时间设为 309 s。再根据工况条件，设置适当的热边界条件[12]。由于浇铸及凝固过程在真空中进行，因此传热方式主要为热辐射。铸锭与环境的热辐射率为 0.3，冒口与环境的热辐射率为 0.4，钢锭模与环境的热辐射率为 0.75。锭模底部与地面接触，传热方式主要为热传导，设置钢锭模底部与地面的换热系数为 400 W/(m² · K)。

在热力学计算中，由于金属液的凝固收缩，会在金属液和锭模之间产生气隙，导致金属液与模具壁之间的换热方式由热传导逐渐变为热辐射和热对流[13]。因此需要考虑随着温度降低，金属液与模具之间换热系数变化的情况。查阅资料[14]，首先确定一组基本的界面换热参数，再根据实际冷却过程中钢锭模的测温实验进行参数校正（见图 2-17 和图 2-19），使钢锭模外壁温度变化和模拟中的温度变化基本一致，最后确定一组金属液与模具之间随温度变化的换热系数，如图 2-6 所示。

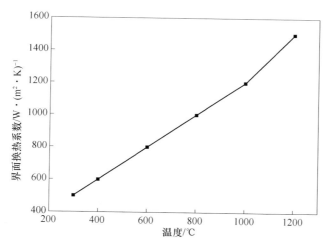

图 2-6　钢锭模具和 GH4169 铸锭之间的换热系数随温度变化

总之，按上述说明构建铸锭的凝固模型，首先需获得具体真空感应炉浇铸系统的图纸、浇铸合金以及实际的浇铸工艺等参数，然后根据图纸运用三维制图软件画出需要的模型，再根据合金材料参数和具体设备的实际浇铸工艺在 ProCAST 软件中设置相应的边界条件，最后进行模拟计算分析。

2.1.3　铸锭应力–应变模型构建

通过构建铸锭的应力–应变模型，预测铸锭在熔炼过程中的应力–应变变化情况，预测和改善铸锭在凝固过程中的开裂倾向，确定铸锭的安全脱模时间，从而对浇铸工艺进行优化。

在铸锭的凝固模型[15]上添加力学模型[16]，铸锭采用弹塑性模型，Q235 钢锭模、冒口和底垫采用刚性模型。在弹塑性模型中，铸锭的线膨胀系数、泊松比由 Compu Therm 热力学数据库计算得到，如图 2-7 所示。

铸锭的应力–应变模型中需要研究材料的相关力学性能，该力学性能可以通过研究材料从高温到低温不同条件下的拉伸实验测试获得。比如，针对本研究的

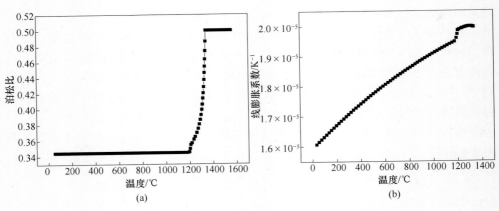

图 2-7　GH4169 合金随温度变化的泊松比（a）和线膨胀系数（b）

GH4169 铸锭，其对应的杨氏模量、塑性模量由铸态合金的高温拉伸实验获得[9]，具体可采用国标 GB/T 228—2015 进行高温拉伸测试（测温范围 400 ~ 1300 ℃），中高温（1000 ℃以下）拉伸采用 MTSE45.105 微机控制电子万能试验机，而高温（1000 ℃以上）拉伸采用 WDW-100-1600（2000 N）拉伸试验机。

取铸态的 GH4169 合金进行零强度及高温拉伸测试，高温下材料的应力-应变曲线和杨氏模量随温度变化的曲线如图 2-8 所示。其中，塑性模量通过 Digitized Hardening 的方式，用 ASCⅡ文件将不同温度下弹性阶段后、抗拉强度之前的应力-应变曲线输入到弹塑性模型中，ASCⅡ文件如图 2-9 所示。

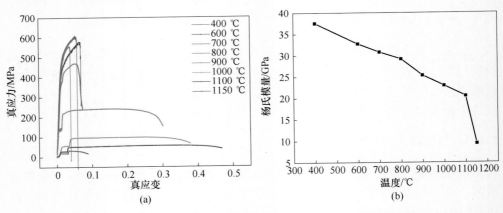

图 2-8　GH4169 合金随温度变化的应力-应变曲线（a）和杨氏模量（b）

为此，通过材料的零强度及高温拉伸力学试验获得相关测试数据，构建铸锭的应力-应变模型。采用 Compu Therm 热力学数据库计算材料的线膨胀系数、泊松比；再根据高温拉伸试验数据，输入材料的杨氏模量、塑性模量，完成铸锭应力-应变模型的构建。

```
STRESS_UNIT 4
CURVE 1
POINTS 20
TEMPERATURE 1 673.
0. 4.0888427e+02
0.000726727 4.279777e+02
0.001099987 4.4812215e+02
0.001649284 4.5828195e+02
0.002579892 4.7439751e+02
0.003528504 4.8946205e+02
0.004894464 5.004977e+02
0.006683077 5.1556224e+02
0.008019065 5.1871529e+02
0.009427021 5.3080195e+02
0.011228333 5.367577e+02
0.013175633 5.458665e+02
0.015538285 5.4989539e+02
0.018334245 5.6093104e+02
0.02103089 5.6706196e+02
0.024594854 5.7704659e+02
0.028393494 5.8422853e+02
0.031545462 5.9316215e+02
0.034339454 5.9526418e+02
0.037046755 6.0437297e+02
```

图 2-9　塑性模量输入方式采用的 ASCⅡ文件格式示例

2.1.4　铸锭力学判据构建

铸锭在熔炼凝固过程中的变化情况很难进行直接观察，因此可以通过对铸锭的浇铸凝固过程进行模拟，分析铸锭在浇铸凝固过程中的应力–应变变化情况，运用铸锭的力学判据判断铸锭在浇铸凝固过程中的开裂倾向。铸锭在真空感应熔炼过程中的开裂有两种，一种是凝固过程中由于热裂导致铸锭在脱模时出现开裂；另一种是铸锭在脱模时由于没有建立起足够的强度，在受到外力的作用或者冷却条件变化而产生开裂。因此在运用力学判据判断铸锭在凝固过程中开裂倾向的同时，可以运用力学判据确定铸锭合适的脱膜时间。此处讨论的脱模方式是指锭模在移出真空室后立即进行脱模的方式，时间为浇铸完成后的时间。

脱模时间的确定不仅需要考虑力学上的影响，还要考虑铸锭的凝固情况。如果铸锭的脱模时间过短，铸锭没有完全凝固，脱模时会出现金属液飞溅的风险，造成安全隐患。脱模时间也并不是越长越好，如果脱模时间过长，会影响锭模的使用率，降低经济效益。因此可以运用力学判据判断铸锭建立起足够强度所需要的时间，避免脱模时铸锭受到外力而产生开裂，确定合适的脱模时间。

铸锭在浇铸凝固过程中应力分布复杂，且很难完全界定是脆性材料还是韧性材料，在高温下材料强度不足或塑性不足都会引起合金开裂，需要综合考虑铸锭的力学行为，判断铸锭内部是否具有较高的开裂倾向。因此，考虑采用第一强度理论与第四强度理论[17]构建铸锭开裂模型，第一强度理论为最大拉应力强度理论，由于脆性材料变形很小就容易发生断裂，则认为拉应力大于材料本身强度极限时脆性材料失效；第四强度理论为最大形状改变比能强度理论，认为塑性材料的失效与体积改变比能无关，仅与形状改变比能有关，可通过主应力与屈服强度比较判断塑性材料是否失效。因此，通过计算不同时刻铸锭内部应力是否同时低于该温度下第一强度理论与第四强度理论的极限值，可以综合判断铸锭在凝固过程的开裂倾向或者此时破真空出炉脱模是否具有开裂风险。

第一强度理论：

$$P_1 = \frac{\sigma_1}{\sigma_b} \tag{2-1}$$

第四强度理论：

$$P_4 = \frac{(\sigma_1 - \sigma_2)^2 + (\sigma_2 - \sigma_3)^2 + (\sigma_3 - \sigma_1)^2}{2\sigma_s^2} \tag{2-2}$$

式中，P_1 为根据第一强度理论确定的开裂判据值；P_4 为根据第四强度理论确定的开裂判据值；σ_s 为屈服强度；σ_b 为抗拉强度；σ_1 为第一主应力；σ_2 为第二主应力；σ_3 为第三主应力。

当 $P_1 > 1$ 时，意味着此时铸锭内部尚未构建起足够强度，凝固过程中或者破真空出炉脱模有开裂的风险；当 $P_4 > 1$ 时，意味着此时铸锭内部尚未构建起足够塑性，凝固过程中或者破真空出炉脱模有开裂的风险；只有当 P_1 与 P_4 同时小于 1，即 P_1 与 P_4 中的最大值开裂判据 $P < 1$，铸锭内部构建起足够的强度与塑性，凝固过程中开裂的风险较低或者达到破真空出炉脱模的要求，即在分析判断过程中取两者的最大值。

$$P = \max\{P_1, P_4\} \tag{2-3}$$

2.1.4.1　凝固过程中的开裂判据

如果铸锭在凝固过程中 P 值过大，则铸锭在凝固过程中的开裂倾向较大，出现热裂的风险大，会导致铸锭在脱模时出现开裂的问题。因此可以通过改善浇铸工艺，降低凝固过程中 P 值，从而改善铸锭的凝固开裂问题。随着合金凝固过程进行，铸锭的强度从 0 逐渐增加，凝固完成后，铸锭具有了一定的强度值。在凝固过程中，铸锭没有建立起足够的强度或者韧性，P 值会很大，作为判据进行表征时会出现困难。因此，针对合金凝固过程中的开裂倾向用 $1/P$ 值来进行分析更为合理，但相比于后续章节合金凝固后的开裂判据，比如凝固后的真空自耗锭和开坯分析，就可以采用 P 值作为开裂判据。为此，针对合金凝固过程中的开裂倾向用 $1/P$ 值来进行分析。

取 $1/P$ 作为铸锭在凝固过程中开裂倾向的趋势。如果铸锭各部分 $1/P$ 的值大于 0 且小于 1，且凝固过程中 $1/P$ 的最小值越小，意味着铸锭发生凝固开裂的可能性较高；如果铸锭各部分 $1/P$ 的值小于 0 或者大于 1，意味着铸锭发生凝固开裂的可能性较低。

2.1.4.2 凝固完成后的安全脱模时间判据

金属液浇铸完成后，真空室需要破真空，将钢锭模转移到大气环境下，然后进行脱模。此处讨论的脱模时间是指钢锭模在移出真空室后立即进行脱模方式所用的时间，脱模时间过短，铸锭没有完全凝固，可能处于薄弱环节，在钢锭模移动过程中铸锭可能由于内应力而出现开裂。因此需要确定一个脱模时间判据，确立一个安全脱模时间。

首先安全脱模时间一定要在铸锭完全凝固后，否则钢锭模在移动过程中会造成金属液飞溅，影响铸锭的成型甚至会造成极大的安全隐患，将铸锭的完全凝固时间设为 t_1（t_1 为浇铸完成后的完全凝固时间）。其次，钢锭模在脱模时铸锭需要具有足够的强度和塑性，否则在钢锭模的移动过程中铸锭可能会因为外应力的作用或者冷却条件的变化而产生开裂。当 P 值小于 1 时，可以说明铸锭在凝固过程中已经建立起足够的强度和塑性，不容易开裂。定义：$P<1$ 的时间为 t_2。当时间 t 大于 t_1、t_2 时，代表铸锭在凝固过程中已经完全凝固，同时已经建立起足够的强度和塑性，达到安全脱模的要求。因此，定义安全脱模时间 t 为：

$$t = \max\{t_1, t_2\} \tag{2-4}$$

2.1.4.3 力学判据的实现

为了对判据进行计算分析，对铸锭在不同条件下测试获得拉伸强度随温度变化的趋势并进行拟合，如图 2-10 所示，将其代入计算软件。铸态 GH4169 的零强度温度大约在 1180 ℃，零塑性温度大约在 1200 ℃。

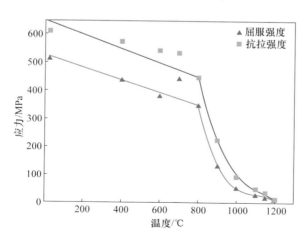

图 2-10 铸态 GH4169 合金的屈服强度和抗拉强度与测试温度的关系

下面介绍抗拉强度和屈服强度随温度变化的拟合公式。

当温度低于 800 ℃时：

$$\begin{cases} \sigma_s = -0.22405T + 529.24 \\ \sigma_b = -0.25389T + 651.12 \end{cases} \tag{2-5}$$

当温度高于 800 ℃时：

$$\begin{cases} \sigma_s = 1394.1 - 37.584T + 0.0033939T^2 - 1.0245 \times 10^{-5}T^3 \\ \sigma_b = 11721 - 30.017T + 0.0025960T^2 - 7.5636 \times 10^{-6}T^3 \end{cases} \tag{2-6}$$

浇铸模拟完成后通过 ProCAST 的后处理模块，将铸态 GH4169 合金高温拉伸实验得到的抗拉强度随温度变化的拟合曲线输入，与 ProCAST 计算得到的第一主应力进行比较，建立公式（2-1），得到铸锭在不同凝固时间的最大 P_1 值；将铸态 GH4169 合金高温拉伸实验得到的屈服强度随温度变化的拟合曲线输入，与 ProCAST 计算得到的第一主应力、第二主应力、第三主应力进行比较，建立公式（2-2），得到铸锭在不同凝固时间的最大 P_2 值；最后，得到 P 值随时间的变化情况。

针对铸锭凝固过程中的开裂倾向，分析凝固过程中 $1/P$ 值的分布情况和 $1/P$ 最小值的变化情况，如果凝固过程中铸锭各部分的 $1/P$ 值普遍大于 0 且小于 1，且 $1/P$ 的绝对值最小值越小，则凝固开裂风险越大，通过调整浇铸工艺，使铸锭各部分的 $1/P$ 值小于 0 或者大于 1，从而降低凝固开裂倾向。

针对铸锭凝固后的开裂倾向分析，首先确定铸锭的完全凝固时间 t_1，再通过分析 P 值的变化规律，得到 P 值小于 1 时的时间 t_2，从而确定安全脱模时间 t，防止铸锭在脱模时出现开裂。

2.2 真空感应熔炼控制模型的验证

为了验证模型的可靠性，实际熔炼浇铸 500 kg 的 GH4169 高温合金铸锭，根据实际熔炼条件，构建相应的中间包金属液流动模型、铸锭凝固模型、铸锭的应力–应变模型，将模拟结果与实际结果进行对照，以验证模型的可靠性。

2.2.1 中间包模拟结果验证

在实际真空感应熔炼过程中，真空室温度为 100 ℃，中间包经过烘烤，移入真空室时温度为 800 ℃，中间包中间放置氧化锆过滤块。金属液的浇铸温度为 1460 ℃，浇铸速度为 2.16 kg/s（即 0.55 m/s）。

金属液在中间包中的换热方式主要有两种：金属液与真空环境之间的换热，金属液与中间包内壁之间的换热。金属液与中间包之间的换热主要取决于金属液与中间包的接触面积，因此准确预测金属液的液面高度对中间包温度场的预测至关重要。

浇铸完成后，对中间包过滤块前面的金属液液位高度进行测量，测量结果如

图 2-11 所示，金属液的液位距离中间包顶端为 75~80 mm。对中间包过滤块后面的金属液液位高度进行测量，测量结果如图 2-12 所示，金属液的液位距离中间包顶端为 140~150 mm。因为未使用的中间包深度为 170 mm，因此浇铸时过滤块前面的金属液液位高度为 90~95 mm，过滤块后面的金属液液位高度为 20~30 mm。

图 2-11　浇铸完成后中间包过滤块前面的金属液液面高度

图 2-12　浇铸完成后中间包过滤块后面的金属液液面高度

为了验证模拟的准确性和分析中间包的影响，根据实际浇铸条件，用 Fluent 建立了中间包的金属液流动模型，对浇铸时金属液的温度场和流场进行了计算。

图 2-13 所示为在初始浇铸阶段金属液的流动情况图，图 2-14 所示为在稳定浇铸阶段金属液的流动情况。由图 2-13 可知，在初始浇铸阶段，在流槽的出水口没有形成稳定的铸流。由图 2-14 可知，经过一段时间进入稳定浇铸后，过滤块前的金属液液位高度为 94.5 mm，过滤块后的金属液液位高度为 27.0 mm，故模拟结果与实际结果基本相符。

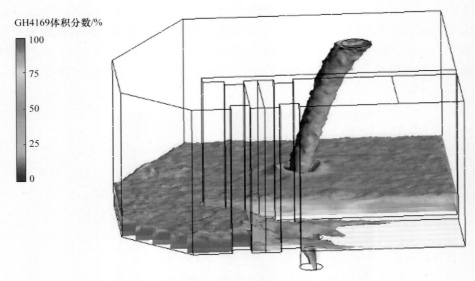

图 2-13　初始浇铸阶段金属液在流槽中的流动情况

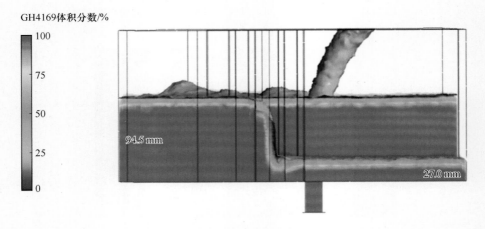

图 2-14　稳定浇铸阶段金属液在流槽中的液位高度

　　以金属液在出水口处的温度进入恒定时，作为进入浇铸过程中稳定阶段的标志。图 2-15 展示了出水口处的金属液温度随时间变化曲线，浇铸过程在 23 s 时进入稳定浇铸阶段，在稳定浇铸阶段水口的温度在 1420 ℃ 左右。因此，金属液经过中间包后的温降约为 40 ℃。

　　图 2-16 展示了出水口处金属液流动速度随时间的变化曲线，可以看到进入稳定浇铸阶段后金属液的浇铸速度还没有恒定，在浇铸过程中的 75 s 时间内浇铸速度进入恒定，为 2.16 kg/s。

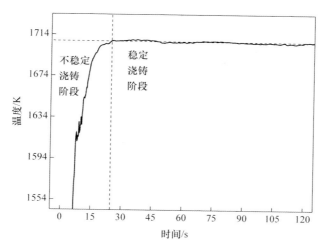

图 2-15 浇铸过程中出水口的温度变化

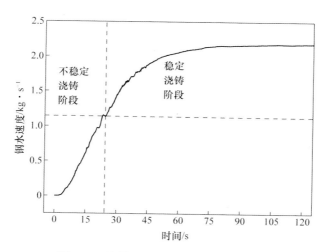

图 2-16 浇铸过程中出水口的速度变化

根据 Fluent 计算得到的金属液温降，再结合实际金属液的浇铸温度，可以推测出金属液在流槽出水口处的温度，进而更准确地计算金属液在模具中的凝固情况和应力变化情况，为整个真空感应熔炼工艺制定提供更准确的参考依据。

2.2.2 真空感应熔炼模拟结果验证

在实际的浇铸过程中，真空室温度为 100 ℃，移入真空室时钢锭模温度为 450 ℃，冒口温度为 300 ℃，根据经验底垫温度设为 400 ℃。流槽出水口金属液温度为 1420 ℃，充型时间为 309 s。

为了验证凝固模型和应力-应变模型的可靠性，浇铸完成后，在锭模移出真空室后进行冷却的过程中，对与顶端吊耳中间高度和底边高度一致的锭模外壁进行跟踪测温，测温的具体位置如图 2-17 所示，并对脱模后的铸锭进行纵剖，观察铸锭的疏松缩孔情况。

图 2-17　真空感应熔炼 500 kg GH4169 钢锭模的测温位置

根据实际浇铸条件，考虑金属液经过流槽时的温降，利用建立的凝固模型和应力-应变模型对金属液的凝固和冷却过程进行模拟，与铸锭的疏松缩孔情况和实际的温度变化进行对比，对比结果如图 2-18 和图 2-19 所示。

图 2-18（a）为 GH4169 合金铸锭的纵剖截面图，在缩孔顶端形成较厚的凝固壳使缩孔封闭，缩孔总体呈现 V 形分布，缩孔没有完全在冒口内，缩孔最底端距离冒口大约 65 mm；而且在距离锭肩 180 mm 处开始出现疏松，铸锭心部疏松的纵向总长度大约 300 mm，距离锭肩 280 mm 处疏松情况最严重。图 2-18（b）展示了宏观缩孔的模拟结果，冒口附近红色区域表示缩孔最严重的地方，缩孔在总体上也呈现 V 形分布，缩孔的最底端距离冒口 40 mm。ProCAST 的 Niyama 判据主要用来表征铸锭的微观疏松[18]，图 2-18（c）展示了微观疏松的模拟结果，Niyama 值越小表示越容易出现疏松[19]，因此铸锭心部黄色和绿色部分表示最有可能出现疏松的位置；可以看到在距离锭肩 105 mm 处开始出现疏松，纵向长度大约在 505 mm，距离锭肩 250 mm 处疏松情况最严重。总体上，实际铸锭的疏松与缩孔情况和模拟结果大体一致。

热力学计算中的应力变化在很大程度上取决于温度变化，因此温度预测的准确性对应力计算的可靠性起佐证作用。图 2-19 为 ProCAST 计算的温度场变化和

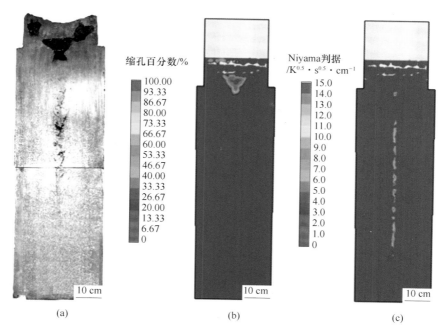

图 2-18　500 kg GH4169 合金铸锭纵剖截面（a）及缩孔模拟结果（b）
和 Niyama 判据模拟结果（c）

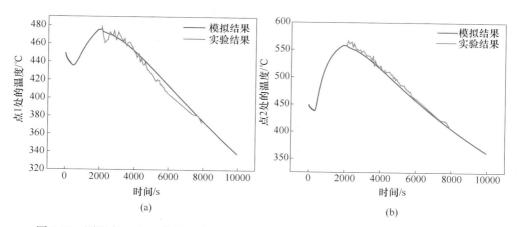

图 2-19　测温点 1（a）和测温点 2（b）处实验结果和模拟结果的温度变化曲线对比

实际测量的温度场变化对比情况，可以看到温度随时间的变化曲线大体吻合。因此此处说明建立的凝固模型和应力-应变模型具有较好的可靠性，可以为铸锭疏松与缩孔的优化、凝固过程中的应力分析和安全脱模时间的确定提供参考依据。

2.3 真空感应熔炼工艺依据优化方法及推广应用

根据经过实验验证的中间包金属液流动模型、铸锭凝固模型和应力-应变模型，可以计算各种工艺参数对铸锭疏松与缩孔缺陷和应力情况的影响，从而可对铸锭的疏松与缩孔进行预测分析。再运用力学判据，改善铸锭在凝固过程中的开裂倾向，确定各种工艺条件下的安全脱模时间。

2.3.1 工艺参数影响规律及分析方法

2.3.1.1 冒容比的影响

冒容比定义为：浇铸完成时，冒口上方金属液液面高度与整个金属液液位高度的比值。在 500 kg 浇铸量下，流槽出水口处金属液温度设为 1435 ℃，烘烤温度设为 500 ℃，浇铸速度设为 1.9 kg/s 时，图 2-20 所示为冒容比在 6% 和 14% 时铸锭纵向截面疏松与缩孔的模拟结果对比图。图 2-20（a）第一组图展示了冒容比在 6% 和 14% 时的缩孔情况，红色部分为最可能出现缩孔的位置，可以看到冒容比为 6% 时缩孔的位置偏下，冒容比为 14% 时缩孔几乎完全处于冒口内。图 2-20（b）第二组图所示为冒容比在 6% 和 14% 时的 Niyama 判据情况，Niyama 值越小代表越可能出现疏松，即绿色和黄色部分是最可能出现疏松的位置，可以看到冒容比降低会提高缩孔位置，但对疏松的严重程度影响不大。

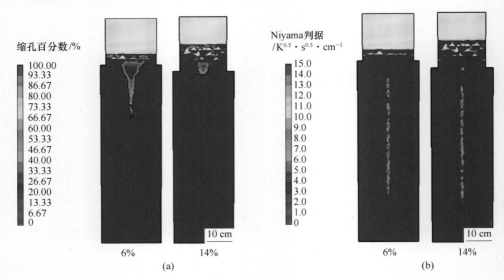

图 2-20 500 kg GH4169 合金铸锭冒容比为 6% 和 14% 时缩孔（a）和疏松（b）对比

图 2-21 所示为冒容比在 6%～14% 之间变化时，缩孔体积和安全脱模时间随

冒容比变化的规律。图 2-21（a）中随着冒容比的增大，铸锭的缩孔体积占比越小，同时缩孔的位置越靠近铸锭顶端。当冒容比增大到一定程度时，铸锭的缩孔体积变化会趋于平稳。当冒容比从 6% 增大到 14%，缩孔体积减小了约 0.6%，缩孔位置上移了约 200 mm。图 2-21（b）中随着冒容比的增大，铸锭的完全凝固时间越长，建立起足够强度和塑性所需要的时间越长，安全脱模时间也越长。当冒容比从 6% 增大到 14% 时，铸锭的完全凝固时间延长了 4 min，所需要的安全脱模时间延长了 4 min。但若对吨级的大锭型和超大锭型，冒容比对完全凝固时间和安全脱模时间的影响程度会大大提高。

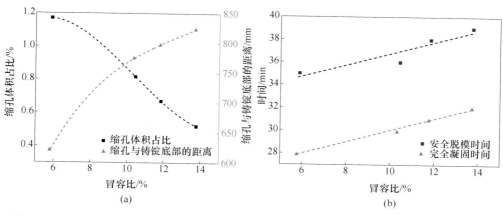

图 2-21　500 kg GH4169 合金铸锭缩孔体积占比（a）和安全脱模时间（b）随冒容比的变化

因此，在浇铸 500 kg GH4169 合金铸锭时，为了尽可能地减少缩孔体积、提高缩孔高度，需要适当增大冒容比；但冒容比过大，减小缩孔的能力减小，也会导致冒口切除部分增加而浪费材料。另一方面冒容比增大后，铸锭的凝固时间延长，建立起足够强度和塑性所需要的时间也相应延长，因此需要适当延长铸锭的安全脱模时间。

2.3.1.2　浇铸速度的影响

在 500 kg 浇铸量下，流槽出水口处金属液温度设为 1435 ℃，烘烤温度设为 500 ℃，冒容比设为 12%，图 2-22 所示为浇铸速度在 1 kg/s 和 5 kg/s 时铸锭纵截面疏松与缩孔的模拟结果对比图。图 2-22（a）第一组图展示了浇铸速度在 1 kg/s 和 5 kg/s 时的缩孔情况，红色部分为最可能出现缩孔的位置，可以看到浇铸速度为 5 kg/s 时缩孔的位置偏下，浇铸速度为 1 kg/s 时缩孔几乎完全处于冒口内。图 2-22（b）第二组图所示为浇铸速度在 1 kg/s 和 5 kg/s 时的 Niyama 判据情况，Niyama 值越小代表越可能出现疏松，即绿色和黄色部分是最可能出现疏松的位置，可以看到浇铸速度降低会减轻疏松的严重程度。

图 2-23 所示为浇铸速度在 1~5 kg/s 之间变化时，缩孔体积和安全脱模时间

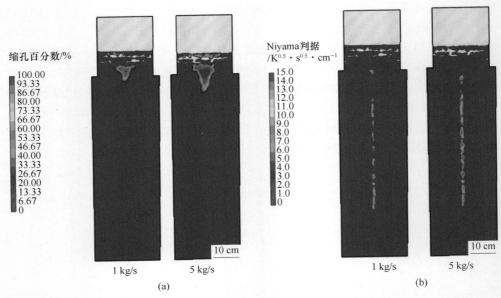

图 2-22 500 kg GH4169 合金铸锭浇铸速度为 1 kg/s 和 5 kg/s 时缩孔（a）和疏松（b）对比

随浇铸速度变化的规律。图 2-23（a）中随着浇铸速度的减小，铸锭的缩孔体积占比越小，同时缩孔的位置越靠近铸锭顶端。当浇铸速度增大到一定程度时，铸锭的缩孔体积变化会趋于平稳。当浇铸速度从 5 kg/s 降低到 1 kg/s 时，缩孔体积减小了 0.7%，缩孔位置上移了 80 mm。图 2-23（b）中随着浇铸速度的增大，铸锭的完全凝固时间和建立起足够强度所需要的时间是先增加后减少的。"时间"定义的是浇铸完成后的时间，因此浇铸速度较慢时，浇铸完成时铸锭的凝固百分数较大，从而凝固时间减少，建立起足够强度和塑性所需要的时间也相应减少；而

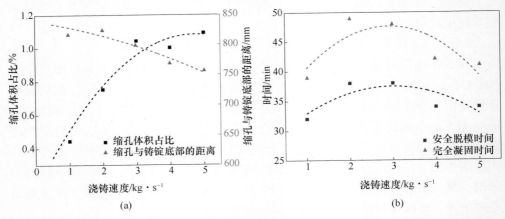

图 2-23 500 kg GH4169 合金铸锭缩孔体积占比（a）和安全脱模时间（b）随浇铸速度的变化

浇铸速度较快时，会使金属液翻腾搅拌严重，导致金属液内部大量热量流失[20]，从而减少了凝固时间，建立起足够强度和塑性所需的时间也相应减少。浇铸速度在1~5 kg/s之间变化时，铸锭的完全凝固时间波动范围为6 min，安全脱模时间波动范围为10 min。

因此在浇铸500 kg GH4169合金铸锭时，为了尽可能地减少缩孔体积、提高缩孔高度，需要适当降低浇铸速度；但浇铸速度过低，可能导致金属液流动不畅，出现冷隔等缺陷。浇铸速度降低后，铸锭的凝固时间会缩短，建立起足够强度和塑性所需的时间也相应减少，因此可以适当减少铸锭的安全脱模时间。

2.3.1.3 浇铸温度的影响

在500 kg浇铸量下，冒容比设为12%，烘烤温度设为500 ℃，浇铸速度设为3 kg/s，图2-24所示为流槽出水口处金属液温度在1370 ℃和1470 ℃时铸锭纵向截面疏松与缩孔的模拟结果对比图。图2-24（a）所示为金属液温度在1370 ℃和1470 ℃时的缩孔情况，红色部分为最可能出现缩孔的位置，可以看到金属液温度为1470 ℃时缩孔的位置更偏下。图2-24（b）所示为金属液温度在1370 ℃和1470 ℃时的Niyama判据情况，Niyama值越小代表越可能出现疏松，即绿色和黄色部分是最可能出现疏松的位置，可以看到金属液温度升高会略微提高疏松位置，但对疏松的严重程度影响不大。

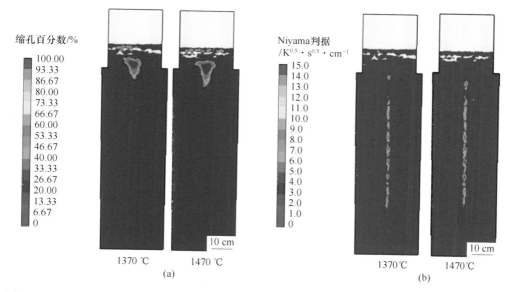

图2-24　500 kg GH4169合金铸锭浇铸温度为1370 ℃和1470 ℃时缩孔（a）和疏松（b）对比

图2-25所示为流槽出水口处金属液温度在1370~1470 ℃之间变化时，缩孔体积和安全脱模时间随浇铸温度变化的规律。图2-25（a）中随着金属液温度的

降低，铸锭的缩孔体积占比越小，同时缩孔的位置越靠近铸锭顶端。当金属液温度从 1470 ℃ 降低到 1370 ℃ 时，缩孔体积减小了约 0.3%，缩孔位置上移了约 50 mm。图 2-25（b）中金属液温度越高，铸锭的完全凝固时间越长，建立起足够强度和塑性所需的时间越长，安全脱模时间也越长。当金属液温度升高到一定程度时，对安全脱模时间的影响会减少。当流槽出水口处金属液温度从 1370 ℃ 增大到 1470 ℃ 时，铸锭的完全凝固时间延长了 3 min，所需要的安全脱模时间延长了 4 min。

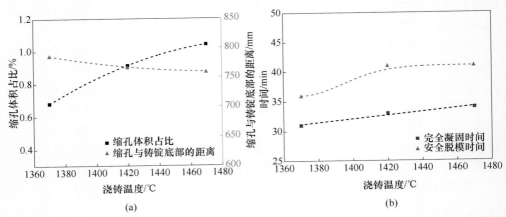

图 2-25　500 kg GH4169 合金铸锭缩孔体积占比（a）和安全脱模时间（b）随浇铸温度的变化

对浇铸温度的研究表明，为了尽可能地减少缩孔体积，需要适当降低浇铸温度。但浇铸温度过低，可能会使金属液流动不畅，出现冷隔等缺陷[21]。因此，建议流槽出水口处金属液温度以 1380 ℃ 为宜。浇铸温度降低后，铸锭的完全凝固时间减少，建立起足够强度和塑性所需的时间也相应减少，因此可以适当减少铸锭的安全脱模时间。

2.3.1.4　钢锭模烘烤温度的变化

在 500 kg 浇铸量下，冒容比设为 12%，流槽出水口处金属液温度设为 1420 ℃，浇铸速度设为 3 kg/s，图 2-26 所示为钢锭模烘烤温度在 100 ℃ 和 500 ℃ 时铸锭纵截面疏松与缩孔的模拟结果对比图。图 2-26（a）所示为烘烤温度在 100 ℃ 和 500 ℃ 时的缩孔情况，红色部分为最可能出现缩孔的位置，可以看到烘烤温度为 500 ℃ 时缩孔的位置偏下，烘烤温度为 100 ℃ 时缩孔几乎完全处于冒口内。图 2-26（b）所示为烘烤温度在 100 ℃ 和 500 ℃ 时的 Niyama 判据情况，Niyama 值越小代表越可能出现疏松，即绿色和黄色部分是最可能出现疏松的位置，可以看到烘烤温度升高会扩大疏松范围，同时增大疏松的严重程度。这是因为锭模温度较低会提供较大的温度梯度，提供了表面补缩条件，从而促进金属液的供给和枝晶间的补缩[22]。

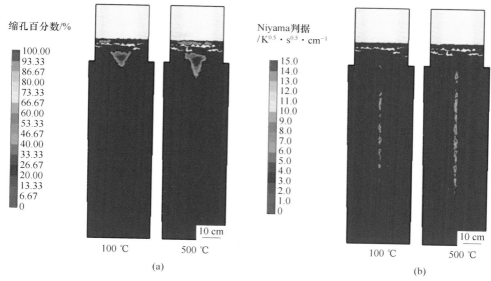

图 2-26 500 kg GH4169 合金铸锭钢锭模烘烤温度为 100 ℃和 500 ℃时缩孔（a）和疏松（b）对比

图 2-27 所示为烘烤温度在 100~600 ℃之间变化时，缩孔体积和安全脱模时间随烘烤温度变化的规律。图 2-27（a）中随着烘烤温度的提高，铸锭的缩孔体积占比增加，同时缩孔的位置越远离铸锭顶端。当烘烤温度从 600 ℃减少到 100 ℃时，缩孔体积减小了约 0.3%，缩孔位置上移了约 80 mm。图 2-27（b）中随着烘烤温度的提高，铸锭的完全凝固时间越长，建立起足够强度和塑性所需要的时间越长，安全脱模时间也越长。当烘烤温度从 100 ℃提高到 600 ℃时，铸锭的完全凝固时间延长了 8 min，所需要的安全脱模时间延长了 8 min。

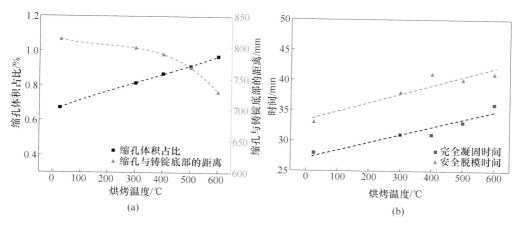

图 2-27 500 kg GH4169 合金铸锭缩孔体积占比（a）和安全脱模时间（b）随烘烤温度的变化

钢锭模烘烤温度的研究表明，为了提高缩孔高度，需要适当降低烘烤温度。但烘烤温度过低，可能会使铸锭的表面质量变差[23]。烘烤温度降低后，铸锭的凝固时间缩短，建立起足够强度和塑性所需要的时间也相应缩短，因此可以适当缩短铸锭的安全脱模时间。

2.3.1.5　工艺分析及优化

根据 500 kg GH4169 合金真空感应熔炼工艺的规律探究，可以发现冒容比和浇铸速度对缩孔的影响最大，浇铸速度和烘烤温度对疏松的影响最大，浇铸速度和烘烤温度对铸锭的安全脱模时间影响最大；适当增大冒容比，降低浇铸速度、浇铸温度和烘烤温度可以显著降低缩孔的体积，提高缩孔的位置，减轻疏松的程度，这时也可以略微降低安全脱模时间。

根据 500 kg GH4169 合金真空感应熔炼工艺的模拟结果，冒容比为 14% 时，铸锭的缩孔已经完全位于冒口内部，继续增大冒容比可能出现原材料浪费的问题；浇铸速度为 1 kg/s 时，铸锭的缩孔已经位于冒口内部，继续降低浇铸速度可能会出现金属液流动不畅的问题；浇铸温度和烘烤温度对缩孔的体积影响较小，浇铸温度低时缩孔体积会降低，因此认为流槽出水口处金属液温度在 1380 ℃ 较为合适，防止浇铸温度过低铸锭出现冷隔的缺陷，烘烤温度低时缩孔体积会降低、疏松程度会减弱，因此认为烘烤温度 100 ℃ 比较合适，防止烘烤温度过低导致铸锭的表面质量不好。

据此分析推测，浇铸 500 kg GH4169 合金铸锭时，冒容比为 14%，浇铸速度为 1 kg/s（浇铸时间 465 s），烘烤温度为 100 ℃，出水口处金属液温度为 1380 ℃，如果考虑流槽的温降，浇铸温度为 1420 ℃ 时，铸锭的缩孔体积最小，缩孔完全处于冒口内部，同时疏松程度最弱。依此真空感应熔炼工艺参数的模拟结果如图 2-28 所示，从图中可以看出，铸锭的缩孔完全位于冒口内部，铸锭的疏松程度也比原工艺有适当的减轻。

2.3.1.6　分析方法及步骤

运用建立的中间包金属液流动模型、铸锭的凝固模型和应力-应变模型，可对 500 kg GH4169 合金铸锭的真空感应熔炼工艺进行计算分析，具有较好的可靠性。同时可以进行大量的计算分析，给出不同工艺参数对铸锭疏松、缩孔和安全脱模时间的影响规律，对真空感应熔炼工艺制定提供依据并给出优化工艺。同样可以利用建立的研究分析方法，对高温合金真空感应熔炼工艺制定依据和优化控制原则进行系统分析。

通过 Fluent 软件搭建中间包/流槽金属液流动模型；再通过 ProCAST 软件搭建铸锭的凝固模型；根据材料的系列高温拉伸测试数据，在 ProCAST 软件中输入材料的高温力学性能，构建铸锭的应力-应变模型。通过金属液流动模型、铸锭的凝固模型和应力-应变模型，再结合铸锭的力学判据，对合金铸锭的真空感应

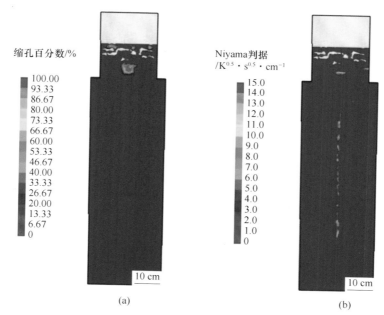

缩孔百分数/%

Niyama判据
/K$^{0.5}$ · s$^{0.5}$ · cm^{-1}

(a)

(b)

图 2-28 500 kg GH4169 合金铸锭优化工艺后缩孔（a）和疏松（b）的模拟结果

熔炼工艺进行计算分析，给出不同工艺参数对铸锭疏松、缩孔和安全脱模时间的影响，对真空感应熔炼工艺进行优化。

2.3.2 扩大锭型的影响

同理，可以利用建立的研究分析方法，对扩大锭型过程中工艺影响规律进行系统的分析。以熔炼内径约 ϕ300 mm 的 500 kg 钢锭模扩大到熔炼内径约 ϕ800 mm 的 12 t 级钢锭模为例来进行分析，对应的钢锭模示意图如图 2-29 所示。

2.3.2.1 冒容比

在 12 t 的浇铸量下，流槽出水口处金属液温度设为 1435 ℃，钢锭模烘烤温度设为 200 ℃，浇铸速度设为 10 kg/s，图 2-30 所示为冒容比在 10% ~ 17% 之间变化时，缩孔体积和安全脱模时间随冒容比变化的规律。与 500 kg 熔炼影响规律的图 2-21（a）对比来看，两者均随着冒容比的增大，铸锭的缩孔体积占比越小，同时缩孔的位置越靠近铸锭顶端。冒容比相同时，两种锭型的

(a)   (b)

图 2-29 不同钢锭模的几何模型
（a）500 kg；（b）12 t

缩孔体积占比大致相同。但是，有显著不同的是：小锭型时冒容比变化对缩孔体积的影响比大锭型时的影响大，小锭型时冒容比变化对缩孔位置的影响也比大锭型时大。为此要注意的是：小锭型增大到大锭型后，为使缩孔体积减小，大锭型冒容比的增大程度比小锭型冒容比的增大程度要大很多。

根据图 2-30（b）可知，随着冒容比的增大，铸锭的完全凝固时间越长，不过建立起足够强度和塑性所需的时间变化不大，安全脱模时间变化不大。与 500 kg 铸锭熔炼影响规律的图 2-21（b）对比来看，从 $\phi300$ mm 的小锭型扩大到 $\phi800$ mm 的大锭型时，安全脱模时间从约 35 min 显著增加到约 260 min。两者均随着冒容比的增大，铸锭的完全凝固时间呈线性增加；但相较于小锭型，冒容比变化对大锭型铸锭完全凝固时间的影响更大。小锭型时冒容比增大对铸锭的安全脱模时间影响是线性增大的，大锭型时冒容比增大对铸锭的安全脱膜时间影响不大。

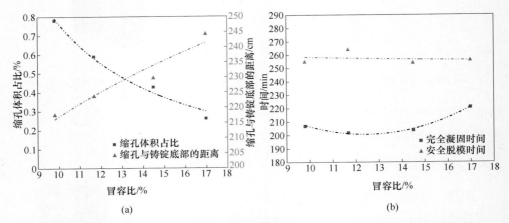

图 2-30　12 t GH4169 合金铸锭模拟结果中缩孔体积占比（a）和安全脱模时间（b）随冒容比的变化

因此在浇铸 12 t GH4169 合金铸锭时，为了尽可能地减少缩孔体积、提高缩孔高度，需要适当增大冒容比；但冒容比过大，可能会导致收得率降低，降低经济效益。冒容比增大后，铸锭的凝固时间会增大，但建立起足够强度和塑性所需要的时间变化不大，因此冒容比对安全脱模时间的影响不大。

2.3.2.2　浇铸速度

在 12t 浇铸量下，流槽出水口处金属液温度设为 1435 ℃，烘烤温度设为 200 ℃，冒容比设为 12%，图 2-31 所示为浇铸速度在 6~20 kg/s 之间变化时，缩孔体积和安全脱模时间随浇铸速度变化的规律。与 500 kg 钢锭熔炼影响规律的图 2-23（a）对比来看，两者均随着浇铸速度的减小，铸锭的缩孔体积占比越小，同时缩孔的位置越靠近铸锭顶端。但是，有显著不同的是：小锭型时浇铸速度变化对缩孔体积的影响比大锭型时的影响大，小锭型时浇铸速度变化对缩孔位置的影响也比大锭型时的影响大。为此要注意的是：小锭型增大到大锭型后，为使缩孔体积减小，大锭型时的浇铸速度减小程度比小锭型时浇铸速度的减小程度要大很多。

根据图 2-31（b）可知，随着浇铸速度的增大，铸锭的完全凝固时间和建立起足够强度和塑性所需要的时间是逐渐增加的。与 500 kg 铸锭熔炼影响规律的图 2-23（b）对比来看，小锭型时浇铸速度变快，铸锭的完全凝固时间可能由于金属液的翻腾加速冷却而减少，而对大锭型进行浇铸时金属液翻腾的影响可以忽略不计，其完全凝固时间会随着浇铸速度的增加而增大。小锭型时铸锭的安全脱模时间随着浇铸速度的增大先增加后减少，而大锭型时铸锭的安全脱模时间随着浇铸速度的增大而增加。

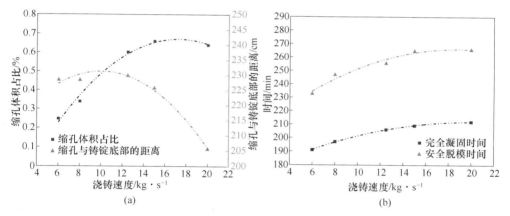

图 2-31 12 t GH4169 合金铸锭模拟结果中缩孔体积占比（a）和安全脱模时间（b）随浇铸速度的变化

因此在浇铸 12 t GH4169 合金铸锭时，为了尽可能地减少缩孔体积、提高缩孔高度，需要适当降低浇铸速度；但浇铸速度过低，可能导致金属液流动不畅，出现冷隔等缺陷。浇铸速度降低后，铸锭的凝固时间会缩短，建立起足够强度所需要的时间也相应减少，因此可以适当减少铸锭的安全脱模时间。

2.3.2.3 浇铸温度变化

在 12 t 浇铸量下，冒容比设为 12%，烘烤温度设为 200 ℃，浇铸速度设为 8 kg/s，图 2-32 所示为流槽出水口处金属液温度在 1400~1500 ℃之间变化时，缩孔体积和安全脱模时间随浇铸温度变化的规律。与 500 kg 铸锭熔炼影响规律的图 2-25（a）对比来看，两者均随着浇铸温度的减小，铸锭的缩孔体积占比越小，同时缩孔的位置越靠近铸锭顶端。但是，有显著不同的是：小锭型时浇铸温度变化对缩孔体积的影响比大锭型时的影响大，小锭型时浇铸温度变化对缩孔位置的影响也比大锭型时大。

根据图 2-32（b）随着金属液温度的升高，铸锭的完全凝固时间变化不大，但建立起足够强度和塑性所需要的时间相应延长，安全脱模时间相应延长。与 500 kg 铸锭熔炼影响规律的图 2-25（b）对比来看，两者均随着浇铸温度的升高，铸锭的完全凝固时间增大，但浇铸温度的变化对铸锭完全凝固时间的影响都较小；随着浇铸温度的升高，大锭型铸锭和小锭型铸锭的安全脱模时间都越长。但是相较于小锭型，浇铸温度变化对大锭型铸锭安全脱模时间的影响要大。

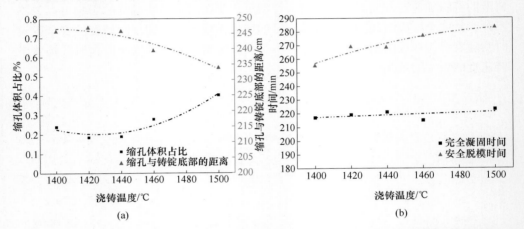

图 2-32 12 t GH4169 合金铸锭缩孔体积占比（a）和安全脱模时间（b）随浇铸温度的变化

对浇铸温度的研究表明，为了尽可能地减少缩孔体积，需要适当降低浇铸温度；但浇铸温度过低，可能会使金属液流动不畅，出现冷隔等缺陷。因此，建议流槽出水口处金属液温度以 1420 ℃ 为宜。浇铸温度降低后，建立起足够强度和塑性所需要的时间也相应减少，因此可以适当减少铸锭的安全脱模时间。

2.3.2.4 锭模温度变化

在 12 t 浇铸量下，冒容比设为 12%，流槽出水口处金属液温度设为 1435 ℃，浇铸速度设为 10 kg/s，图 2-33 所示为锭模温度在 25～200 ℃ 之间变化时，缩孔体积和安全脱模时间随锭模温度变化的规律。与 500 kg 铸锭熔炼影响规律的图 2-27（a）对比来看，两者均随着烘烤温度的减少，铸锭的缩孔体积占比越小，铸锭的缩孔位置越高。但是，小锭型时锭模温度变化对缩孔体积的影响比大锭型时的影响大，小锭型时锭模温度变化对缩孔位置的影响也比大锭型时的影响大。

根据图 2-33（b）随着锭模温度的升高，铸锭的完全凝固时间越长，建立起足够强度和塑性所需要的时间越长，安全脱模时间也越长。与 500 kg 铸锭熔炼影响规律的图 2-27（b）对比来看，两者均随着锭模温度的升高，铸锭的完全凝固时间增大，铸锭的安全脱模时间也增大。但要注意的是，大锭型锭模温度对铸锭完全凝固时间和安全脱模时间的影响比小锭型时要大很多。

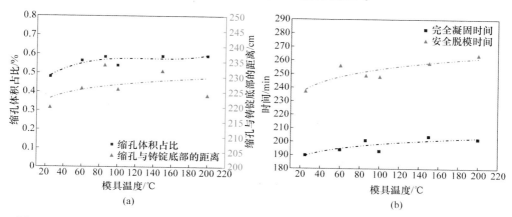

图 2-33　12 t GH4169 合金铸锭缩孔体积占比（a）和安全脱模时间（b）随锭模温度的变化

对锭模温度的研究表明，为了提高缩孔高度，需要适当降低锭模温度；但锭模温度过低，可能会使铸锭的表面质量变差。锭模温度降低后，铸锭的凝固时间缩短，建立起足够强度和塑性所需的时间也相应缩短，因此可以适当缩短铸锭的安全脱模时间。

根据 12 t GH4169 合金真空感应熔炼工艺的规律探究，可以发现扩大锭型后，冒容比和浇铸速度对缩孔的影响最大，与浇铸 500 kg GH4169 铸锭的真空熔炼规律相同；浇铸速度对铸锭的安全脱模时间影响最大，相较 500 kg GH4169 铸锭的浇铸，锭模的烘烤温度对安全脱模时间的影响降低很多。

扩大锭型后，适当增大冒容比，降低浇铸速度、浇铸温度和锭模温度可以显著降低缩孔的体积，提高缩孔的位置，这时也可以略微降低安全脱模时间，该规律与浇铸 500 kg GH4169 合金铸锭的真空感应熔炼规律相同。因此可以推测，增大锭型后，优化铸锭缩孔真空感应熔炼工艺的方向与浇铸小锭型时优化真空感应熔炼工艺的方向相同。

根据 12 t GH4169 合金真空感应熔炼工艺的模拟结果，综合推测，浇铸 12 t GH4169 合金铸锭时，冒容比为 16%，浇铸速度为 9 kg/s（浇铸时间 22 min），烘烤温度为 100 ℃，出水口处金属液温度为 1420 ℃，如果考虑流槽的温降，浇铸温度为 1435 ℃时，铸锭的缩孔体积最小，缩孔完全处于冒口内部。以此作为真空感应熔炼工艺的模拟结果如图 2-34 所示，铸锭的缩孔完全位于冒口内部。

2.3.2.5　锭型尺寸

针对 ϕ295 mm×2900 mm，ϕ350 mm×2900 mm，ϕ425 mm×2900 mm 三种锭型浇铸 GH4169 合金，浇铸过程不带冒口。流槽出水口处金属液温度设为 1400 ℃，模具温度设为 40 ℃，浇铸速度设为 5 kg/s，铸锭凝固后的缩孔情况如图 2-35 所

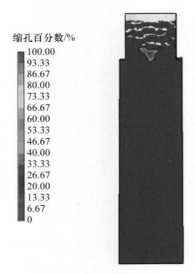

图 2-34   12 t GH4169 合金铸锭优化工艺后缩孔模拟结果

示。观察图 2-35 可知，在浇铸这三种锭型时，由于没有冒口，会形成较大的一次缩孔，在一次缩孔下方有少量的二次缩孔。不过在浇铸 ϕ425 mm×2900 mm 这种锭型的 GH4169 合金时，即使没有冒口，铸锭上方也形成了相对较小的一次缩孔和二次缩孔，因此在浇铸该锭型的 GH4169 合金时，冒口的设置与否可能影响不是很明显。

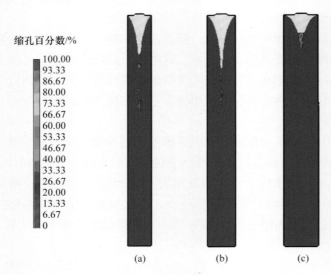

图 2-35   GH4169 合金不同锭型下的缩孔情况

（a）ϕ295 mm×2900 mm；（b）ϕ350 mm×2900 mm；（c）ϕ425 mm×2900 mm

图 2-36 为锭模高度为 2900 mm，锭模直径分别为 295 mm、350 mm 和 425 mm 时，铸锭的完全凝固时间和安全脱模时间的变化情况。可以看到随着锭模直径的增加，完全凝固时间和安全脱模时间呈线性增长。在铸锭完全凝固后，经过一定时间后才建立起足够的强度和塑性，达到安全脱模时间判据的要求。

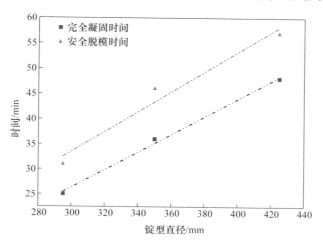

图 2-36　GH4169 不同锭型下的完全凝固时间和安全脱模时间变化情况

2.3.3　浇铸方式的影响

利用构建的真空感应计算分析模型，对浇铸方式同样可开展相应的系统分析。针对经炉外精炼技术生产的一种铁镍基高温合金，采用图 2-37 的浇铸系统，将金属液从中铸管浇铸进去，运用底铸法一次性浇铸十几吨多根铸锭的铁镍基高温合金，建立相应的铸锭和钢锭模系统三维 UG 实体模型。

为了分析浇铸系统及合金凝固开裂倾向性问题，基于 ProCAST 模拟软件，构建该铁镍基高温合金的凝固模型和应力–应变本构模型，建立适当的气隙模型，对合金的浇铸过程进行模拟，判断合金的缩孔情况和凝固过程中的应力变化情况。最后结合力学判据，判断铸锭在凝固过程中的开裂倾向。

为了构建合金的应力–应变模型和铸锭的力学判据，取铸态的铁镍基高温合金进行零强度及高温拉伸测试，抗拉强度和屈服强度随温度变化的曲线如图 2-38 所示。

铸态铁镍基高温合金的零强度温度大约在 1300 ℃，铸态铁镍基高温合金的零塑性温度大约在 1140 ℃。

屈服强度随温度变化的拟合曲线公式为：

$$\sigma_s = \begin{cases} -2.30000T + 2173.33333 & (T \leqslant 900\ ℃) \\ 4553.01270 - 11.12708T + 0.00912T^2 - 2.50712 \times 10^{-6}T^3 & (T > 900\ ℃) \end{cases}$$

$$(2-7)$$

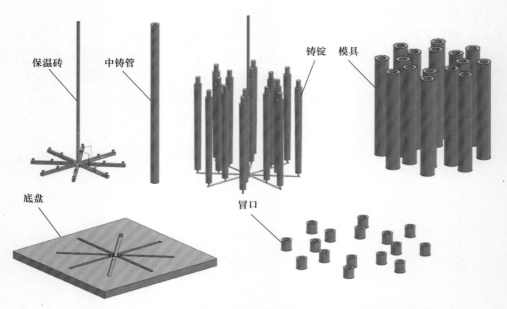

图 2-37　一种铁镍基高温合金铸锭和钢锭模系统几何特征示意图

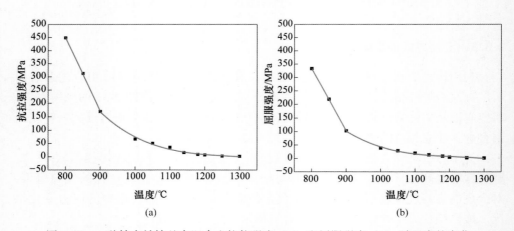

图 2-38　一种铸态铁镍基高温合金抗拉强度（a）和屈服强度（b）随温度的变化

抗拉强度随温度变化的拟合曲线公式为：

$$\sigma_{b} = \begin{cases} -2.79000T + 2682.16667 & (T \leqslant 900\ ℃) \\ 5932.99093 - 13.94825T + 0.01100T^2 - 2.90535 \times 10^{-6}T^3 & (T > 900\ ℃) \end{cases}$$

(2-8)

在 ProCAST 平台上对一次浇铸多根，按每根 1 t 铸锭的浇铸工艺，进行浇铸和凝固过程的热力耦合计算，数值模拟中采用底注法。设流槽出水口处金属液温度为 1490 ℃，整个浇铸过程用时 400 s，浇口直径约为 60 mm；钢锭模与保温系统的初始温度设为 100 ℃，环境温度设为 40 ℃。

图 2-39 为铁镍基高温合金在浇铸完成后的缩孔情况，收缩率达到 2.5% 以上，会形成较为严重的缩孔，即图中红色部分是形成缩孔倾向性最大的地方[4]；可以看到不同位置铸锭的缩孔情况有所不同，但是所有铸锭中的开放式一次缩孔下方还有较为严重的缩孔。观察图 2-39 中的铸锭，①②铸锭中，靠近中注管的铸锭缩孔体积更大，③④铸锭的缩孔比较严重，⑤⑥铸锭的缩孔体积较小。根据金属液浇铸的模拟过程，虽然金属液进入中注管时是一个速度，但是金属液进入各钢锭模的速度是不一样的；其中③④铸锭的浇铸速度最慢，在金属液浇铸的过程中，③④铸锭钢锭模中的金属液流动不畅，会形成冷隔等缺陷，造成铸锭的孔洞比较严重。

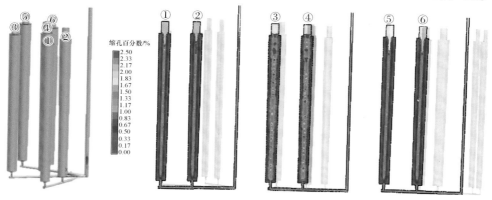

图 2-39 一种铁镍基高温合金在浇铸凝固完成后的缩孔情况
①~⑥—铸锭

图 2-40 为图 2-39 中②铸锭在凝固过程中不同温度下的热裂倾向分布情况。900 ℃ 时铸锭各部分的 $1/P$ 值普遍小于 0 或者大于 1，认为铸锭是安全的。在 1000 ℃ 以上，铸锭的 $1/P$ 值开始出现在 0~1 之间，因此铸锭开始出现热裂的风险；在 1000 ℃ 时，铸锭缩孔处的 $1/P$ 值位于 0~1 之间，该位置的热裂风险较大；在 1050~1200 ℃ 之间时，铸锭缩孔处的 $1/P$ 值一直位于 0~1 之间，缩孔处的热裂风险较大，其中在 1100~1140 ℃ 温度区间，铸锭中部也出现了较大的热裂倾向，在 1180~1200 ℃ 温度区间，铸锭边缘也出现了较大的热裂倾向。在 1250~1300 ℃ 之间，铸锭边缘较多区域的 $1/P$ 值位于 0~1 之间，有较大的热裂倾向，其中在 1300 ℃ 时，铸锭缩孔处的 $1/P$ 值位于 0~1 之间，缩孔处有较大的热裂倾向。根据模拟结果，铸锭凝固过程中缩孔部位的 $1/P$ 值一直位于 0~1 之间，一直有较大的开裂倾向，因此推测铸锭可能会从缩孔处萌生热裂纹并向外扩展。

进而可给出铸锭在凝固过程中不同温度下的最大第一主应力情况以及不同温度下最危险 $1/P$ 值的变化情况，如图 2-41 所示。根据图 2-41（a）所示，随着温

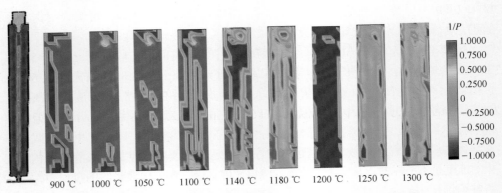

图 2-40   一种铁镍基高温合金铸锭凝固过程中各温度下 1/P 值的分布情况

度的降低，铸锭上面的最大第一主应力一直在增大。根据图 2-41（b）所示，铸锭的温度在 800~900 ℃之间时，铸锭的最危险 1/P 值一直大于 1，说明铸锭在此温度下是不容易出现开裂倾向的。铸锭温度在 1250 ℃时，铸锭的最危险 1/P 值最接近于 0，因此铸锭的温度在 1250 ℃时，热裂风险是最高的。

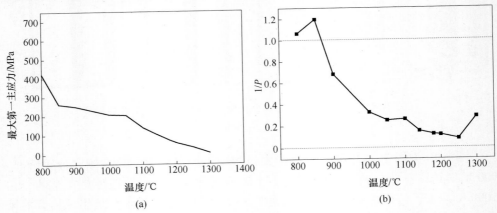

图 2-41   铸锭在凝固过程中最大第一主应力（a）和 1/P 值（b）随温度的变化

结合该研究合金的高温力学实验，测试结果表明合金的零塑性温度在 1140 ℃、零强度温度在 1300 ℃，因此铸锭比较脆弱的温度区间应在 1140~1300 ℃之间。模拟结果中铸锭凝固开裂最敏感温度符合高温力学实验结果，也说明了凝固模型、应力-应变模型和铸锭力学判据的可靠性。

实际上，该类铁镍基高温合金以上述浇铸方式在浇铸凝固后会发现铸锭有开裂的现象，应用本章建立的研究分析方法，构建合金热力学模型和气隙模型，再运用铸锭的力学判据可以对设计的浇铸系统分析合金在凝固过程中的开裂倾向性。

同样可以对这种铁镍基高温合金浇铸系统的工艺影响规律进行计算分析，对铸锭的冒口部分优先进行了分析，冒口设计如图 2-42 所示。流槽出水口处金属液温度设为 1490 ℃，充型时间设为 400 s，烘烤温度设为 100 ℃。对冒口上方加发热剂，冒口改为发热冒口，冒口加热到 300 ℃，冒口加热并加发热剂四种情况进行分析。其中，发热剂的参数为 20 s 内燃烧完，着火点为 1200 ℃，发热系数为 1200 kJ/kg，密度 500 kg/m³，比热容 0.9 kJ/(kg·K)，模型如图 2-42 所示；发热冒口的参数为 240 s 内燃烧完，着火点为 1000 ℃，发热系数为 1200 kJ/kg，密度 500 kg/m³，比热容 0.9 kJ/(kg·K)。改变不同的冒口条件，缩孔的影响如图 2-43 所示，铸锭的热裂倾向情况如图 2-44 所示。

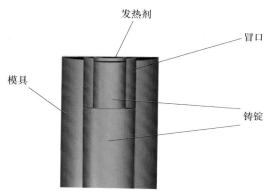

图 2-42　发热剂的模型设计示意图

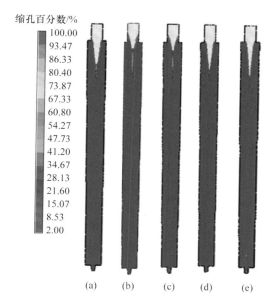

图 2-43　不同冒口条件的缩孔情况
（a）加发热剂；（b）正常浇铸；（c）冒口加热；（d）发热冒口；（e）冒口加热并加发热剂

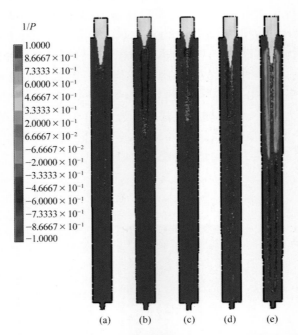

图 2-44　接近完全凝固时热裂倾向最严重的 $1/P$ 值分布情况

（a）加发热剂；（b）正常浇铸；（c）冒口加热；（d）发热冒口；（e）冒口加热并加发热剂

　　从图 2-43 可知，加发热剂、使用发热冒口和冒口加热并加发热剂的三种浇铸工艺中，铸锭的一次缩孔加深，但可以减少二次缩孔体积。原始工艺和冒口加热这两种浇铸工艺中，铸锭的一次缩孔较浅，但二次缩孔较深。总体上，改变冒口条件对铸锭缩孔的总体深度影响不大，可能是由于铸锭高径比过大造成补缩效果不好。从图 2-44 可知，加了发热剂的浇铸工艺中铸锭的 $1/P$ 值普遍大于 1 或者小于 0，因此热裂倾向性较小。如果在加发热剂的同时对冒口加热，铸锭缩孔附近较多区域的 $1/P$ 值位于 0~1 之间，铸锭缩孔附近的热裂倾向性较大，对比其他情况，铸锭的热裂倾向变得很严重。使用发热冒口可以减少铸锭心部的开裂倾向，但缩孔附近的热裂倾向较原始工艺增大。冒口加热对原始工艺的开裂倾向影响不大，都是铸锭的心部有较大的热裂倾向。

　　因此推测，提高局部补缩效果可以减少铸锭的热裂倾向，其中加发热剂的效果最好。但过度增加局部补缩效果，会增大铸锭的热裂倾向[24]。

　　不改变冒口条件，流槽出水口处金属液温度设为 1490 ℃，充型时间设为 400 s，烘烤温度设为 100 ℃，调整锭型大小，观察锭型大小对铸锭缩孔和热裂倾向的影响。将 1 t 的锭型增大为 2 t 和 3 t，从而减小高径比，同时保持铸锭的锥度不变。调整不同高径比后，缩孔情况以及铸锭的热裂倾向情况如图 2-45 所示。从图 2-45（a）可以看出，在相同的浇铸速度、相同的浇铸温度以及有冒口的情况下，2 t

铸锭的一次缩孔较 1 t 铸锭的一次缩孔增大，二次缩孔也增大很多；3 t 铸锭的一次缩孔最小，二次缩孔最严重。观察图 2-45（b）可知，1 t 铸锭的热裂倾向最小，2 t 铸锭的缩孔附近 $1/P$ 值位于 0~1 之间，因此 2 t 铸锭缩孔附近有较大的热裂倾向。3 t 锭型时，铸锭心部和缩孔附近的 $1/P$ 值位于 0~1 之间，因此 3 t 铸锭的心部和缩孔附近有较大的热裂倾向。总体上，减小高径比增大了热裂倾向。

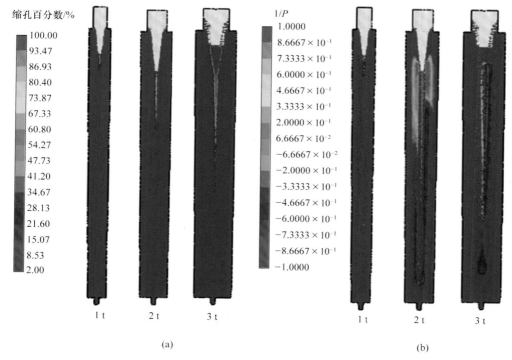

图 2-45 不同锭型 1 t、2 t 和 3 t 的缩孔（a）以及接近完全凝固时热裂倾向最严重的 $1/P$ 值分布（b）

查阅文献可知，一般减少高径比会增强补缩效果，铸锭的热裂倾向性应该减小[9]。结合前面不同冒口情况的模拟结果，推测 2 t 锭型可能存在补缩过度的情况，导致了热裂倾向增大。因此对 2 t 锭型的浇铸工艺进行改进，对比有无冒口的结果，缩孔和热裂倾向情况如图 2-46 所示。

根据图 2-46（a）所示，在 2 t 该铁镍基高温合金铸锭的浇铸过程中，有无冒口对铸锭的缩孔情况影响不大，一次缩孔和二次缩孔的总长度大致相当。由图 2-46（b）可知，2 t 锭型如果没有冒口，铸锭的 $1/P$ 值一直位于 0~1 之间，因此铸锭的热裂倾向较小。据此推测，如果扩大锭型，减少高径比，再加上冒口会使铸锭的补缩效果过度，从而增大铸锭的热裂倾向。

为了进一步分析图 2-47 所示浇铸系统的改进，根据上述的计算分析，认为

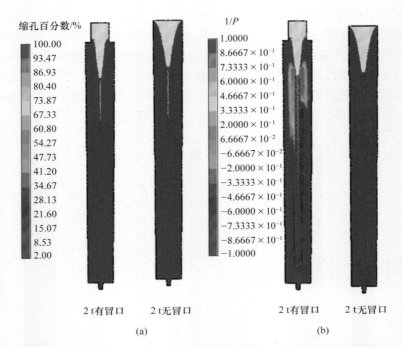

图 2-46 2 t 锭型有无冒口的缩孔（a）以及接近完全凝固时热裂倾向最严重的 $1/P$ 值分布（b）

降低铸锭的高径比同时不加冒口会使铸锭的热裂倾向明显降低。为此，设计每根 2 t 铸锭的浇铸工艺进行完整建模和模拟计算，三维 UG 实体模型如图 2-47（a）所示。对实体模型采用 HyperMesh 划分有限元网格，生成了一套包含 613820 个节点和 5615988 个单位的三维有限元网格，采用非均匀四面体有限元网格，网格平均尺寸为 30 mm，导入 ProCAST 进行热力耦合计算，划分网格后如图 2-47（b）所示。

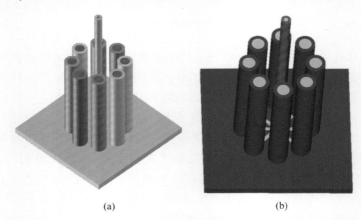

图 2-47 铁镍基高温合金铸锭和钢锭模系统改进设计的实体模型（a）和三维有限元网格（b）

结合前文的分析，流槽出水口处金属液温度设为 1490 ℃，充型时间设为 413 s，浇铸系统温度设为 100 ℃，模拟结果如图 2-48 和图 2-49 所示。图 2-48 为合金在浇铸完成后的缩孔情况，可以看到不同位置铸锭的缩孔情况有所不同。虽然金属液进入中注管时是一个速度，但是金属液在进入各铸锭的钢锭模时，流动速度不同，因此可以看到铸锭②⑥在没有充型完全时，金属液便已经完全凝固，铸锭①③的二次缩孔较为严重，铸锭⑦的一次缩孔较深。总体上，各个铸锭的缩孔总长度大致相当。

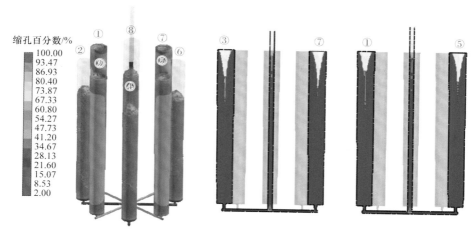

图 2-48　一次浇铸 8 根 2 t 铸锭的缩孔情况

①~⑧—铸锭

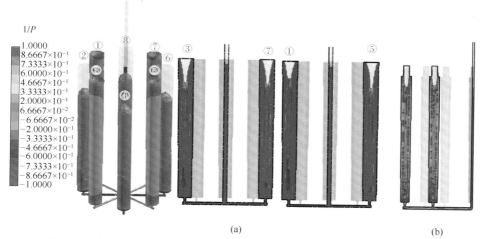

(a)　　　　　　　　　　　　　　　　　　(b)

图 2-49　铁镍基高温合金铸锭接近完全凝固时热裂最严重 $1/P$ 值的分布情况

(a) 单根 2 t 铸锭；(b) 单根 1 t 铸锭

①~⑧—铸锭

图 2-49（a）为 2 t 铸锭在接近完全凝固时热裂倾向最严重的情况，可以看到铸锭心部总体上呈现压应力，只有铸锭缩孔处的 $1/P$ 值位于 0~1 之间，热裂倾向性较大。图 2-49（b）为 1 t 铸锭在接近完全凝固时热裂倾向最严重的情况，可以看到铸锭边缘和缩孔处都有明显的热裂倾向。因此 2 t 铸锭的热裂倾向已经比 1 t 高碳铁镍基高温合金铸锭的热裂倾向改善了很多。

总之，通过以上的案例分析可以看出，构建合金相关分析模型，利用建立的研究分析方法，可对浇铸系统和合金浇铸凝固后的开裂倾向性做出系统的研究分析，为合理化设计和工艺制定提供依据。

2.3.4　GH4738 合金真空感应熔炼工艺影响规律及优化

构建的真空感应熔炼控制模型对 GH4169 合金不同锭型的 VIM 熔炼进行了计算，经 500 kg GH4169 感应熔炼结果验证了模型的可靠性，可以为现实生产提供参照和工艺的优化进行指导。当然，该模型不仅可用于 GH4169 合金，对于不同种类合金，使用同样的模型构建方法，可对不同种类合金的真空感应熔炼工艺进行分析。以广泛应用于发动机及烟气轮机涡轮盘的 GH4738 合金为例[25]，建立 3 t GH4738 合金真空感应熔炼模型，分析 GH4738 合金的工艺参数影响规律，并通过实际熔炼验证结果。

2.3.4.1　GH4738 合金真空感应熔炼凝固与应力–应变模型的构建

根据实际工况，通过 UG 软件构建 3 t GH4738 合金真空感应熔炼几何模型，包括冒口、锭模、铸锭、耐火砖、石棉、沙子及底盘，锭模高设为 2900 mm，内径设为 425 mm；并将各部件导入 ProCAST，使用 ProCAST 自带的 Mesh 模块对各部件进行网格划分，生成包含 50085 个面网格、645830 个体网格的有限元网格用于模拟计算，如图 2-50 所示。

冒口　　　　锭模　　　铸锭　　　　　　　500 mm　　　　耐火砖/石棉　　沙子　　底盘

图 2-50　GH4738 合金铸锭和钢锭模系统三维有限元网格

给钢锭模各部件赋予材料属性，钢锭模材料选择某种钢材，冒口材料为硅酸铝纤维，底垫材料为刚玉，耐火砖由石棉缠绕，与底盘中间隔一层石英砂；根据钢锭模、冒口和底部各部分的材料，参阅软件自带材料库、相关资料和手册[26-27]，获得相关的热物性参数。GH4738 合金铸锭的热物理性能，通过ProCAST 的 CompuTherm 热力学数据库与 JMatPro 软件计算获得，热导率、密度、比焓、固相百分数等参数如图 2-51 所示。

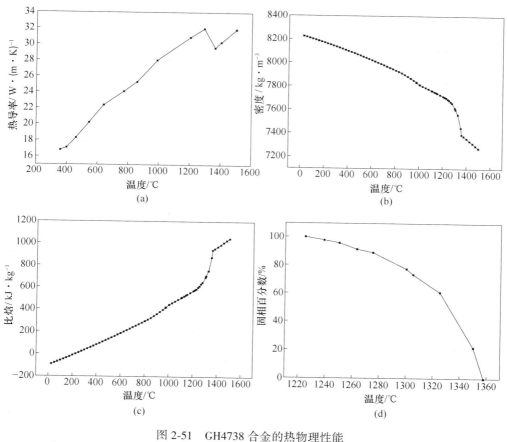

图 2-51　GH4738 合金的热物理性能
（a）热导率；（b）密度；（c）比焓；（d）固相百分数

考虑凝固开裂需要的材料热力学性能，由 JMatPro 热力学计算及铸态高温拉伸实验测试获得，如图 2-52 所示。

通过拟合不同温度下的合金强度曲线，结合第一强度理论与第四强度理论，构建了 GH4738 合金开裂控制模型，预测合金熔炼过程中的开裂倾向，GH4738 合金铸态的屈服强度与抗拉强度的拟合公式如下：

屈服强度：

$$\sigma_s = \begin{cases} -0.05659T + 483.50275 & (T \leqslant 800\ \text{℃}) \\ -1325.88494 + 9.76009T - 0.01393T^2 + 5.60843 \times 10^{-6}T^3 & (T > 800\ \text{℃}) \end{cases}$$

$$(2\text{-}9)$$

抗拉强度：

$$\sigma_b = \begin{cases} -0.28988T + 972.80308 & (T \leqslant 800\ \text{℃}) \\ 11769.58117 - 26.80557T + 0.02029T^2 - 5.08513 \times 10^{-6}T^3 & (T > 800\ \text{℃}) \end{cases}$$

$$(2\text{-}10)$$

式中，强度的单位为 MPa，温度的单位为℃。

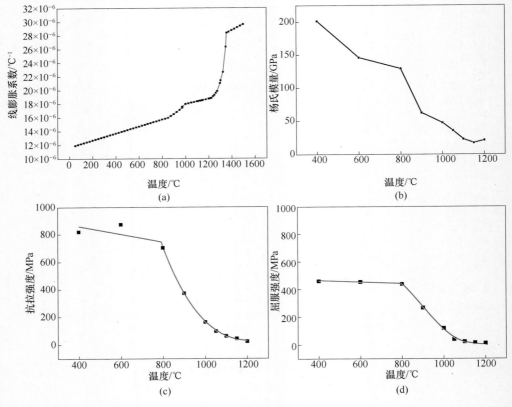

图 2-52　GH4738 合金铸态的力学性能

（a）线膨胀系数；（b）杨氏模量；（c）抗拉强度；（d）屈服强度

　　GH4738 合金真空感应浇铸数值模拟中采用顶注法，设置的传热条件与 GH4169 合金真空感应熔炼模型相同，各部件未浇铸前都设为 40 ℃ 的环境温度。通过构建的模型进行规律性分析，探究工艺参数的影响规律，确定熔炼采用的浇铸参数，选择合适工艺进行实际生产。

2.3.4.2 工艺参数的影响规律

通过构建的 GH4738 合金真空感应熔炼凝固模型与应力-应变控制模型，可以对 GH4738 合金不同浇铸工艺下铸锭的缩孔情况及安全脱模时间进行计算，获得影响规律和合适的 GH4738 合金真空感应熔炼浇铸工艺。通过探索不同的工艺参数：冒容比为 10%、14% 及 18%，浇铸温度为 1400 ℃、1420 ℃、1440 ℃、1460 ℃ 和 1480 ℃，浇铸速度为 2 kg/s、3 kg/s、4 kg/s、5 kg/s 和 6 kg/s，锭模温度为 40 ℃、80 ℃、100 ℃、150 ℃ 和 200 ℃，分析 3 t GH4738 合金真空感应熔炼工艺的影响规律。

冒容比为 10%、14% 及 18% 时分别将高 290 mm、400 mm、522 mm 的冒口全部放入锭模，二者顶面平齐，设置浇铸温度为 1400 ℃、浇铸速度 4 kg/s、锭模温度为 40 ℃。通过 GH4738 合金真空感应熔炼模型计算的缩孔体积占比、缩孔与铸锭底部的距离如图 2-53（a）所示，缩孔体积占比都不是很高，冒口的存在可有效减少铸锭内部缩孔体积，而缩孔体积占比在随着冒容比增加而增加，这是因为随冒容比增加锭身心部位置也出现了一些缩孔，但相差不大。缩孔与底部的距离在随冒容比增加先增加后减少，可见冒容比为 14% 时，缩孔距离锭底最远，切头量最少，有助于节省切削成本。

通过 GH4738 合金真空感应熔炼模型计算的完全凝固时间与安全脱模时间如图 2-53（b）所示，由于冒容比增加，对锭头保温效果增加，钢液完全凝固时间延长，构建起足够强度和塑性的时间同样增加。冒容比增大，一定程度上可以使得缩孔与底部的距离增加，减少切削量，但也会延长安全脱模时间。

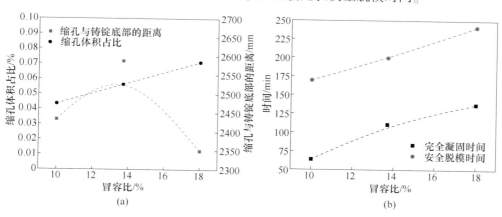

图 2-53　GH4738 合金真空感应熔炼不同冒容比对铸锭的影响

（a）缩孔体积占比和缩孔与铸锭底部的距离；（b）完全凝固时间与安全脱模时间

浇铸温度的选择是真空感应熔炼的重要浇铸参数，为了探究浇铸温度的影响，探究了浇铸温度为 1400 ℃、1420 ℃、1440 ℃、1460 ℃和 1480 ℃时铸锭的凝固过程影响规律，设置冒容比 14%、浇铸速度 4 kg/s、锭模温度为 40 ℃。通过 GH4738 合金真空感应熔炼模型计算的缩孔体积占比、缩孔与铸锭底部的距离如图 2-54 (a) 所示，随浇铸温度增加，缩孔体积占比增加，且位置在不断下移，这不仅使得铸锭完整性下降，还增加了头部切削量。通过 GH4738 合金真空感应熔炼模型计算的完全凝固时间与安全脱模时间如图 2-54 (b) 所示，浇铸温度升高，完全凝固时间和安全出炉脱模时间变化不大。所以，在保证金属顺畅流动的前提下，选择相对较低的浇铸温度可以获得较小的缩孔体积，且靠近锭头。

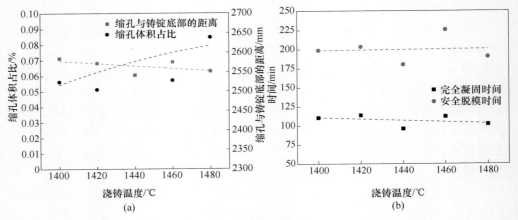

图 2-54　GH4738 合金真空感应熔炼不同浇铸温度对铸锭的影响
(a) 缩孔体积占比和缩孔与铸锭底部的距离；(b) 完全凝固时间与安全脱模时间

　　浇铸速度影响铸锭内部钢液流动与凝固过程，探究浇铸速度为 2 kg/s、3 kg/s、4 kg/s、5 kg/s 和 6 kg/s 的影响规律，设置冒容比为 14%、浇铸温度为 1400 ℃、锭模温度为 40 ℃。通过 GH4738 合金真空感应熔炼模型计算的缩孔体积占比、缩孔与铸锭底部的距离如图 2-55 (a) 所示，随着浇铸速度增加，缩孔体积占比增加，且缩孔向铸锭底部移动，浇铸速度放缓可以使得已浇铸钢液凝固相对充分，获得较浅熔池，并且缓慢补缩，使得缩孔上移。通过 GH4738 合金真空感应熔炼模型计算的完全凝固时间与安全脱模时间如图 2-55 (b) 所示，随着浇铸速度增加，完全凝固时间与安全脱模时间呈现下降趋势，但相差也并不大。通过对浇铸速度的探究，认为在保证钢锭模内稳定熔池的情况下，适当放缓浇铸速度，从而获得更好的补缩效果。

　　在实际生产过程中，用于生产的锭模温度并不均为室温，可能带有之前镍洗或铁洗的余温，计算锭模温度为 40 ℃、80 ℃、100 ℃、150 ℃及 200 ℃对 GH4738 合金凝固规律的影响，设置冒容比为 14%、浇铸温度为 1400 ℃、浇铸速度 4 kg/s。通过 GH4738 合金真空感应熔炼模型计算的缩孔体积占比和缩孔与铸

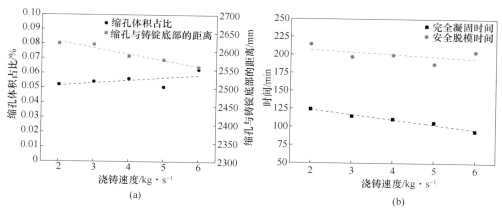

图 2-55　GH4738 合金真空感应熔炼不同浇铸速度对铸锭的影响
（a）缩孔体积占比和缩孔与铸锭底部的距离；（b）完全凝固时间与安全脱模时间

锭底部的距离如图 2-56（a）所示，缩孔体积占比都不是很高，随锭模温度升高缩孔体积占比先减少再增加，总体上呈现缩孔体积占比随锭模温度升高而增加的趋势，而缩孔与铸锭底部距离随锭模温度变化影响不大，建议锭模温度不宜过高。通过 GH4738 合金真空感应熔炼模型计算的完全凝固时间与安全脱模时间如图 2-56（b）所示，锭模温度升高对铸锭完全凝固时间与安全脱模时间的影响并不明显。锭模温度升高会在一定程度上使得缩孔体积占比增加，不建议锭模温度过高。

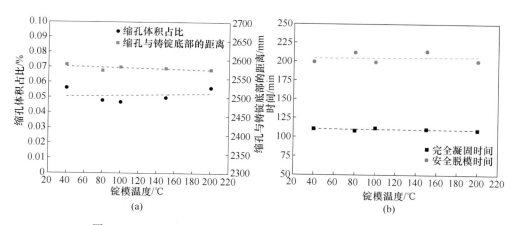

图 2-56　GH4738 合金真空感应熔炼不同锭模温度对铸锭的影响
（a）缩孔体积占比和缩孔与铸锭底部的距离；（b）完全凝固时间与安全脱模时间

通过 GH4738 合金真空感应熔炼模型对熔炼工艺参数冒容比、浇铸温度、浇铸速度和锭模温度进行规律探究，认为 GH4738 合金收缩性较好，缩孔体积都较小，其中冒容比和浇铸温度对缩孔体积的影响最大，冒容比对安全脱模时间的影响最大。适当增加冒容比，降低浇铸温度、浇铸速度和锭模温度可以获得较小的缩孔体积，且使得缩孔上移，减少铸锭头部切削量；同时，相应的安全脱模时间也应适当延长。

2.3.4.3 GH4738 合金真空感应熔炼实际生产验证

上述使用 GH4738 合金真空感应熔炼模型对该合金真空感应熔炼过程中的工艺参数影响规律进行了探究，通过规律性研究和模拟计算，可以对实际生产工艺提供设计依据，预测生产结果。结合上文研究成果，设计 3 t GH4738 合金真空感应熔炼过程的工艺参数如下：冒容比为 14%、浇铸温度为 1400 ℃、浇铸速度为 4 kg/s 以及锭模温度为 40 ℃。值得注意的是，此处的浇铸温度为流槽出水口处温度，并非坩埚出钢温度，钢液流经流槽到出水口，由于散失热量，钢液温度下降，出钢温度应该比浇铸温度要高几十摄氏度。

使用真空感应熔炼模型计算分析该工艺的 3 t GH4738 合金真空感应熔炼，其缩孔结果如图 2-57（a）所示，缩孔宽 135.8 mm，缩孔底部距离顶部 250.3 mm。熔炼结束，冷却脱模后将铸锭头部切下观察，如图 2-57（b）所示。为了便于切割，将 370 mm 锭头切为两部分，上半部分高 160 mm，主要为疏松；下半部分高 210 mm，从中切开发现宏观缩孔宽 220 mm、距离顶部 250 mm。缩孔位置与 GH4738 真空感应熔炼模型计算结果相符合，验证了 GH4738 合金真空感应熔炼模型的可靠性。

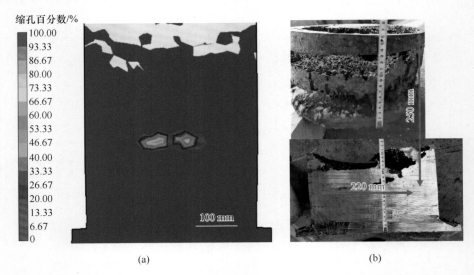

(a)   (b)

图 2-57 3 t GH4738 合金真空感应熔炼铸锭中缩孔的计算结果（a）与实际结果（b）

使用构建的真空感应熔炼模型分析方法，对 3 t GH4738 合金真空感应熔炼过程中工艺参数的影响进行探究，总结了冒容比、浇铸温度、浇铸速度和锭模温度对于缩孔体积与位置、凝固时间与安全脱模时间的变化规律。结合规律及现实生产条件预测并制定了 3 t GH4738 合金真空感应熔炼工艺用于实际生产熔炼，通过对比理论计算与实际熔炼铸锭中的缩孔结果，验证了 GH4738 合金真空感应熔炼模型的可靠性。

为此，也进一步说明通过理论与实验构建的真空感应熔炼模型，可用于对现实真空感应熔炼生产不同合金进行预测，提供工艺设计依据，协助指导浇铸工艺的设计；获得缺陷较少以及不会开裂的真空感应铸锭，提高真空感应铸锭的完整性。

2.4 小 结

通过对高温合金真空感应熔炼过程相关工艺影响规律开展系统的研究分析，并经过完整连贯的实验跟踪检测、控制模型构建及实验验证，形成和提出一种高温合金真空感应过程的工艺控制方法。该计算分析方法可以推广应用到各种锭型、各种高温合金真空感应熔炼工艺的优化中，为高温合金真空感应熔炼工艺提供依据及优化控制方法。

（1）针对整个真空感应熔炼工艺流程，金属液经过中间包/流槽、锭模中金属液的浇铸和凝固、最后铸锭进行脱模，建立中间包/流槽的金属液流动模型、铸锭的凝固模型和应力-应变模型，实现了对高温合金真空感应熔炼工艺整个流程的模拟计算。

（2）通过实际浇铸 500 kg GH4169 合金，对浇铸完成后中间包金属液液面高度进行测量、铸锭纵剖后疏松与缩孔位置进行观察、锭模冷却过程中外壁温度变化进行记录，模拟结果与实际相符，验证了构建模型的可靠性。

（3）构建的控制模型和计算分析方法可以应用到不同锭型大小、不同类型高温合金的真空感应工艺分析上，可以对合金的疏松与缩孔、凝固过程中的开裂倾向、铸锭的脱模时间等进行计算和优化，在提升铸锭质量水平的同时可提高铸锭的完整性和性价比。作为实例，优化分析了 500 kg GH4169 和 12 t GH4169 的真空熔炼工艺，改善缩孔情况，优化脱模时间；分析了 1 t 铸锭一种铁镍基高温合金的浇铸工艺以控制凝固开裂倾向；优化了 3 t GH4738 的真空熔炼工艺，将优化工艺后的模拟结果进行实际验证，实际与模拟相符，获得了缩孔较小的铸锭。

参 考 文 献

[1] Leinbach R C, Hamjian H J. Vacuum induction melting of specialty steels and alloys [J]. JOM, 1966, 18 (2): 219-223.

[2] Bettoni P, Biebricher U, Franz H, et al. Large ESR forging ingots and their quality in production

[J]. La Metallurgia Italiana, 2014, 106: 13-21.

[3] Jardy A, Chapelle P, Malik A, et al. Arc Behaviour and Cathode Melting Process during VAR: An Experimental and Numerical Study [J]. ISIJ International, 2013, 53: 213-220.

[4] Zhang C J, Bao Y P, Wang M. Influence of casting parameters on shrinkage porosity of a 19-ton steel ingot [J]. La Metallurgia Italiana, 2016, 108: 37-44.

[5] Wang J, Fu P, Liu H, et al. Shrinkage porosity criteria and optimized design of a 100-ton 30Cr2Ni4MoV forging ingot [J]. Materials & Design, 2012, 35: 446-456.

[6] Yadong X, Hongyi G, Huichao G, et al. Optimization steel ingot mould' riser height based on solidification simulation [J]. Journal of Physics: Conference Series, 2021, 1965 (1): 89.

[7] Yang J A, Wang Y Q, Shen H F, et al. Numerical simulation of central shrinkage crack formation in a 234 t steel ingot [J]. China Foundry, 2017, 14 (5): 365-372.

[8] Yang J A, Shen H F. Internal shrinkage crack in a 10 t water-cooled steel ingot with a large height-to-diameter ratio [J]. China Foundry, 2021, 18 (2): 110-117.

[9] Yang J A, Liu B, Shen H. Study of hot cracking potential in a 6-ton steel ingot casting [J]. Metallurgical Research & Technology, 2018, 115: 308.

[10] 付成哲. 基于 FLUENT 的扁钢锭浇铸成型与凝固过程数值模拟 [D]. 鞍山: 辽宁科技大学, 2020.

[11] 高晨, 张立峰, 李崇巍, 等. 真空条件下锭模参数对铁镍合金缩孔分布的影响 [J]. 工程科学学报, 2014, 7: 887-894.

[12] 张倍恺, 艾新港, 曾洪波. 高径比及锥度对 60 t 钢锭质量影响的数值模拟 [J]. 辽宁科技大学学报, 2019, 42 (2): 81-84.

[13] Hines J A. Determination of interfacial heat-transfer boundary conditions in an aluminum low-pressure permanent mold test casting [J]. Metallurgical and Materials Transactions B, 2004, 35 (2): 299-311.

[14] Li W, Li L, Geng Y, et al. Air gap measurement during steel-ingot casting and its effect on interfacial heat transfer [J]. Metallurgical and Materials Transactions B, 2021, 52 (4): 2224-2238.

[15] Marx K, Roedl S, Schramhauser S, et al. Optimization of the filling and solidification of large ingots [J]. La Metallurgia Italiana, 2014, 106: 11-19.

[16] Liao D, Chen L, Zhou J, et al. Modeling of Thermal Stress during Casting Solidification Process [M]. Engineering Plasticity and Its Applications. World Scientific, 2011: 56-60.

[17] 刘大为. 基本强度理论扩充研究 [J]. 兰州文理学院学报 (自然科学版), 2018, 32 (5): 41-45.

[18] Zhang C, Bao Y, Wang M, et al. Shrinkage porosity criterion and its application to a 5.5-ton steel ingot [J]. Archives of Foundry Engineering, 2016, 16.

[19] 潘利文, 郑立静, 张虎, 等. Niyama 判据对铸件缩孔疏松预测的适用性 [J]. 北京航空航天大学学报, 2011, 37 (12): 1534-1540.

[20] 沈琪. CrNiMo 类大型钢锭铸造数值模拟及工艺优化 [D]. 大连: 大连理工大学, 2022.

[21] Zheng J, Wang Q, Zhao P, et al. Optimization of high-pressure die-casting process parameters

using artificial neural network ［J］. The International Journal of Advanced Manufacturing Technology, 2009, 44（7）: 667-674.

［22］ 李殿魁. 铸造参数对镍基铸造高温合金的影响 ［J］. 机械工程材料, 1981, 2: 70-74.

［23］ 许广济, 闫威武, 丁雨田, 等. 热型连铸工艺参数对铸锭表面质量的影响 ［J］. 甘肃工业大学学报, 1999, 3: 27-31.

［24］ 杨靖安. 钢锭热裂纹实验研究及数值模拟 ［D］. 北京: 清华大学, 2017.

［25］ Liu Q, Li Z, Du S, et al. Cavitation erosion behavior of GH4738 nickel-based superalloy ［J］. Tribology International, 2021, 156: 106.

［26］ 姚凯, 郑会保, 刘运传, 等. 硅酸铝纤维板热导率拟合方程的建立及试验验证 ［J］. 耐火材料, 2017, 51（4）: 297.

［27］ 陈善雄, 陈守义. 砂土热导率的实验研究 ［J］. 岩土工程学报, 1994, 16（5）: 47-53.

3 真空自耗重熔工艺依据及优化

镍基高温合金因具有优异的力学性能和耐蚀性能被广泛应用于航空航天、军事国防、核电火电等领域，面对严苛的服役环境，往往需要真空感应熔炼（VIM）+ 保护气氛电渣重熔（ESR）或真空自耗重熔（VAR）二联，甚至三联（VIM+ESR+VAR）等多重熔炼工艺[1]。一次熔炼一般采用真空感应熔炼成电极，熔炼电极质量控制水平对后续重熔铸锭的影响至关重要，但重熔往往是最终的熔炼过程，其控制水平直接影响合金产品的质量，重熔工艺较多采用真空自耗熔炼。

国内外关于 VAR 的报道，往往集中于熔炼参数对元素分布、熔池演变等单一方面的研究，缺少对偏析行为、黑斑产生概率等多角度的探究，对自耗锭头部宏观缩孔特征与熔炼工艺参数的关联规律也鲜有报道。而关于熔炼完成后铸锭的凝固冷却和应力分布情况，及自耗锭凝固时间、开裂倾向、炉内停留时间、脱模时间的变化规律和控制依据，缺少相关方面的文献报道。同时在理论计算分析方面，国内外真空自耗熔炼模型的建立方法和使用软件较为纷杂，许多模型的适用性不强，缺少操作简便且容易推广到可实际指导生产企业工艺设计的相关模型和计算方法。为此，建立一种普适的真空自耗熔炼模型，能够较为准确地预测熔炼的偏析行为、缺陷位置和开裂倾向，帮助企业提高自耗锭质量、产品合格率和生产效率，切实为企业 VAR 熔炼工艺提供理论依据和指导显得尤为迫切。

本章使用 MeltFlow-VAR 和 ABAQUS 软件并结合二次开发建立真空自耗熔炼过程控制模型、熔炼结束冷却凝固和应力控制模型，计算自耗锭的偏析行为和缩孔位置，根据凝固情况和开裂倾向分析可预测开裂程度并使得铸锭不出现开裂风险的安全脱模时间，为企业 VAR 熔炼生产提供一种集铸锭质量可控性和工艺优化的分析方法和控制依据。

3.1 真空自耗重熔控制模型建立

VAR 熔炼时，自耗电极底端金属通过电弧熔化成熔滴，滴到紫铜质水冷结晶器内并按顺序凝固成锭。在产品质量方面，VAR 可有效去除合金中的 N、H、O 等气体与 Bi、Sb、Ag 等杂质元素含量，减轻铸锭元素偏析，减少铸锭内部缩孔疏松及夹杂，从而获得偏析轻、夹杂少、组织致密的自耗铸锭。在实际大型锻件生产中，VAR 还具有扩大锭型尺寸，保证开坯足够高径比等方面的重要意义。目前我国已引入高品质真空自耗炉，具有可开展不同锭型尺寸和大质量真空自耗锭的生产能力[1-2]。

真空自耗熔炼过程涉及的物理现象十分复杂，生产过程需要格外关注熔炼时的工艺参数和熔炼结束后对铸锭的处理。熔炼时熔速、冷却条件、热封顶等参数及工艺设计如果不合理，将会导致熔炼过程中出现严重的元素偏析，如轮状偏析、白斑、增加二次枝晶间距等，甚至产生黑斑，导致整个铸锭报废，给后续均匀化开坯带来困难。不合理的工艺参数也会造成头部形成包含杂质气体和夹杂的宏观缩孔[3]，增加切削量和生产成本。

另外，VAR 熔炼具有自下到上凝固的特点，这将导致熔炼完成后铸锭不同位置的物质状态和温度场存在较大差异，需要在炉内停留冷却，此时铸锭在炉内停留时间较短及出炉脱模过早，铸锭内部未完全凝固或内应力水平较高，可能会造成铸锭开裂，而出炉脱模过晚又会降低企业生产效率。为此，VAR 熔炼后铸锭的凝固、应力分布、冷却脱模时间等的控制水平也会直接影响到自耗铸锭的质量和成材率，建立熔炼结束后铸锭何时可以安全脱模的控制原则也显得尤为重要。

高温合金 VAR 熔炼工艺控制方面，国内外通过实际熔炼生产，在不同熔速[4-5]、电流[6]、氦冷[7]等工艺参数对熔池演变[8-9]、元素分布[10-11]、枝晶间距[12-13]等结果的影响方面积累了一些实验结果。但由于实践条件的差异和成本的限制，实际生产所获得的规律往往具有局限性。随着 VAR 熔炼的理论控制和模拟仿真技术的发展，人们在理论和计算方面开展了关于自耗过程不同工艺条件下凝固和偏析行为的工作。Karimi-Sibaki 等人[14]利用 Fluent 软件，结合电磁场、流场对钛合金真空自耗熔池形成过程和凝固进行建模，研究了电弧行为和气体冷却等对凝固结果的影响。L. Nastac[9]建立了特种金属加工和铸锭凝固组织模型，预测了 IN718 合金的枝晶间距和凝固组织，K. Mramor 等人[15]采用双尺度模型模拟了 Zy-4 合金凝固过程，研究了钢锭宏观偏析问题。韩静静等人[16]发展了基于欧拉多相流的多场强耦合数学模型，对 Ti2AlNb 合金锭中成分偏析形成过程及分布规律进行了预测。杨富仲等人[17]对镍基高温合金的真空自耗过程进行数值模拟，研究了不同电流强度、熔速和通入氦气对铸锭 Nb 元素宏观偏析、黑斑形成的影响。王亚栋等人[18]利用 ProCAST 软件建立三维熔炼模型，研究了不同电流强度和熔速对铸锭熔池形状和宏观偏析的影响规律。总体而言，在对真空自耗熔炼模型的建立和使用软件等方面呈现纷杂的研究状况[16,18-20]。

真空自耗过程涉及复杂的物态变化与能量转化过程，且工况环境多变，所以结合实际生产流程，本节研究工作将 VAR 模型的建立分为两部分内容。

首先为熔炼过程控制模型，通过 MeltFlow-VAR 软件建立真空自耗熔炼过程模型，获得自耗熔炼过程中的温度场、熔池变化、熔炼结束后的成斑概率和二次枝晶臂间距等偏析情况及凝固时间。

其次为熔炼结束冷却凝固和应力控制模型，通过将 MeltFlow-VAR 计算的几何模型与不同时刻的温度场结果迁入 ABAQUS 中，获得熔炼结束后在凝固冷却过程中铸锭的应力场和开裂倾向，结合铸锭完全凝固时间进而给出自耗锭不发生开裂的安全脱模时间。

上述的计算模型流程如图 3-1 所示，以 406 kg GH4169 电极锭真空自耗（第 2 章 500 kg GH4169 合金真空感应锭车削后获得的电极）为例，介绍真空自耗重熔控制模型的建立过程，并验证最终结果。

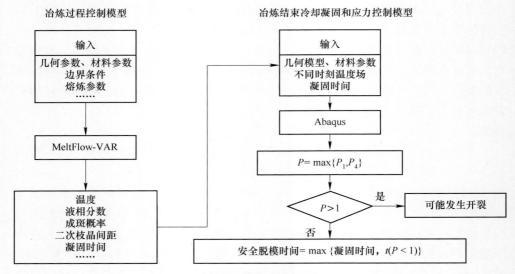

图 3-1　VAR 控制模型计算流程图

3.1.1　真空自耗重熔熔炼过程控制模型

为了对真空自耗重熔的熔炼过程进行分析，模拟钢液凝固情况与偏析，需构建熔炼控制模型，该控制模型基于 MeltFlow-VAR 软件平台来构建。MeltFlow-VAR 软件核心是控制体积算法和关于自耗重熔的算法理论，多物理量直接耦合并使用瞬态求解器求解，可计算重熔过程中的流场、热场、电场、磁场、元素分布及枝晶等，给出不同时刻的铸锭温度、液相分数、熔池形状、成斑概率、元素分布与枝晶间距等实际生产关注的结果。获得这些结果需要建立合金熔炼的本构模型，需要合金的物理性能，偏析情况也需要建立溶质扩散、Rayleigh 数及二次枝晶与熔炼过程的关系，以 406 kg GH4169 电极锭真空自耗重熔为例，介绍通过 MeltFlow-VAR 建立真空自耗模型熔炼过程控制模型。

3.1.1.1 几何参数

针对该电极锭的真空自耗重熔过程，通过 MeltFlow-VAR 的前处理软件 Compact 对其熔炼过程的电极与自耗锭建立 2D 轴对称模型，并划分网格，如图 3-2 所示。其中，R_1 为电极的半径 142 mm，R_2 为结晶器半径即自耗锭半径 173 mm，L 为基于电极质量理论计算得到的自耗锭高度 530 mm。

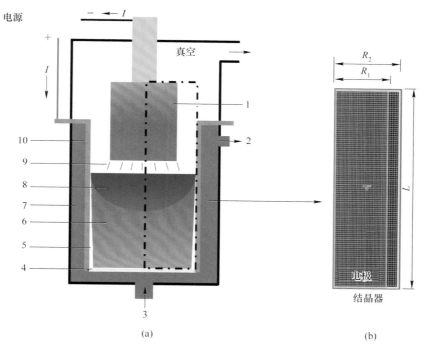

图 3-2　真空自耗重熔过程示意图（a）与该过程几何模型（b）

1—电极；2—出水口；3—入水口；4—底盘；5—氩气冷却；6—已凝固铸锭；7—冷却水；
8—熔池；9—电弧；10—铜制结晶器

3.1.1.2 材料参数

MeltFlow-VAR 能够计算固液相线温度差大于 15 ℃的合金材料真空自耗重熔过程，模拟需要电极材料的液相温度、固相温度、密度、热导率、电导率及黏度等材料物理参数，这些参数可通过实验、文献资料及如 JmatPro 等热力学计算软件获得，输入 Alloy-Properties 文件中。GH4169 合金真空自耗熔炼过程主要物理性能列于表 3-1，图 3-3 为 GH4169 合金随温度变化的相关物理性能。

表 3-1　GH4169 合金物理性能

物理参数	数值	单位
液相密度	7500.0	kg/m³

物理参数	数值	单位
固相密度	8146.0	kg/m³
液相温度	1623.0	K
固相温度	1473.0	K
潜热	210000.0	J/kg
电导率	760000.0	A/(V·m)

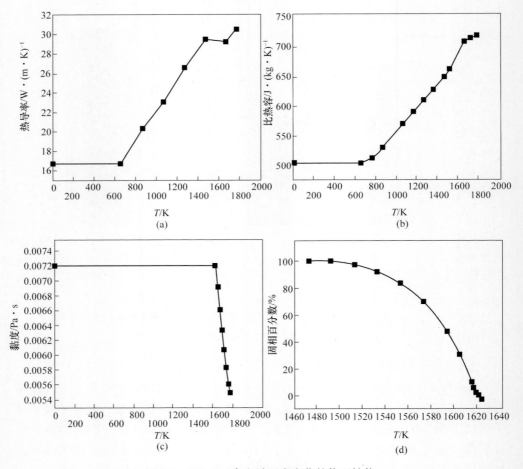

图 3-3 GH4169 合金随温度变化的物理性能

(a) 热导率；(b) 比热容；(c) 黏度；(d) 固相百分数

3.1.1.3 边界条件

从图 3-2 (a) 可看出，电极融化滴入熔池，下方的自耗锭熔池边缘和铸锭底部分别与结晶器和底板接触传热，而凝固收缩后自耗锭表面与结晶器不再完全接触，在二者之间的气隙通入 200 Pa 氩气加强冷却，铸锭的侧表面换热条件改变，设置此时热辐射发射率为 0.5。结晶器放置在流动冷却水环境下，循环冷却水带走热量，保持结晶器内的强制冷却环境，模型所用的主要边界条件见表 3-2。

表 3-2 真空自耗重熔熔炼边界条件

边界条件	数值	单位
结晶器热导率	300	W/(m · K)
底盘/铸锭换热系数	300	W/(m² · K)
结晶器/冷却水换热系数	7500	W/(m² · K)
铸锭侧面热辐射发射率	0.5	
铸锭顶面热辐射发射率	0.2	
冷却水温度	313.15	K
结晶器初始温度	313.15	K
电极初始温度	313.15	K

3.1.1.4 熔炼参数

为了准确反映自耗重熔熔炼过程，需要将熔炼时的熔炼参数输入 MeltFlow-VAR 文件中，包括电流、电压、熔速，并建立其与时间的变化关系，计算熔炼不同阶段熔炼参数变化对自耗锭的影响。真空自耗熔炼一般分为三个阶段：起弧、稳态熔炼及热封顶阶段，实际生产中电极锭型尺寸与质量多变，这些阶段间的转变往往是质量控制的关键，所以需要通过熔速与质量之间的线性关系，将质量控制转变为 MeltFlow-VAR 所需的时间控制，即将熔速变化时熔炼目标质量所需的时间，输入到 MeltFlow-VAR 的 Melting-Condition 文件中。

在实际生产工艺控制中，真空自耗熔炼的起弧阶段目标是引燃电弧并形成熔池，以电压电流控制为主，此时的熔速通常未经给出，且在调控电流变化时，熔速也会随之变动，所以需要建立电流与熔速之间的关系。虽然实际上熔速与电流并非完全相对应，但是在准稳态条件下，电流与熔速可近似看为一个线性关系[21]，通过文献和采集到的实际生产工艺数据，拟合获得 GH4169 合金电流与熔速的经验公式（3-1）如下：

$$R = 0.39 + 0.57I \tag{3-1}$$

式中，R 为熔速，kg/min；I 为电流，kA。

通过式（3-1），可获得不同电流下的熔速大小，也可通过熔速反算电流值。

具体评估和优化可结合生产企业初步提出的熔炼工艺设计参数，结合 GH4169 合金电流与熔速关系计算起弧阶段熔速，便可以建立 406 kg GH4169 合金真空自耗熔炼模型所需的熔炼参数，对实际熔炼过程进行计算分析。本次

406 kg GH4169 合金真空自耗熔炼过程，是在起弧阶段通过逐渐增加电压与电流产生稳定电弧，进入稳态阶段后的熔速为 2.5 kg/min，维持稳定熔速至热封顶阶段，逐级降低熔速，减小熔池深度并补缩，结束熔炼后在真空室内放置 40 min。

为了减轻偏析，真空自耗熔炼往往在稳定熔炼阶段铸锭与结晶器之间通入一定量的惰性气体加强冷却效果，通入的氦气流量或压强会对最终铸锭的缩孔位置与偏析程度产生影响。为了综合考虑生产质量与效益，需要对氦气通入量的影响进行分析，本次通入 406 kg GH4169 合金真空自耗熔炼的氦气压强为 200 Pa，在边界条件设置时，视为表面发射率 0.5。

3.1.1.5　元素偏析模型

为了探究真空自耗熔炼时的元素分布、黑斑概率及枝晶间距，对自耗熔炼导致的铸锭偏析情况作出评估，需分别建立目标合金的元素偏析模型，下面介绍 GH4169 合金元素偏析模型。

A　溶质分布方程

采用质量守恒方程推导出的非平衡凝固微观偏析标准表达式[22-23]，即 "Gulliver-Scheil" 方程式被广泛应用于合金凝固微观偏析模型，见式（3-2）。

$$C_L = C_0 f_L^{k_0 - 1} \tag{3-2}$$

式中，C_L 为液相中溶质的质量分数，%；C_0 为初始溶质的质量分数，%；f_L 为液相分数；k_0 为溶质平衡分配系数，该系数可通过等温凝固实验测得对应的固相、液相中的溶质质量分数和液相分数，也可通过热力学计算软件计算残余液相中合金元素质量分数随固相分数的变化曲线，获取公式（3-2）中的相关参数，再代入公式（3-2）可计算获得 k_0 值。

针对 GH4169 合金，MeltFlow-VAR 软件给出的该合金主要元素的溶质平衡分配系数见表 3-3。

表 3-3　GH4169 合金主要元素平衡分配系数

成分	Nb	Ti	Fe	Al	Mo	Cr
平衡分配系数	1.01	0.55	1.16	1.2	0.9	1.12

B　成斑概率

黑斑是高温合金中常见的一类宏观偏析，主要是枝晶间富集溶质元素的液相发生热溶质对流而引起的一种冶金缺陷。MeltFlow-VAR 通过计算无量纲的 Rayleigh 数判断是否会产生黑斑，其为溶质发生密度反转的浮力与系统液体黏度和扩散产生的压力的比值[24]。Rayleigh 数（Ra）越大意味着产生黑斑的概率越高，当 Rayleigh 数（Ra）大于临界 Rayleigh 数（Ra^*，本节中设置为 0.65），则认为黑斑大概率存在。Rayleigh 数的计算公式见式（3-3）[25]。

$$Ra = \frac{g \Delta \rho \Pi}{\nu f_L R} \tag{3-3}$$

式中，g 为重力加速度，m/s^2；$\Delta\rho$ 为流体密度差，kg/m^3；Π 为渗透率；ν 为运动黏度，m^2/s；R 为晶体生长速率，m/s。

C 二次枝晶间距

二次枝晶间距（SDAS）能够表征合金的凝固组织与元素偏析程度，二次枝晶越小，组织越致密，引起疏松与缩孔的概率就越低，同时缩短了溶质元素的扩散路径，偏析程度就会降低。因此，得到较小的二次枝晶间距是自耗熔炼获得偏析较轻的铸锭重要目标，根据 Flemings 金属凝固理论，枝晶间距取决于凝固界面的散热条件，冷速越快，局部凝固时间较短，形核驱动力增大，枝晶形核位置与数量增加，竞争生长，二次枝晶间距减小，数量增多。二次枝晶间距与冷却速率和温度梯度的关系见式（3-4）[26]：

$$SDAS = a(GR)^b \qquad (3-4)$$

式中，$SDAS$ 为二次枝晶间距，μm；GR 为冷却速率；G 为温度梯度，K/m；R 为凝固速率，m/s；a，b 为常数，分别为 40.0、−0.42。

综上所述，为了对真空自耗重熔过程进行分析，需按照图 3-1 步骤建立真空自耗重熔的熔炼控制模型和相关算法。通过使用 MeltFlow-VAR 计算软件，输入材料物理性能，依照冷却水温度、氩气通入量等工况设置热边界条件，将符合实际的熔炼参数随时间的变化过程输入熔炼参数文件，并依照溶质分布方程、Rayleigh 数和二次枝晶间距方程构建合金本构的偏析模型，通过构建完成的熔炼控制模型，便可对该合金的真空自耗重熔熔炼过程进行计算，获得合金的凝固特征与偏析行为等方面的模拟计算结果。

3.1.2 熔炼结束冷却凝固和应力控制模型

熔炼结束时铸锭可能存在尚未凝固的液相，铸锭的头部和尾部、心部和表面都可能存在较大温差，内部存在较大的内应力。如果在此时出炉脱模，很容易造成开裂，实际生产中炉内铸锭的物理状态和应力分布难以通过直接的观察获得或者估计。为了解铸锭凝固情况与应力分布，需要材料在不同温度下的凝固与力学性能参数，构建材料开裂模型准则；通过理论计算获得结果，对开裂倾向作出评估，所以 MeltFlow-VAR 计算熔炼过程结束后需建立熔炼结束冷却凝固和应力控制模型。

学术界往往关注金属材料变形加工过程中的开裂准则，即以等效应力或者等效应变作为是否出现断裂的经验准则，如 Kuhn 准则、Shabaik 准则和 Sowerby 准则，还有如累积塑性能模型和空洞合并模型的半经验准则，如 Frendenthal 准则、Cockcroft & Latham 准则，在 Cockcroft & Latham 准则基础上改进的 Normalized C&L 准则以及 Brozzo 准则。但是对于铸锭凝固开裂过程，科研人员更加关注铸锭开裂的机理，往往分为热裂与冷裂两种。热裂机理有强度理论、液膜理论与裂纹形成理论，其中强度理论认为温度在固相线上金属收缩的应力或应力引起的应变超过脆性温度区间的金属强度与塑性，会造成开裂。冷裂机理是凝固后冷却过程中内部拉应力超过铸锭本身强度或塑性。虽然对于铸锭的微观机理造成的开裂存在一定认知，但是实际生产过程中的开裂准则却鲜有提及。

在冷却过程中，铸锭完全凝固的时间需要明了，避免未完全凝固便冷却脱模，内外温差较大造成的热裂或者冷裂。铸锭完全凝固后的真空室冷却时间也需要指明，防止破真空脱模冷却加剧内应力增大造成铸锭开裂。所以需要获得铸锭的完全凝固时间，还需构建冷却过程中铸锭的开裂准则，选择满足不会发生开裂的时间。

与第 2 章铸锭凝固力学判据构建相同（参考本书 2.1.4 节），采用第一强度理论和第四强度理论[27]构建的开裂判据。与真空感应凝固过程控制模型有所不同的是，真空自耗重熔熔炼还要考虑已经冷却到较低温度的铸锭下段应力分析。为了获得合金材料不同温度下的强度，通过 VAR 熔炼获得的铸锭在不同温度下高温拉伸实验获得屈服强度和抗拉强度实验测试数据（见图 4-2），拟合真空自耗熔炼铸态 GH4169 合金的强度随温度的变化见式（3-5），用于后续的计算过程。

当温度低于 800 ℃时：

$$\begin{cases} \sigma_s = -0.464T + 1196 \\ \sigma_b = -0.899T + 726.039 \end{cases} \tag{3-5}$$

当温度高于 800 ℃时：

$$\begin{cases} \sigma_s = -7168 + 26.1T - 0.0292T^2 + 1.03 \times 10^{-5}T^3 \\ \sigma_b = -7135 + 25.9T - 0.0282T^2 + 9.67 \times 10^{-6}T^3 \end{cases} \tag{3-6}$$

式中，σ_s 为屈服强度，MPa；σ_b 为抗拉强度，MPa；T 为温度，℃。

获得铸锭的完全凝固时间与开裂判据 P 同时小于 1 的时间，则可以判断铸锭冷却过程中的开裂倾向。取完全凝固时刻与强度判据 P_1 与 P_4 开始小于 1 时刻的最大值，定义为安全脱模时间。当铸锭浇铸完成后，在真空室内冷却时间小于安全脱模时间，意味着此时铸锭可能尚未完全凝固，或者内部强塑性不足，此时破真空出炉脱模可能会造成铸锭开裂；当铸锭在真空室内冷却时间大于安全脱模时间时，铸锭完全凝固，铸锭内部强塑性能够支撑此时的内应力，此时出炉脱模，铸锭不会存在开裂风险。

通过定义安全脱模时间，可以为制定熔炼后铸锭在真空室内的停留时间提供依据，避免停留过短造成铸锭开裂，同时避免停留时间过长造成生产效率低下，从而提高真空自耗重熔生产铸锭的质量和效率。

MeltFlow-VAR 软件可以给出结晶器内钢液不同时刻的温度和凝固时间，但无法计算铸锭的应力情况。ABAQUS 能够求解非线性热力耦合问题，通过 ABAQUS 建立熔炼结束冷却凝固和应力控制模型，将材料的力学及物理性能参数输入

ABAQUS 中，获取材料属性，通过 Python 编程的二次开发程序将 MeltFlow-VAR 建立好的 2D 轴对称模型与计算的熔炼过程不同时刻的温度场结果迁入 ABAQUS，并重新划分模型网格。图 3-4 为导入 ABAQUS 的 2D 轴对称模型和熔炼结束后 40 min 时的温度场，ABAQUS 计算所用材料物理性能同表 3-1，力学性能通过铸锭在不同温度下高温拉伸实验获得（可参考图 4-2 测试数据），通过 ABAQUS 计算熔炼过程中温度场造成的热应力，获得不同时刻铸锭的应力场，进而可以对铸锭的开裂倾向性作出评估。

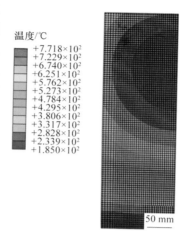

温度/℃

+7.718×10²
+7.229×10²
+6.740×10²
+6.251×10²
+5.762×10²
+5.273×10²
+4.784×10²
+4.295×10²
+3.806×10²
+3.317×10²
+2.828×10²
+2.339×10²
+1.850×10²

50 mm

图 3-4 熔炼结束后 40 min 时的温度场

首先将 MeltFlow-VAR 软件存储图 3-2 几何模型的 ".pr2"文件中的网格信息重构生成 ABAQUS 有限元模型的网格信息，并赋予网格节点材料属性，然后从 MeltFlow-VAR 计算结果 ".out"文件中提取不同时刻的温度场数据，将 MeltFlow-VAR 软件计算的每个节点上的温度变化，施加在 ABAQUS 模型的网格节点上，利用 ABAQUS 温度载荷方法计算熔炼过程每一步的热力耦合结果，从而得到熔炼过程铸锭模型的应力变化，进而耦合根据第一强度理论与第四强度理论构建的开裂判据，便可以获得 MeltFlow-VAR 熔炼过程及熔炼后在真空室内的铸锭内应力导致开裂的开裂判据变化情况，得到开裂判据 $P<1$ 的时刻。以上计算流程，通过本书作者二次开发的程序完成。

选择 MeltFlow-VAR 计算的完全凝固时间与 ABAQUS 计算的开裂判据 P 值开始小于 1 的时刻为安全脱模时间，此时刚好满足炉内的铸锭完全凝固，内应力也没有超过铸锭的强塑性，不会发生开裂。当在炉内停留时间小于安全脱模时间便破真空出炉脱模时，铸锭有开裂风险。只有在炉内停留时间超过安全脱模时间时，铸锭物质状态和应力分布满足不开裂条件，可以破真空出炉，进行下一步的脱模操作。

综观以上的分析，基于图 3-1 建立的 MeltFlow-VAR 和 ABAQUS 熔炼过程控制模型与熔炼结束冷却凝固和应力控制模型组合的真空自耗重熔熔炼模型，可以对真空自耗重熔熔炼过程及后续冷却脱模过程给出相应影响规律的分析依据，对生产企业初步设置的熔炼工艺进行评估分析，进而提出工艺的优化建议。可通过以下步骤开展分析研究工作：建立铸锭和结晶器的几何模型；熔炼材料物理性能的材料模型；热边界条件；初步设置的熔炼工艺，包含时间、电流、电压及熔速的熔炼参数；Rayleigh 数和二次枝晶间距的元素偏析模型。再利用 MeltFlow-VAR 构建真空自耗重熔熔炼过程控制模型，计算自耗熔炼时的偏析行为、缺陷位置及凝固情况等相关结果。进一步分析铸锭开裂倾向，通过二次开发程序与 ABAQUS 承接并计算 MeltFlow-VAR 熔炼过程产生的热应力和结合强度理论建立的开裂判据，选择 MeltFlow-VAR 计算的铸锭完全凝固与开裂判据 $P<1$ 的安全脱模时间，为生产提供不会发生开裂的安全脱模时间。

通过真空自耗重熔熔炼模型可对不同锭型尺寸及种类的合金电极自耗重熔进行计算分析，探究真空自耗重熔熔炼的影响规律和工艺控制原则，为实际生产制定与优化工艺提供依据。

3.2 真空自耗重熔控制模型的验证

为了验证真空自耗重熔控制模型的可靠性，通过经 VIM 熔炼获得了 406 kg GH4169 合金电极，进行实际真空自耗熔炼。对熔炼过程进行现场跟踪检测及后续铸锭解剖，结合微观组织分析来验证模型和计算方法的可靠性，可进一步依次给出 406 kg GH4169 合金真空自耗熔炼工艺优化方法，并推广至不同合金、锭型尺寸的真空自耗熔炼过程中。

图 3-5 为 406 kg GH4169 合金电极，按照稳态熔炼时熔速 2.5 kg/min 设定进行熔炼，在稳态熔炼阶段通入 200 Pa 氩气，熔炼完成后在真空室冷却 40 min 后脱模，获得 406 kg GH4169 合金真空自耗锭。通过解剖观察铸锭微观组织，如二次枝晶间距、元素偏析、缩孔位置以及是否存在黑斑和裂纹等，验证真空自耗重熔模型的熔炼过程控制模型与熔炼结束冷却凝固和应力控制模型的可靠性。

200 mm

图 3-5 406 kg GH4169 真空自耗重熔电极

对经真空自耗重熔的铸锭进行解剖分析，从自耗锭中心切开，将一半铸锭的表面用砂纸打磨光亮后，使用 $FeCl_3(50 \text{ g})+(NH_4)_2S_2O_8(30 \text{ g})+HNO_3(60 \text{ mL})+HCl(200 \text{ mL})+H_2O(50 \text{ mL})$ 配比的混合溶液低倍腐蚀，观察铸锭沿轴切面的低倍组织。

在另一半自耗锭的切面上，根据起弧、稳态熔炼、热封顶阶段熔速计算每阶段的质量和高度，从三个阶段各自的中间位置（距离锭头的长度分别为 435 mm、220 mm、53 mm）取样，在这三个高度取边缘、1/2 半径处、中心三个位置 20 mm × 20 mm × 10 mm 的块状样。样品细磨抛光后使用 $CrO_3(15 \text{ g})+H_2SO_4(10 \text{ mL})+H_3PO_4(150 \text{ mL})$ 混合溶液进行电解浸蚀，在 4.5 V 电压下电解 4 s，使用 Leica DMR 光学显微镜（OM）观察二次枝晶形貌。

通过建立的真空自耗重熔熔炼模型按照实际熔炼工艺参数对 406 kg GH4169 合金真空自耗熔炼过程进行计算分析，获得图 3-6 中自耗锭的成斑概率和完全凝固前 4 min 时的液相分数。模型计算分析给出熔炼过程中最大的成斑概率为 0.07，成斑概率较小，没有超过临界成斑概率，不会产生黑斑。铸锭头部表面凝固包住孤立的钢液，使得残余气体和夹杂物没有办法排出，孤立液相凝固收缩形成宏观缩孔[28]，模拟显示铸锭完全凝固前 4 min，距离铸锭顶部深 42~100 mm、宽 94 mm 内仍存在孤立液相，在该位置将会产生缩孔。

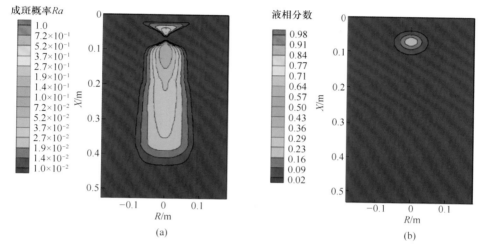

图 3-6　GH4169 合金真空自耗锭成斑概率（a）与完全凝固前 4 min 的液相分数（b）计算结果

实际生产的 GH4169 合金自耗锭沿中心轴线切开，中心剖面经过低倍浸蚀后如图 3-7 所示，铸锭未观察到有黑斑。在距离铸锭上表面 40~90 mm 深处存在缩孔，宽 100 mm 左右，与模拟结果中铸锭完全凝固前 4 min 头部存在液相区域相同，计算结果与实际结果基本吻合。

自耗熔炼过程通常分为三个阶段：产生电弧并建立熔池的起弧阶段、熔池形状稳定不变的稳态熔炼阶段和对铸锭头部补缩的热封顶阶段，根据各阶段熔速计算各阶段理论长度，起弧、稳态、热封顶阶段长度分别为 195 mm、230 mm、105 mm。因柱状晶的生长方向是与热流方向平行且相反，即方向垂直熔池形状边缘，所以可通过柱状晶粒的取向看出各阶段熔池的变化[29-30]。

图 3-7 是将不同时刻液相分数为 0.1 的熔池形貌计算结果与实际凝固过程对应的熔池形貌对比，可以看出，自耗锭在起弧阶段刚开始时没有稳定的熔池，钢液在铸锭的底部和侧壁激冷凝固形成细晶区。随着起弧阶段熔炼的进行，钢液由扁平的液层向稳定的有弧度的熔池转变，柱状晶从底部垂直向上生长逐渐转变为

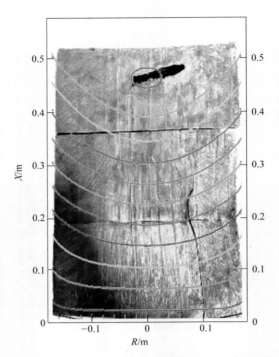

图 3-7　GH4169 合金自耗锭中心剖面低倍组织与熔池形状计算对比

从底部和边部同时开始生长。边部柱状晶生长方向为斜向上生长，从下到上角度逐渐增加，由 15°左右增加到 40°左右。同时，底面开始生长的柱状晶受到侧面柱状晶生长的抑制，中心垂直生长的柱状晶区域逐渐减少。到了稳态熔炼阶段，熔池的形状稳定，随熔炼的进行不断上移，此时垂直向上生长的柱状晶和斜向上生长的柱状晶之间没有起弧阶段明显的分界线。热封顶阶段，随着电流和熔速的减小，熔池逐渐减小，两侧变窄，边部柱状晶角度逐渐减小。熔炼结束后，铸锭上表面先凝固，但铸锭头部中心仍存在钢液，此时的晶粒凝固没有明显的取向性，形成等轴晶，可以看到热封顶阶段等轴晶晶粒尺寸由下到上逐渐增加。据此可以看出，模拟的熔池形貌与实际凝固过程结果吻合，最终液相分数与缩孔中心也相对应。

　　实际熔炼完成后的铸锭在结晶器中冷却 40 min 出炉脱模，图 3-8（a）是模拟计算此时铸锭的开裂判据，开裂判据较大的区域集中于铸锭边缘和头部，但此时开裂判据都较小，最大值为 0.214，铸锭没有开裂风险。这与图 3-8（b）中此时取出的实际铸锭外观相符，其表面没有发现裂纹，图 3-7 中铸锭内部也没有发现裂纹。

　　通过冷速计算自耗熔炼的二次枝晶间距，结果如图 3-9（a）所示，铸锭表面冷却较快，二次枝晶间距较小，越靠近铸锭中央冷却越慢，二次枝晶间距越大。

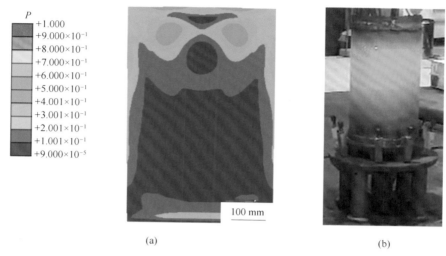

(a) (b)

图 3-8 GH4169 合金自耗锭脱模时开裂判据 P 计算结果（a）与铸锭形貌（b）

其中，最大二次枝晶区域集中于稳态熔炼结束阶段，约为 113 μm。为对比模拟结果，选择自耗锭起弧、稳态熔炼、热封顶阶段的不同位置，观察二次枝晶形貌，如图 3-9（b）所示，由于热封顶阶段中心位置存在缩孔，所以没有该位置的二次枝晶结果。测量二次枝晶间距与模拟结果的对比见表 3-4。模拟结果与实际结果基本一致，同样显示了心部二次枝晶间距高于边缘、稳态熔炼阶段二次枝晶间距大于其他阶段的趋势，说明模型能够正确反映 GH4169 合金二次枝晶间距及分布规律。

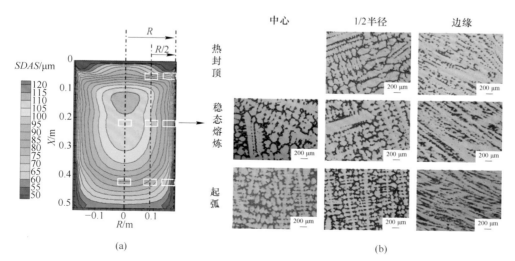

(a) (b)

图 3-9 GH4169 合金自耗锭二次枝晶间距计算结果（a）与对应部位的金相组织（b）

表 3-4　GH4169 合金自耗锭实际与模拟的二次枝晶间距

SDAS/μm	热封顶			稳态熔炼			起弧		
	中心	R/2	边缘	中心	R/2	边缘	中心	R/2	边缘
实际结果	—	99.7	68.0	124.2	122.8	89.8	107.5	91.5	71.8
计算结果	—	77.8	71.2	109.0	102.0	74.8	81.8	77.6	60.9

对比实际熔炼与模型计算结果，认为建立的 406 kg GH4169 合金真空自耗重熔熔炼模型能够较为准确地计算实际铸锭的成斑概率和二次直径臂间距等偏析行为、凝固收缩及熔池演变、开裂倾向性等结果，反映整个自耗熔炼过程，预测自耗锭熔炼结果。

3.3　真空自耗重熔工艺依据优化方法及应用推广

经实验验证了 VAR 熔炼模型的准确性，构建的熔炼过程控制模型与熔炼结束冷却凝固和应力控制模型可以计算自耗熔炼时的偏析行为、缺陷位置、凝固情况及开裂倾向等相关结果，正确预测真空自耗熔炼结果，为真空自耗熔炼提供了工艺优化和应力控制的分析依据和方法。依此对不同熔炼参数、热封顶工艺、锭型尺寸及合金种类的影响规律可进行系统分析，选择合适工艺参数优化工艺，获得偏析轻、缺陷少及成本低的真空自耗重熔铸锭，可为实际生产减少成本的同时提高产品质量。

3.3.1　工艺参数的影响

实际生产过程中熔速和冷却条件是真空自耗熔炼过程的主要影响因素，通过构建的真空自耗重熔熔炼模型，可对偏析、缩孔及应力控制等方面的影响规律开展计算分析，进而提出工艺优化的依据和控制原则。下面以 406 kg 真空自耗熔炼 GH4169 合金为例，开展讨论分析。

3.3.1.1　熔炼速率

整个熔炼过程对熔速极为敏感，不当的熔速会导致铸锭产生黑斑、白斑及夹杂物偏聚等现象，且在调整电压、电流、电弧长度等其他熔炼参数时也会影响熔炼速率，所以探究熔速对于偏析的影响十分重要。调整稳定熔炼阶段的熔速为 1.5 kg/min、2.0 kg/min、3.0 kg/min、3.5 kg/min 进行模拟计算，此时热封顶阶段的所用合金质量保持不变。

图 3-10 对比了熔速分别为 1.5 kg/min 和 3.5 kg/min 时铸锭的成斑概率和二次枝晶间距云图。从图 3-10 （a） 和 （b） 可以看出，二者总体上成斑概率都较小，分别为 0.067 与 0.127，不会产生黑斑，成斑概率都呈现出自耗锭中心轴线

附近值高于边缘区域的现象。但随着熔速增加，成斑概率增加，高成斑概率区域在径向上向心部集中，高度上向两端延伸，且最大成斑概率出现区域从起弧阶段逐渐转移到稳态熔炼结束阶段和热封顶开始阶段。观察图 3-10（c）和（d）中的二次枝晶间距对比，二者二次枝晶间距最大值都在锭身中央，越靠近边缘间距越小。随着熔速增加整体二次枝晶间距在减少，熔速为 1.5 kg/min 铸锭的最大二次枝晶间距出现在稳态熔炼阶段和热封顶阶段，而在 3.5 kg/min 熔速的铸锭中集中于稳态熔炼阶段中央。

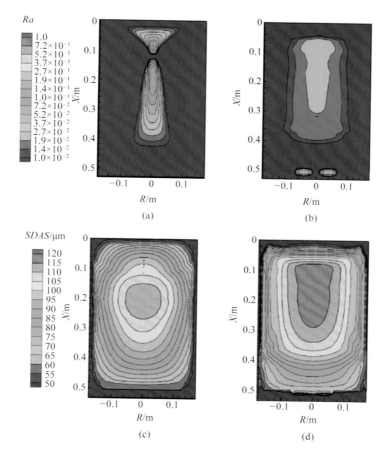

图 3-10　GH4169 合金自耗锭熔速 1.5 kg/min、5 kg/min 的成斑概率（a、b）和熔速
1.5 kg/min、5 kg/min 的二次枝晶间距（c、d）计算结果

　　将各熔速计算结果的成斑概率和二次枝晶间距最大值绘制成图 3-11 中的曲线，随着熔速的增加，成斑概率逐渐增加，在熔速 3.0 kg/min 以下铸锭的成斑概率区别不大，但熔速升至 3.5 kg/min 时，成斑概率增大为 3.0 kg/min 的 1.3 倍。二次枝晶间距最大值呈现先减小再增加的趋势，但熔速增加到 2.5 kg/min 以上

时，二次枝晶间距差距不大。这是因为缓慢的熔速会产生较浅的熔池，铸锭结晶更偏向竖直方向生长，减轻元素富集，成斑概率减小。同时，滴落的金属液给熔池顶部不断补充热量保温，使得其冷速减慢，局部凝固时间延长，二次枝晶间距增加。热封顶阶段的熔速更是小于稳定熔炼阶段，所以导致热封顶开始阶段出现了同样的大二次枝晶间距。

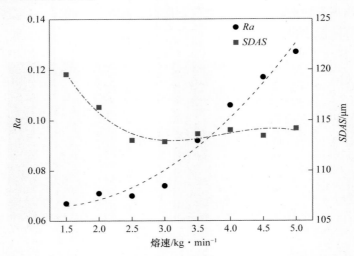

图 3-11　GH4169 合金自耗锭的最大成斑概率和二次枝晶间距随熔速的变化

随着熔速增大，同时间段内进入熔池的金属液增加，单位时间内输入的热量增大，熔池深度增加，铸锭结晶趋向水平发展，会造成"搭桥"现象的产生，使得杂质元素富集，成斑概率增大。即使是成斑概率较大的 3.5 kg/min 熔速，成斑概率也没有超过 0.1，这是由于锭型较小冷却较好，心部热量可以快速传导出去；但对于大锭型，高熔速输入过多热量无法及时传导，更加容易产生黑斑。熔速增加，既意味着输入的热量增加，温度梯度增加，也会使得在固定冷却条件下热量积累，温度梯度减小，二者交互影响设定条件下的冷速变化[31]。对于快速熔炼，以目前的锭型和冷却条件，可以快速将铸锭的热量带走，局部凝固时间减少，获得了较小的二次枝晶间距，但同时随输入的热量增加，二次枝晶间距最大值呈现出一定的上升趋势。所以需将熔速控制在合理范围内，防止产生黑斑及大的二次枝晶间距。

另外，VAR 熔炼过程除了控制好凝固组织，还有一个同样重要的考虑因素，即熔炼结束后何时出炉脱模。尤其针对难变形高温合金，若出炉脱模时间控制不合理，铸锭内强度不足或内应力较大，甚至会导致脱模后铸锭产生裂纹开裂。通过构建的模型可分析计算熔速对铸锭完全凝固和开裂判据 $P<1$ 时安全脱模时间的影响规律。

　　图 3-12 为不同熔速下熔炼结束后铸锭完全凝固时间与安全脱模时间的曲线，从图中可以看出，铸锭完全凝固时间和安全脱模时间随熔速增加而增加，熔速为 1.5 kg/min 时，熔炼结束后 6.5 min 铸锭就已完全凝固，10.2 min 时开裂判据 P 小于 1，安全脱模时间为 10.2 min；而在 5 kg/min 的熔速下需要熔炼结束后 24.6 min 才能安全脱模。这是由于高熔速在同等时间段内输入的钢液更多，在相同的冷却条件下需要更多的时间耗散热量使得温度降至固相线以下凝固，也使得铸锭构建足够强度的时间变长，安全脱模时间增加。所以熔速的增加需要同步延长熔炼结束后自耗锭在炉内冷却时间，防止没有完全凝固就立即取出，造成开裂。

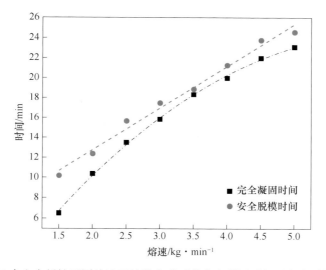

图 3-12　GH4169 合金自耗锭不同熔速下熔炼完成后的完全凝固时间及安全脱模时间计算结果

　　对于 406 kg GH4169 合金真空自耗熔炼，在一定范围内熔速的增加虽然会提高熔炼效率并减小二次枝晶间距，但是同样会造成成斑概率的提高和安全脱模时间的延长。根据上述模拟结果，建议工艺稳态熔速控制在 2.5~3.0 kg/min 之间，而对于其他锭型的控制原则可经该方法进行计算分析给出熔速选择。

3.3.1.2　冷却条件

　　为了减轻偏析，在真空自耗熔炼过程中，使用循环冷却水和在凝固收缩钢锭与结晶器中间通入氩气等惰性气体来加强冷却。冷却条件的变化必然会对熔炼过程造成影响，而冷却条件的改变其实就是改变自耗锭的热边界条件，所以为了探究不同冷却条件对于熔炼过程中偏析的影响，设计了铸锭表面发射率为 0.3（仅水冷）、0.4、0.5（保持 200 Pa 氩气冷却）、0.6 的冷却条件进行规律性研究，此时保持稳态熔炼熔速为 2.5 kg/min 的相关熔炼参数。

　　图 3-13 为表面发射率分别为 0.3 和 0.6 时自耗锭的成斑概率和二次枝晶间

距，结果显示不同冷却条件下，铸锭成斑概率都比较小，铸锭内部成斑概率和二次枝晶间距都呈现出中心稳态熔炼阶段高而边缘低的特点，且整体都表现出随冷却增强（即表面发射率增加）而下降的趋势，二者发生了明显的减小，说明加强冷却可以显著减轻偏析。

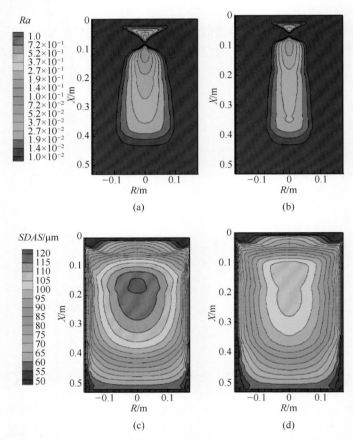

图 3-13　GH4169 合金自耗锭表面热辐射发射率 0.3、0.6 的成斑概率（a、b）
和二次枝晶间距（c、d）计算结果

图 3-14 为不同冷却条件下自耗锭的成斑概率和二次枝晶间距最大值曲线，增强冷却可以同时使得成斑概率和二次枝晶间距最大值下降，且影响结果显著。发射率从 0.3 增至 0.6 时，成斑概率和二次枝晶间距最大值分别下降为原来的 65% 和 91%。这是由于通入的冷却气体可以加快凝固区域的表面换热，使得熔池底部上移，糊状区减薄，两相区的尺寸变窄，枝晶更容易竖直生长，减轻元素偏析，减小了成斑概率，同时换热速率的加快促进凝固结晶，使得二次枝晶间距减小。

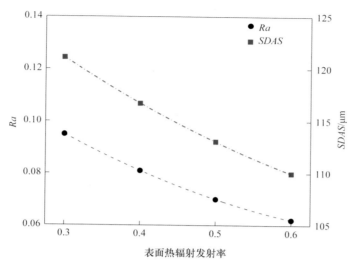

图 3-14 GH4169 合金自耗锭不同冷却条件下最大成斑概率和二次枝晶间距的计算结果

同样计算分析不同冷却条件下铸锭的完全凝固时间和安全脱模时间，如图 3-15 所示。随冷却加强，完全凝固时间和安全脱模时间逐渐减小，这是由于冷却条件的加强使得冷速加快，熔池深度减小，局部凝固时间减少，面对相同的熔炼条件，能更快地凝固，铸锭整体温度更容易下降，强度随温度降低而提高，所以能更快地开始安全脱模。

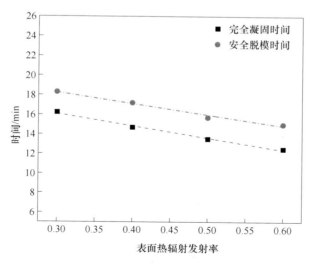

图 3-15 GH4169 合金自耗锭不同冷却条件下熔炼完成后的完全凝固时间及安全脱模时间

通过对不同冷却条件的探究可以看出，冷却加强不仅可以减轻偏析、提高铸锭质量，还可以加快凝固与提升生产效率。目前除结晶器水冷以外，加强冷却的主要手段是在铸锭和结晶器之间的气隙通入氦气，充入定量氦气可以使得铸锭表面传热加快，有效提高产品质量。但充入过量的氦气也会破坏炉内的真空度，电弧稳定性受影响甚至触碰结晶器，引入新的夹杂并影响熔池形状[13]，所以通入氦气的量也不可过多。

3.3.1.3　缩孔深度

热封顶阶段的目标是减小缩孔深度，提高铸锭头部完整性，缩孔深度将会直接影响头部质量，进而影响成材率，所以有必要对缩孔深度进行探究。计算分析受不同稳态阶段熔速和冷却条件影响的缩孔深度，所有热封顶工艺用于热封顶阶段的质量相同，采取相同的方法降低热封顶阶段熔速，以便分析不同条件对于缩孔特征的影响规律。

图 3-16（a）和（b）为熔速 1.5 kg/min 和 5 kg/min 时铸锭完全凝固前 4 min 的液相分数，可以看出铸锭内部存在孤立液相，孤立液相凝固收缩将会在其所在区域形成缩孔，孤立液相底部与铸锭顶部表面的距离即为缩孔深度。熔速为 1.5 kg/min 的孤立液相接近铸锭上表面，而 5 kg/min 熔速的孤立液相却靠近铸锭中心，这说明熔速增加会使得孤立液相"下移"，缩孔深度增加；而且液相形状由扁平转变为椭球形，高度增加，这无疑增加了切头时高度方向的切割量。图 3-16（c）和（d）为表面热辐射发射率为 0.3 和 0.6 时铸锭完全凝固前 4 min 的液相分数，相比于表面热辐射发射率为 0.3 的液相分数，表面热辐射发射率为 0.6 时的孤立液相体积更小，位置更加接近铸锭上表面，表现出更好的补缩效果。

图 3-17 为不同熔速和冷却条件对缩孔深度的影响，该锭型的缩孔深度会随着熔速的增大和冷却条件的减弱而增大。这是由于熔速增加，熔炼结束后铸锭头部还存在较大的熔池，锭头表面没有热量补充，冷却较快先凝固，内部大量钢液形成孤立液相，最终导致大的宏观缩孔。小的熔速产生的熔池深度较浅，热封顶阶段熔速进一步减小，不仅可以逐渐减小熔池大小和深度，使得缩孔尽可能小；还可以给熔池顶部补充热量保持液相，使得结晶顺序保持由下到上。同理，加强冷却可以使得熔池更快耗散热量凝固，减小熔池底部深度，使得熔池缩小，缩孔上移。所以，减缓热封顶阶段的熔速或者加强冷却可以减小缩孔深度，减少因缩孔切头的切削量。

通过对热封顶各阶段工艺参数影响的探究，发现减缓热封顶阶段熔速和加强整个过程冷却可以使得铸锭头部缩孔位置上移。了解熔炼参数对于缩孔深度的影响，有助于实际情况中对缩孔行为的控制，获得尽量小的缩孔深度。

通过建立的真空自耗重熔熔炼模型对 406 kg GH4169 合金真空自耗熔炼参数进行分析，认为真空自耗熔炼 406 kg GH4169 合金时，稳定熔炼阶段熔速在 2.5~3.0 kg/min，通入 200 Pa 的氦气并使用改良热封顶工艺，在真空自耗炉内至

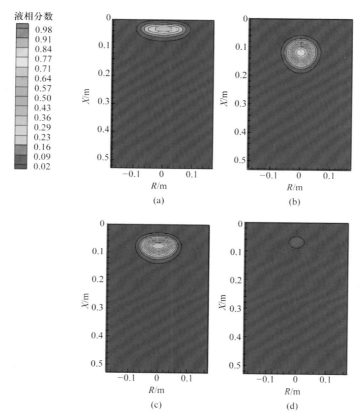

图 3-16 GH4169 合金自耗锭不同熔速和冷却条件完全凝固前的液相分数计算结果

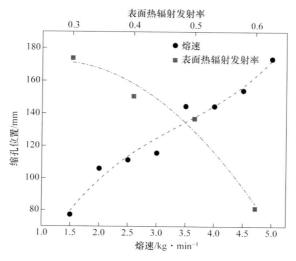

图 3-17 GH4169 合金自耗锭不同熔速和冷却条件下的缩孔深度计算结果

少停留 13.5 min，将减轻偏析、减少缩孔深度且不会发生开裂。通过该模型探索熔炼参数对最终结果的影响，协助生产工艺优化，有利于生产低偏析且致密的自耗铸锭，对熔炼产品质量与企业效益的提高具有工程应用价值。

3.3.2　热封顶工艺的优化

通过 MeltFlow-VAR 和 ABAQUS 软件构建的真空自耗重熔熔炼模型，计算结果与实际 406 kg GH4169 合金真空自耗熔炼结果基本吻合，既可以正确表征预测真空自耗锭的成斑概率和二次枝晶间距等偏析结果，也可以给出宏观的缩孔深度，提供不开裂的安全脱模时间，为真空自耗熔炼工艺制定、产品质量及成本效率各方面提供工艺设计依据。

实际生产中热封顶普遍采用"多级封顶，低电流保温"的工艺[32-33]，即将电流逐级降低，减小热封顶阶段熔速来减小缩孔深度。但在设计热封顶工艺时，难以对熔炼后的缩孔深度有直观的了解，实际结果可能仍存在图 3-7 中的较深缩孔，造成切削成本的增加。而通过建立的真空自耗分析模型可对实际熔炼结果凝固前的孤立液相进行计算分析，预测实际的缩孔深度，获得可尽量减小缩孔深度的热封顶工艺。

以 406 kg GH4169 合金真空自耗熔炼热封顶后的缩孔深度为例，将热封顶熔速降低过程分为三个阶段，可通过建立的真空自耗熔炼模型对各阶段影响程度进行分析，为热封顶工艺对缩孔及热封顶总时间的影响规律提供分析依据。热封顶各阶段熔池形状随熔速降低的变化如图 3-18 所示，首先在稳态熔炼结束后10 min内，将此时的熔速由稳态阶段的 2.5 kg/min 降到 1.7 kg/min。对比图 3-18 中稳态熔炼结束（a）和熔速降至 1.7 kg/min（b）时的熔池形状，发现随熔速快速减小，熔池从稳态熔炼的稳定形状开始收缩；接着熔速从 1.7 kg/min 进一步减小至 1.0 kg/min，所用时间为 20 min，该阶段可以继续减小熔池并保证顶部处于液态。图 3-18（c）中熔速降至 1.0 kg/min 时的熔池宽度进一步减小，锭头边缘开始凝固，熔池深度也减小为原来的 2/3。热封顶第三阶段是用 40 min 将熔速从 1 kg/min 降至 0.8 kg/min，缓慢滴落的钢液给铸锭头部提供热量进行保温。由图 3-18（d）可以看到仅铸锭上表面中心仍保持液态，锭头边缘已凝固，且熔池深度进一步减小为原来的 1/3 左右；最终在图 3-18（e）熔炼结束并凝固后，熔池保持由下到上的凝固顺序完全凝固，将不会产生宏观缩孔，可有效减少 406 kg GH4169 合金熔炼过程中的缩孔深度。

使用 406 kg GH4169 合金真空自耗熔炼模型对缩孔深度进行优化计算，可给出宏观内部缩孔尽量小的改良工艺。诚然，改良热封顶工艺所需时间较长，延长了顶部的局部凝固时间，会造成成斑概率和二次枝晶间距的增加，同时产生更多的电耗增加成本，但建立的模型计算方法可为具体热封顶工艺的制订提供质量/成本等综合考量的分析方法。

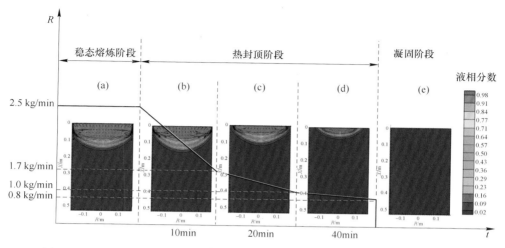

图 3-18 GH4169 合金自耗锭热封顶阶段熔速及各阶段结束时熔池形状计算结果

3.3.3 不同锭型的真空自耗重熔工艺设计方法

对于大锭型的真空自耗熔炼工艺设计，因影响因素多，真空自耗熔炼过程的谨慎控制更显重要，稍有不慎，就会出现严重影响产品质量的缺陷，甚至可能会导致整支超大铸锭的报废。为此更需工艺参数设计的理论指导依据，通过建立的分析模型和方法可进行相关的计算分析，给出自耗锭成斑概率、二次枝晶间距、缩孔深度及安全脱模时间等相关结果。结合真空自耗重熔模型计算，以 18 t GH4169 合金大电极进行真空自耗熔炼为例，结晶器直径为 920 mm，电极直径设为 800 mm，提出对不同锭型的真空自耗重熔工艺的设计方法。

对于不同锭型电极的真空自耗熔炼，认为电极直径与稳态熔炼适合的电流值之间存在一定关系[21]，随着锭型尺寸的增大真空自耗熔炼的熔速也增加。依照 18 t GH4169 合金真空自耗熔炼初步的工艺设计，逐步增加电流电压产生并稳定电弧，将铸锭的稳态熔炼熔速稳定至 5.7 kg/min，构建稳定熔池，在热封顶阶段逐步降低熔速进行补缩。

对于不同锭型热封顶工艺设计，结合 406 kg GH4169 真空自耗重熔熔炼模型计算热封顶优化工艺及文献调研，进一步推广该热封顶方式，将各阶段结束时熔速值与稳态熔炼熔速值建立比值关系，用于处理实际生产的复杂工况。将热封顶的熔速降低分为三个阶段（见图 3-18），第一阶段稳态熔炼结束后 10~20 min 时间内将此时的熔速降到稳态阶段熔速的 1/2~2/3，熔池在此阶段快速缩小；第二阶段在 30~50 min 内将该阶段结束时的熔速降到稳态熔速的 1/4~1/3，该阶段可以继续减小熔池尺寸并保证其顶部处于液态；第三阶段是在 80 min 左右将此阶段结束时的熔速降到稳态熔速的 1/6~1/5，顶部热量补偿可使得熔池保持由下到上的凝固顺序完全凝固。通过真空自耗重熔模型与改良推广的热封顶工艺可以预测并尽可能减小宏观缩孔深度，减少缩孔切削量，保证铸锭的完整性。

为探究建立的不同锭型稳态熔速关系与热封顶工艺的影响规律，使用模型对熔速为 4.7 kg/min、5.7 kg/min、6.7 kg/min 与冷却条件不同表面发射率为 0.3、0.4、0.5 进行了探究，其余材料参数与边界条件同 406 kg GH4169 合金真空自耗重熔模型，可构建起 18 t GH4169 合金真空自耗熔炼模型，并可对工艺进行设计分析。

图 3-19 为 18 t GH4169 合金真空自耗熔炼模型计算结果，与 406 kg GH4169 真空自耗熔炼结果相同，大的成斑概率值与二次枝晶间距随熔速增加向心部集中。值得注意的是，在 4.7 kg/min 的稳态熔速工艺下，在铸锭边缘出现了超过临界成斑概率 0.65 的值；而在 5.7 kg/min 的稳态熔速下，锭身的成斑概率都低于临界成斑概率。

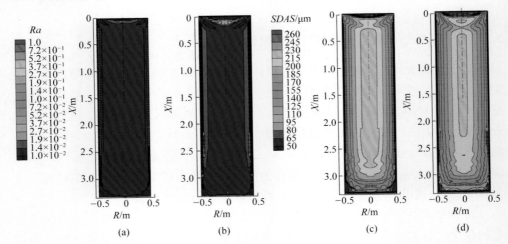

图 3-19　18 t GH4169 合金自耗锭熔速为 4.7 kg/min、5.7 kg/min 的成斑概率（a、b）
及二次枝晶间距（c、d）计算结果

观察图 3-20，成斑概率和二次枝晶间距最大值随着稳态熔速的变化情况，可以看出成斑概率随稳态熔速增大而减小，二次枝晶间距则变化不大，稳态熔速 5.7 kg/min 的 18 t 真空自耗熔炼铸锭不会产生黑斑。但是，成斑概率随稳态熔速增大而减小的这一规律，与 406 kg GH4169 合金自耗铸锭成斑概率随熔速变化的探究结果不同，这是因为锭型尺寸和熔炼参数的变化使得熔池形状发生了变化，不恰当的熔池形状使得在铸锭边缘更容易产生黑斑。大锭型的生产结果受影响的因素更多，更需要使用真空自耗熔炼模型进行预测计算，防止产生黑斑等不可逆的偏析情况。

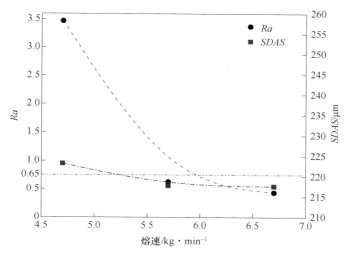

图 3-20 18 t GH4169 合金自耗锭不同熔速下最大成斑概率和二次枝晶间距计算结果

冷却条件表征为表面热辐射发射率分别是 0.3 与 0.5 的真空自耗锭计算偏析结果如图 3-21 与图 3-22 所示，图 3-21（a）为不通氦气冷却的情况（设表面热辐射发射率为 0.3），铸锭表面和头部位置均存在成斑概率大于临界成斑概率 0.65 的情况，黑斑极有可能在这些位置产生。而随着氦气充入，冷却条件的提高，铸锭成斑概率逐渐减小，图 3-21（b）没有成斑风险。二次枝晶间距的大小取决于局部凝固时间，所以常常呈现出图 3-21（c）和（d）中心部大而边缘小的特点，随着冷却条件提高，熔池凝固加快，二次枝晶间距随之减小。

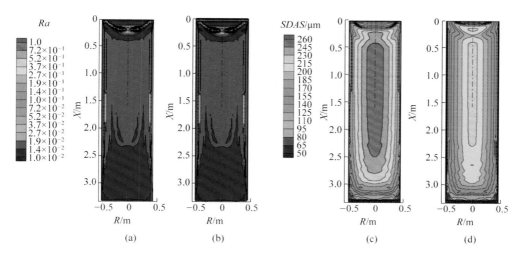

图 3-21 18 t GH4169 合金自耗锭表面热辐射发射率 0.3、0.5 的成斑概率（a、b）
和二次枝晶间距（c、d）计算结果

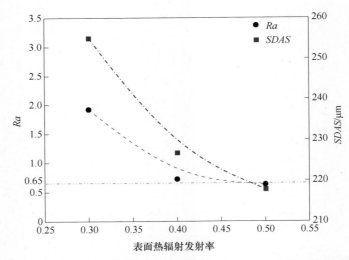

图 3-22　18 t GH4169 合金自耗锭不同熔速下最大成斑概率和二次枝晶间距计算

　　图 3-22 为成斑概率与二次枝晶间距最大值随着冷却条件的变化情况，随着氩气充入压强增加，成斑概率与二次枝晶间距最大值都减小，在冷却条件为 0.5（充入氩气压强小于 200 Pa）下真空自耗重熔 18 t GH4169 合金，铸锭都存在产生黑斑的较大可能性；对于大型锭，内部热量相比小型锭难以传导，需要氩气加强冷却，以避免产生黑斑并减小二次枝晶间距。

　　统计不同熔速和表面热辐射发射率铸锭的锭头缩孔位置如图 3-23 所示，热封顶工艺都采取了三段式热封顶，与小锭型缩孔位置变化规律相同，缩孔位置随着稳态熔速的减小和冷却条件的加强而减小。稳态熔速为 4.7 kg/min 时缩孔位置距离锭头最小，仅 166 mm；但是综合考虑偏析情况，5.7 kg/min 的稳态熔速更为合适，这时的缩孔深度为 221 mm，是锭高的 6.7%，需要切头除去缩孔的切削量较小，节省生产成本。

　　图 3-24 为不同熔速与表面热辐射发射率下的完全凝固时间与安全脱模时间，与小锭型相同，完全凝固时间和安全脱模时间都随着熔速的减小，冷却条件的增加而减小。但值得注意的是，对于大型铸锭，心部热量更加难以耗散，往往需要较长的冷却时间，才能使得铸锭完全凝固，并且建立足够强度。

　　以上是针对设定初步熔炼工艺再对不同锭型 GH4169 合金真空自耗熔炼过程构建模型并计算分析，评估和优化给出的熔炼工艺。若现实实践中要进行熔炼的合金没有任何工艺参数可参考，此时需先设计相应的真空自耗熔炼工艺再通过模型进行优化。在熔炼参数设计方面，对于不同锭型电极的真空自耗熔炼，认为电极直径与稳态熔炼适合的电流值之间存在一定关系[21]。可通过拟合已有电极尺寸与相应合适的稳态电流之间的关系，获得不同电极尺寸下适合的稳态电流，再

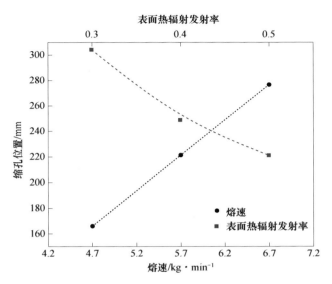

图 3-23　18 t GH4169 合金自耗锭不同熔速与表面热辐射发射率下的缩孔位置

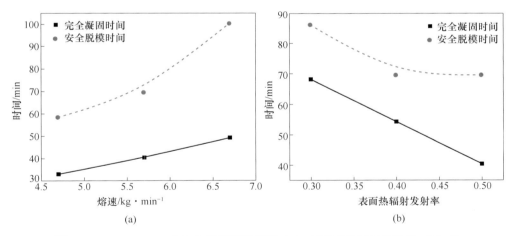

图 3-24　18 t GH4169 合金自耗锭不同熔速（a）与表面热辐射发射率（b）的
完全凝固时间与安全脱模时间

通过式（3-1）计算出稳态熔炼熔速；依照高电压电流起弧，再降低电流电压稳定电弧的原则设计起弧阶段熔炼参数；可根据依次降低电流和熔速或本节设计的三段式热封顶工艺设计补缩工艺，从而获得研究合金不同锭型的真空自耗熔炼工艺；进而对设计的真空自耗熔炼工艺通过建立的真空自耗熔炼模型进行系统的计算分析，优化迭代工艺参数，获得相应的熔炼工艺，据此可对工艺的设计优化提供依据和指导。

MeltFlow-VAR 和 ABAQUS 建立的真空自耗熔炼模型可以正确给出熔炼过程的各因素的影响规律和安全脱模时间，针对不同锭型，尤其是复杂的大锭型熔炼工况，可以给出工艺设计的理论依据和优化控制原则。为真空自耗实际熔炼生产工艺制定提供一种可靠的分析方法，对真空自耗熔炼过程的可靠性、高质量和经济性具有工程指导作用。

3.3.4 GH4738 合金真空自耗重熔工艺设计

建立的真空自耗重熔熔炼模型可用于 GH4169 合金真空自耗重熔计算，只需要修改材料参数及偏析模型，该模型可推广至不同种类合金的真空自耗重熔工艺分析，对优化自耗熔炼工艺与指导现实生产有着重要意义。

GH4738 合金被广泛应用于制造涡轮盘和动叶片等热端部件，合金化程度更高，真空自耗重熔铸锭的质量对后续工艺的影响不可忽视。利用上述模型构建的方法，同样可建立 GH4738 合金真空自耗重熔熔炼模型，对工艺参数和优化进行计算分析。

同 3.1 节建立 GH4738 合金熔炼过程控制与熔炼结束冷却凝固和应力控制的真空自耗重熔模型，在熔炼过程控制模型中，几何模型同图 3-2，材料的物理性能如表 3-5 与图 3-25 所示，MeltFlow-VAR 边界条件见表 3-2。

表 3-5 GH4738 合金的物理性能

物理参数	数值	单位
液相密度	7390. 0	kg/m^3
固相密度	8230. 0	kg/m^3
液相线	1634. 0	K
固相线	1483. 0	K
潜热	259000. 0	J/kg
电导率	1020000. 0	A/(V·m)

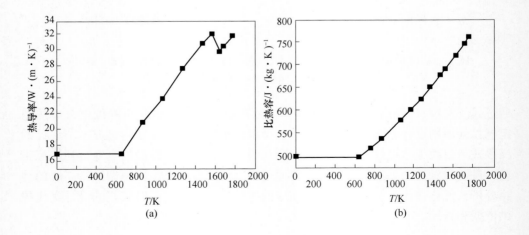

(a)   (b)

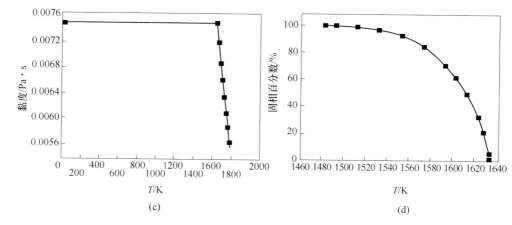

图 3-25 GH4738 合金随温度变化的物理性能

（a）热导率；（b）比热容；（c）黏度；（d）固相百分数

通过现有工艺和文献报道数据拟合获得 GH4738 合金电流与熔速的关系，设计获取不同电流下的 GH4738 真空自耗熔速大小，设置熔炼过程控制模型熔炼参数，并通过拟合的电流与熔速关系得到 MeltFlow-VAR 需要输入的相关熔炼参数。

GH4738 合金的元素偏析模型与式（3-2）~式（3-4）相同，通过 Python 编程的二次开发程序将 MeltFlow-VAR 建立的 2D 轴对称模型与计算的熔炼过程不同时刻的温度场结果迁入 ABAQUS，计算所需物理性能见表 3-5 与图 3-25；力学性能数据通过 GH4738 合金真空自耗锭的系列高温拉伸实验测试获得，GH4738 合金的杨氏模量与强度变化如图 3-26 所示。

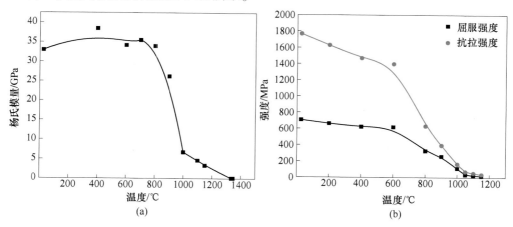

图 3-26 GH4738 合金随温度变化的力学性能

（a）杨氏模量；（b）强度

拟合图 3-26（b）中的屈服强度和抗拉强度随温度 T 的变化公式，分别为式（3-7）与式（3-8）。按照第一强度理论、第四强度理论构建理论开裂判据 P_1、P_4，写入经二次开发的计算程序中，可计算应力情况与开裂倾向，从而获得完全凝固与开裂判据 P 值开始小于 1 的安全脱模时间。

$$\sigma_s = \begin{cases} -0.15655T + 700.527 & (T \leqslant 600\ ℃) \\ 338.436 - 2.95789T - 0.00562T^2 + 2.4332 \times 10^{-6}T^3 & (T > 600\ ℃) \end{cases}$$
$$(3\text{-}7)$$

$$\sigma_b = \begin{cases} -0.65958T + 1771.93 & (T \leqslant 600\ ℃) \\ 4171.24 - 4.26985T - 0.00186T^2 + 2.13025 \times 10^{-6}T^3 & (T > 600\ ℃) \end{cases}$$
$$(3\text{-}8)$$

式中，σ_s 为屈服强度，MPa；σ_b 为抗拉强度，MPa；T 为温度，℃。

通过构建的 GH4738 真空自耗重熔模型，可对 GH4738 合金的真空自耗过程进行分析。为对比 GH4169 合金与 GH4738 合金在同种工况下的偏析与凝固行为，设置稳态熔速分别为 1.5 kg/min、2.5 kg/min、4 kg/min。图 3-27 为 406 kg GH4738 合金稳态熔速为 2.5 kg/min 的熔炼结果，其中最大成斑概率为 0.11，不会产生黑斑，二次枝晶间距最大值为 105 μm；铸锭中心枝晶间距较大，观察铸锭完全凝固前 4 min 的液相分数，发现会在距离铸锭上表面 101 mm 处形成孤立液相，上表面已经凝固，孤立液相将于此处收缩凝固形成缩孔。结合熔炼结束冷却凝固和应力控制模型，熔炼完成 14 min 后，铸锭完全凝固，再经过 2 min，铸锭内部便构建起足够强塑性，可以出炉脱模。

图 3-28（a）为 GH4738 合金与 GH4169 合金不同稳态熔速下的成斑概率最大值，两种合金都呈现出成斑概率随熔速增加而增加的现象；但由于锭型较小冷却充分，都没有超过临界成斑概率，出现黑斑的可能性较小。GH4738 合金的成

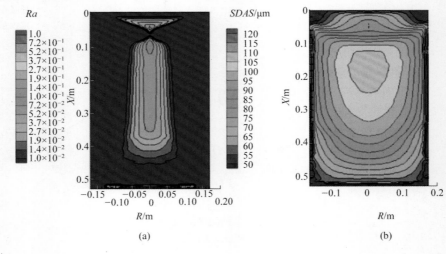

(a)　　　　　　　　　　　　　　(b)

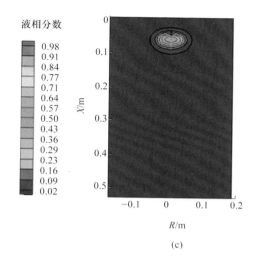

图 3-27　406 kg GH4738 合金真空自耗熔炼计算结果
（a）成斑概率；（b）*SDAS*；（c）完全凝固前液相分数

斑概率在 1.5~2.5 kg/min 间数值较小且变化不大，但在 2.5~3.5 kg/min 间快速增加，增加了黑斑产生风险。值得注意的是，GH4738 合金的成斑概率要高于 GH4169 合金，在稳态熔速为 2.5 kg/min 时，成斑概率为 0.2，这可能与合金化程度及合金本质性能有关，要更加注意 GH4738 合金的真空自耗过程，尤其是大锭型的熔炼过程。图 3-28（b）统计了这两种合金不同稳态熔速下的二次枝晶间距最大值，同样都呈现出二次枝晶间距随熔速的增大而减小的趋势。当熔速较小时，GH4738 合金与 GH4169 合金的二次枝晶间距差别不大，但随着熔速增加，

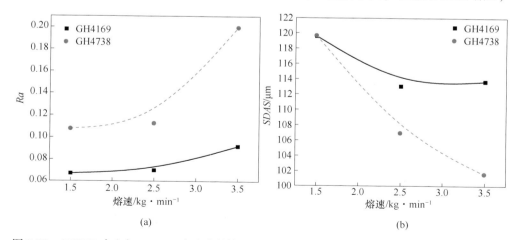

图 3-28　GH4738 合金与 GH4169 合金自耗锭不同稳态熔速的成斑概率（a）与二次枝晶间距（b）

GH4738 合金二次枝晶间距最大值下降趋势更加明显，减小了枝晶偏析倾向，二次枝晶间距与温度梯度和冷却速率相关，这也说明合金本身的导热和凝固特性可能是造成合金间枝晶间距差别的原因。

统计 GH4738 合金与 GH4169 合金的缩孔位置如图 3-29 所示，二者的缩孔位置都呈现出随熔速增加而深入的趋势，但二者间的区别不大，说明同一热封顶工艺设计方法对于不同合金的缩孔位置影响区别不大。通过三段式热封顶，GH4738 合金也获得了基本没有缩孔的铸锭。

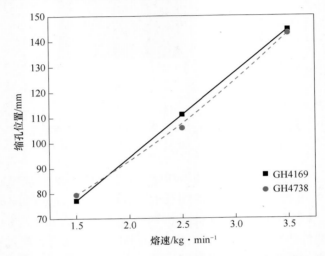

图 3-29　GH4738 合金与 GH4169 合金自耗锭不同稳态熔速的缩孔位置

使用构建的 GH4738 合金熔炼结束冷却凝固和应力控制模型来计算自耗锭的安全出炉时间，图 3-30 为两种合金不同稳态熔速下的凝固时间和安全脱模时间。可以看出，合金的凝固时间与安全脱模时间都随着熔速的增加而增加，且趋势性相似。这是由于大的熔速会在同一时间熔化的钢液更多，需要更长时间凝固。但是，GH4738 合金的凝固时间和安全脱模时间均大于 GH4169 合金，也说明 GH4738 合金在凝固脱模过程中，开裂倾向性可能更高，要更加注意 GH4738 合金的熔炼后处理方式，需要在结晶器中停留更长时间，以防止脱模开裂。

通过构建的合金真空自耗重熔熔炼模型，计算了 GH4738 合金不同稳态熔速下的偏析行为、黑斑概率、完全凝固时间和安全脱模时间等。随着熔速的增加二次枝晶间距减小，枝晶间距偏析减小；但是成斑概率在稳态熔速大于 2.5 kg/min 的情况下快速增加，缩孔位置深度与安全脱模时间也增加，所以建议选择稳态熔速为 2.5 kg/min 左右。此时的稳态熔速可以获得较小的成斑概率与二次枝晶间距，缩孔位置也不会过深，安全脱模时间也较短，可以保证生产产品质量与效率。

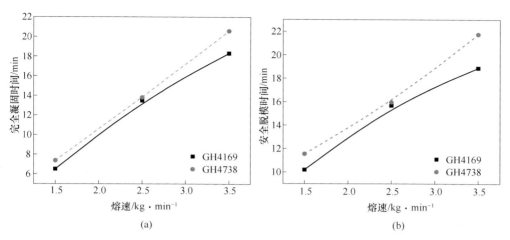

图 3-30　GH4738 合金与 GH4169 合金自耗锭不同稳态熔速的完全凝固时间（a）
与安全脱模时间（b）

对比 GH4738 与 GH4169 合金在不同稳态熔速下的熔炼影响规律，认为二者虽然呈现出相同变化趋势，但需要更加关注熔炼时 GH4738 合金的成斑概率；对于控制二次枝晶间距，GH4738 合金对参数的变化更为敏感，且 GH4738 合金的开裂倾向性高于 GH4169 合金。通过对不同合金种类影响的分析可以看出，熔炼参数对于同样锭型尺寸的不同合金真空自耗铸锭结果产生的影响规律有相似性，但是由于合金组成、物理性能和力学行为的差异，会导致这种规律趋势存在一定的差别。所以需要通过真空自耗重熔模型，结合不同合金本质性能，对熔炼进行合理预测，才可以避免熔炼结果不佳的情况发生，尤其针对大锭型或超大锭型高温合金真空自耗熔炼更需要工艺设计的依据和指导。

通过建立的 GH4738 合金熔炼模型可以对大锭型的自耗熔炼过程进行计算分析，使用模型对 2.5 t GH4738 合金的真空自耗熔炼工艺进行分析和优化，电极直径为 410 mm、结晶器直径为 490 mm。熔炼起弧稳定后的稳态熔炼熔速为 3.6 kg/min，热封顶工艺按照多级电流降的原则设计，起弧后在结晶器和凝固铸锭间隙通入 200 Pa 氩气加强冷却，计算分析结果如图 3-31 所示。

自耗锭成斑概率最大为 0.147，不会产生黑斑，二次枝晶间距最大值为 140 μm，最大值主要集中在铸锭心部及稳态熔炼结束和热封顶刚开始阶段的位置，缩孔距离锭顶约 138 mm，完全切除后成材率为 92%，完全凝固时间为熔炼完成后 23 min，在熔炼结束后 32 min 铸锭建立起足够的强度，可以安全出炉脱模。

图 3-32 为按照设定的工艺实际真空自耗熔炼后的 GH4738 合金铸锭，铸锭表面质量较好，熔炼过程熔速等参数较为稳定，说明建立的相关真空自耗重熔熔炼控制模型能对实际生产提供工艺设计依据、具体参数设定和优化指导。

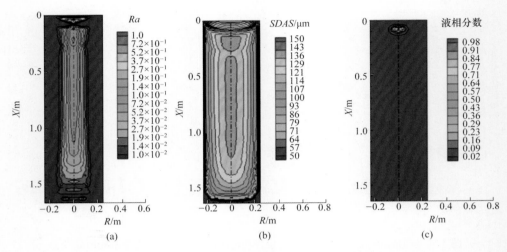

图 3-31 2.5 t GH4738 合金真空自耗熔炼计算结果

（a）成斑概率；（b）*SDAS*；（c）完全凝固前液相分数

图 3-32 2.5 t GH4738 合金真空自耗熔炼冷却后的铸锭

通过建立的 GH4738 合金真空自耗熔炼模型，计算了 406 kg GH4738 合金真空自耗熔炼结果及工艺影响规律，与 GH4169 合金进行了对比分析，并计算分析了 2.5 t GH4738 合金真空自耗熔炼过程的影响规律；认为 GH4738 合金真空自耗模型同样可以对 GH4738 合金的真空自耗熔炼过程进行预测计算分析，协助和指导企业的实际生产。实际上，本章建立的真空自耗重熔熔炼模型的分析方法可适用于其他高温合金，通过该分析方法，可以为实际生产出高质量低成本的合金铸锭提供一种工艺设计和控制手段。

3.4 小 结

通过高温合金真空自耗熔炼过程工艺参数对合金铸锭凝固及组织特征的系统研究，建立一种普适的真空自耗熔炼过程控制模型，并经实验验证其可靠性，能较好地预测熔炼的偏析行为、缺陷位置和开裂倾向，为实际生产过程真空自耗熔炼工艺设计提供依据和指导。

（1）建立了真空自耗熔炼过程控制模型、熔炼结束冷却凝固和应力控制模型，实现了对自耗锭偏析行为、凝固缩孔情况和安全脱模时间等的可靠分析；提供了一种预测真空自耗熔炼过程和质量控制的方法，为实际工艺制定和真空自耗熔炼生产指导提供依据。

（2）通过对 GH4169 和 GH4738 合金真空自耗熔炼过程和自耗锭低倍组织的分析，从成斑概率、二次枝晶间距、缩孔位置、开裂倾向和熔池演变等方面验证了构建的真空自耗重熔熔炼模型的可靠性。

（3）构建的真空自耗过程控制模型和相应的计算分析方法，可推广应用到对不同高温合金、不同锭型尺寸的真空自耗熔炼工艺设计和优化计算分析。对高温合金真空自耗过程工艺参数的影响规律和影响程度权重进行系统的分析，并可进一步对熔炼工艺（比如热封顶工艺参数）进行研究，以获得缩孔缺陷尽可能少的铸锭。对不同锭型尺寸、不同合金种类的真空自耗重熔过程进行计算分析，为实际生产出高质量高性价比真空自耗铸锭提供工艺设计的依据和控制原则。

参 考 文 献

[1] 张勇，李佩桓，贾崇林，等. 变形高温合金纯净熔炼设备及工艺研究进展 [J]. 材料导报，2018，32（9）：1496-1506.

[2] 曲敬龙，杨树峰，陈正阳，等. 真空自耗熔炼过程数值仿真研究进展 [J]. 中国冶金，2020，30（1）：1-9.

[3] 李莹莹. 大规格钛合金真空自耗铸锭热封顶技术探讨 [J]. 特种铸造及有色合金，2020，40（3）：324-326.

[4] 葛栋，李京社，杨树峰，等. 真空自耗熔炼工艺参数对齿轮钢凝固组织的影响 [J]. 工业加热，2014，43（6）：23-27.

[5] 刘艳梅，陈国胜，王庆增，等. GH4169 合金真空自耗重熔铸锭显微疏松的形成规律及熔速影响 [J]. 航空材料学报，2011，31（4）：18-23.

[6] WANG X, WARD R M, JACOBS M H, et al. Effect of variation in process parameters on the formation of freckle in INCONEL718 by vacuum arc remelting [J]. Metallurgical and Materials

Transactions A, 2008, 39 (12): 2981-2989.

[7] HUANG Z, HE X, CHEN K, et al. Effect of different cooling rates on the segregation of C700R-1 alloy during solidification [J]. Journal of Materials Science, 2023, 58 (7): 3307-3322.

[8] ATWOOD R, LEE P, MINISANDRAM R, et al. Multiscale modelling of microstructure formation during vacuum arc remelting of titanium 6-4: Special section: Proceedings of the 2003 international symposium on liquid metals (Guest editors: P. D. Lee, A. Mitchell, A. Jardy, J.-P. Bellot) [J]. Journal of Materials Science, 2004, 39 (24): 7193-7197.

[9] NASTAC L. Multiscale modelling approach for predicting solidification structure evolution in vacuum arc remelted superalloy ingots [J]. Materials Science and Technology, 2013, 28 (8): 1006-1013.

[10] 王资兴, 黄烁, 张北江, 等. 高合金化 GH4065 镍基变形高温合金点状偏析研究 [J]. 金属学报, 2019, 55 (3): 417-426.

[11] CUI J, LI B, LIU Z, et al. Numerical investigation of segregation evolution during the vacuum arc remelting process of Ni-based superalloy ingots [J]. Metals, 2021, 11 (12).

[12] 孙德润, 张宏, 门正兴, 等. 冷却速度对铸件二次枝晶臂间距影响的模拟研究 [J]. 大型铸锻件, 2014, 160 (4): 1-3, 10.

[13] 张勇, 李鑫旭, 韦康, 等. 三联熔炼 GH4169 合金大规格铸锭与棒材元素偏析行为 [J]. 金属学报, 2020, 56 (8): 1123-1132.

[14] KARIMI-SIBAKI E, KHARICHA A, WU M, et al. A parametric study of the vacuum arc remelting (VAR) process: Effects of arc radius, side-arcing, and gas cooling [J]. Metallurgical and Materials Transactions B, 2019, 51 (1): 222-235.

[15] MRAMOR K, QUATRAVAUX T, COMBEAU H, et al. On the prediction of macrosegregation in vacuum arc remelted ingots [J]. Metallurgical and Materials Transactions B, 2022, 53 (5): 2953-2971.

[16] 韩静静, 任能, 李军, 等. Ti2AlNb 合金锭真空自耗过程宏观偏析的数值模拟 [J]. 中国冶金, 2022, 32 (12): 32-39.

[17] 杨富仲, 张健, 张立峰, 等. 镍基高温合金真空自耗数值模拟 [J]. 钢铁研究学报, 2022, 34 (9): 916-924.

[18] 王亚栋, 张立峰, 张健, 等. 真空自耗熔炼过程宏观偏析的数值模拟 [J]. 钢铁研究学报, 2021, 33 (8): 718-725.

[19] 罗文忠, 赵小花, 刘鹏, 等. 采用数值模拟方法分析影响 VAR 熔炼钛合金铸锭表面质量的因素 [J]. 稀有金属材料与工程, 2020, 49 (3): 927-932.

[20] 王熔, 汤涛, 周辉, 等. GH4738 高温合金薄壁弧形零件切削参数优化 [J]. 工具技术, 2022, 56 (12): 81-86.

[21] 郭建亭. 高温合金材料学 [M]. 北京: 科学出版社, 2006.

[22] 黄震. C700R-1 镍基耐热合金凝固偏析与均匀化研究 [D]. 北京: 北京科技大学, 2023.

[23] 赵鹏. 大尺寸 GH4738 合金凝固偏析及重熔过程模拟研究 [D]. 北京: 北京科技大学, 2021.

[24] 董建新, 张麦仓, 曾燕屏. "黑斑" 形成机理及判据 [J]. 兵器材料科学与工程, 2005,

1：1-5.

［25］ 杨富仲. GH4169 高温合金真空自耗熔炼及凝固的模拟和实验研究［D］. 北京：北京科技大学，2022.

［26］ 陈琨，王立民. InconelX-750 合金大型电渣锭重熔过程的模拟［J］. 材料热处理学报，2020，41（10）：162-169.

［27］ 刘大为. 基本强度理论扩充研究［J］. 兰州文理学院学报（自然科学版），2018，32（5）：41-45.

［28］ KARIMI-SIBAKI E, KHARICHA A, VAKHRUSHEV A, et al. Numerical modeling and experimental validation of the effect of arc distribution on the as-solidified Ti64 ingot in vacuum arc remelting（VAR）process［J］. Journal of Materials Research and Technology, 2022, 19：183-193.

［29］ SANKAR M, SATYA PRASAD V V, BALIGIDAD R G, et al. Effect of vacuum arc remelting and processing parameters on structure and properties of high purity niobium［J］. International Journal of Refractory Metals and Hard Materials, 2015, 50：120-125.

［30］ YANG Z, ZHAO X, KOU H, et al. Numerical simulation of temperature distribution and heat transfer during solidification of titanium alloy ingots in vacuum arc remelting process［J］. Transactions of Nonferrous Metals Society of China, 2010, 20（10）：1957-1962.

［31］ 王资兴，王磊，孙文儒. 熔速对 IN718 合金真空自耗铸锭组织的影响［J］. 材料热处理学报，2019，40（1）：91-97.

［32］ WAGNER K C, BYRD G D. Evaluating the effectiveness of clinical medical librarian programs：A systematic review of the literature［J］. Journal of the Medical Library Association, 2004, 92（1）：14-33.

［33］ 陈鑫. 钛及钛合金真空自耗熔炼补缩工艺研究［J］. 特钢技术，2009，15（3）：39-41，58.

4 铸锭去应力退火依据及优化

去应力退火是一种用来消除或降低合金在熔炼、轧制、锻造以及机加工过程产生的内部残余应力的热处理工艺。与合金的退火过程不同，去应力退火不以改变合金的化学或力学性能为目的，只用来消除或降低合金内部的残余应力。高温合金铸锭在真空感应熔炼、电渣重熔、真空自耗重熔等环节完成后一般需进行去应力退火过程。现阶段去应力退火工艺的制定一般以经验参考为主，缺少系统性的理论研究。近年来，随着我国变形高温合金锭型尺寸不断扩大以及新合金研发中合金化程度不断提高，合金锭在熔炼中发生开裂的风险也随之增加，去应力退火工艺的合理制定和依据以及相应的理论体系尚待完善。

在过去的几十年中，以有限元为代表的数值计算手段被广泛用于铸锭的热处理过程，但是变形高温合金的真实表面换热系数却鲜有报道，现有研究在计算铸锭升降温的过程中多直接采用软件的默认值，计算结果的可靠性问题可能会导致工艺设计的偏差，同时也会造成生产过程中的能源浪费。因此为了确保退火工艺的可靠性，本章将基于相关的实际测温实验数据分析确定表面换热系数的可靠性，重点介绍去应力退火过程的应力损伤判据、表面换热系数的确定以及去应力退火工艺的温度和时间的确定，最后通过两种不同工艺生产的 GH4169 合金电极的退火过程来说明去应力退火工艺制定的基本流程。需要注意的是，虽然只是以 GH4169 合金进行案例说明，但是该研究方法具有普适性，对于其他牌号的变形高温合金也是适用的，希望对我国变形高温合金的去应力退火的工艺设计能有所帮助。

4.1 去应力退火控制模型

在生产实践中发现对自耗电极进行去应力退火可以起到稳定熔炼电弧的作用，从而降低黑白斑的产生概率，但是去应力退火的工艺制定一直缺少依据。此外，由于现行高温合金的熔炼方式多为真空感应熔炼+电渣重熔+真空自耗重熔的多联工艺，前序熔炼工艺条件的变化会影响后续熔炼的电极应力水平，因此在制定去应力退火工艺时应充分考虑电极制备过程所带来的影响。

此外，熔炼锭型扩大还会导致铸锭升降温过程中的内外温差加剧，使得铸锭在原有残余应力的基础上又叠加了一层热应力。由于铸态高温合金的塑性较差，应变能的升高直接增加了铸锭发生脆性断裂的可能性，因此在进行去应力退火工艺制定的时候必须充分考虑升温降温过程可能出现的应力损伤问题，谨慎制定较为安全的升降温制度。由于现有的损伤判据多用于描述合金在塑性变形或凝固过程中的损伤行为，不能对升降温过程的损伤行为进行很好的描述，因此提出一个较为合理的可用于铸锭升降温过程的损伤判据是极为必要的，通过借助该判据可以优化去应力退火工艺路线，降低潜在风险和节约能源。

消除残余应力的需求最早来自钢铁领域，人们早期发现机器上的钢铁部件经过一段时间放置会发生变形，或者无故破裂，在使用过程中稍受外力也会破裂。由于早期钢铁部件多采用铸造方式加工，因此人们多关注于铸造内应力，并通过大量实践发展出了通过退火工艺来去除材料内部残余应力的方法。随着时代的发展，虽然各种新材料被不断开发出来，但是通过热处理手段去除材料制造加工过程的残余应力的方法一直被保留了下来。

在变形高温合金的生产过程中，人们多关注于锻态高温合金的残余应力产生与去除，并经过大量生产实践总结出了具体的退火制度，见表4-1，切实提高了锻态高温合金的服役寿命、使用稳定性以及尺寸精度等。

表 4-1　锻态高温合金的去应力退火制度[1]

中国牌号	美国牌号	温度/℃	时间（25 mm）[①]/h
GH3536	HastelloyX	1175	1
GH3600	Inconel600	900	1
GH3625	Inconel625	870	1
GH4090	Nimonic90	1080	2
GH4141	René41	1080	2
GH4145	InconelX-750	880	0.5
GH4169	Inconel718	955	1
GH4738	Waspaloy	1010	4

①坯料直径或厚度每25 mm退火最短时间。

在实际生产过程中，如何确定变形高温合金的去应力退火温度与时间是制定去应力退火工艺的最大难点。温度过低无法起到去应力退火的作用，温度过高可能与高温合金中析出相的析出温度范围重合，在去应力退火过程中因相析出而导致合金的硬化，以及升降温过程中又引入热应力，尤其针对大型的高温合金铸锭。此外，去应力退火工艺对后续铸锭的加工制备也有重要影响，若应力去除不到位或者在退火过程中引入了其他因素的应力，在后续的铸锭加工过程中易出现切割加工困难的现象。根据最近的研究工作[2]，可以根据高温合金在不同温度下退火一定时间后的硬度大小来确定去应力退火制度。但是该种方法无法将电极熔炼过程产生的应力水平与具体工艺的制定联系起来，不能给出电极在退火过程中应力变化的真实情况，因此导致了这种方法的灵活性不足，企业在制定不同锭型的去应力退火制度时无法针对性地进行工艺调整。因此，去应力退火中应力的去除方式、工艺如何制定、依据的原理成为在整个铸锭制备过程中一个研究基础相对薄弱而又重要的环节，有必要建立去应力退火工艺制定办法，来指导我国变形高温合金的去应力退火工艺制定。

去应力退火过程是一个复杂的热处理过程，为了能够准确制定工艺，首先需要能够对工艺过程进行准确的预测计算，其研究主要包含升降温过程的损伤判据构建、表面等效换热系数的确定等内容。在此基础上，再确定去应力退火工艺参数（如温度和时间），就可以制定出较为合理的去应力退火工艺。因此本节主要围绕铸锭升降温过程的损伤判据构建、铸锭表面等效换热系数的确定以及去应力退火温度和时间的确定等方面内容进行探讨，力求初步构建一种较为合理的去应力退火工艺制定方法，为今后变形高温合金的去应力退火工艺研究奠定基础。

4.1.1　铸锭升降温过程损伤判据构建

铸态高温合金相较于锻态合金质地较为疏松，且熔炼过程中形成了元素偏析和脆性相，力学性能较差，一般难以承受较为激进的升降温制度。为了避免合金铸锭在退火过程中发生变形甚至断裂，需要对铸锭在升降温过程的损伤情况进行评估，并以此为基础制定较为合理的升降温制度。

图 4-1 为 ϕ508 mm GH4169 真空自耗锭不同部位的高温拉伸测试数据，当合金处于高温度段时铸锭心部至边部均具有较好的塑性变形能力，当铸锭温度至 800 ℃以下时，铸锭心部区域的断后伸长率降低到 5% 以下，表现出明显的脆性力学特性。

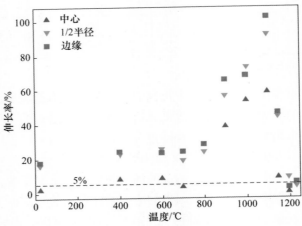

图 4-1　GH4169 合金 ϕ508 mm 真空自耗锭不同温度下的断后伸长率

由于目前已有的损伤开裂判据只适用于凝固或塑性加工等过程，因此针对高温合金铸锭高温至低温的力学性能变化规律，本书作者综合考虑铸锭的脆性断裂和塑性屈服的损伤行为，基于实验测试数据提出了一个较为合理的去应力退火热处理损伤判据，以此来指导去应力退火热处理制度的设计工作。

对于脆性材料（断后伸长率<5%），主要采用第一强度理论对材料的断裂失效行为进行评价，即当合金最大主应力小于或等于合金抗拉强度时，认为不发生断裂损伤。为了更为方便地表征脆性材料在升降温过程中材料发生损伤的倾向程度，这里根据材料应力水平与抗拉强度的相对程度，提出了判据 P_1（其中 σ_1 为最大主应力，σ_b 为抗拉强度）：在升降温过程中，当材料局部 P_1 值大于 1 时，认为材料发生了开裂损伤；如果 P_1 值处于 0~1 之间，则认为材料较为安全。

$$P_1 = \max\left\{\frac{\sigma_1}{\sigma_b}\right\} \tag{4-1}$$

一般对于塑性材料，因其具有良好的断后伸长率（≥5%），一般通过第四强度理论对材料的屈服损伤行为进行评价，即无论在何种应力状态下，当变形体内某一点瞬间的应力偏张量的第二不变量 I_2' 达到某一定值时，该点进入塑性状态[3]。因此，为了判断铸锭在去应力退火过程中每一瞬间发生塑性损伤的倾向程度，提出了计算过程中每个增量步的判据 P_i，其中 σ_s 为材料屈服强度，与温度相关，$\bar{\sigma}$ 为等效应力。

$$P_i = \frac{I_2'}{C} = \frac{(\sigma_1 - \sigma_2)^2 + (\sigma_2 - \sigma_3)^2 + (\sigma_3 - \sigma_1)^2}{2\sigma_s^2} = \frac{\bar{\sigma}^2}{\sigma_s^2} \tag{4-2}$$

为了更方便地评判退火过程总的塑性损伤倾向程度，这里采用 P_4 值来进行表征：

$$P_4 = \max\{P_i\} \tag{4-3}$$

如果升降温过程中铸锭各处的判据 P_4 值大于 1，则认为铸锭发生了屈服损伤；如果 P_4 值小于 1，则认为铸锭在整个过程中只发生弹性变形。此外，P_4 值越大，则发生损伤的风险越大。

由于合金在不同温度段具有不同的力学特性，为了更加全面地对升降温过程中的材料损伤行为进行描述，建立铸锭升降温过程的损伤判断依据，这里综合两种强度理论，提出了退火损伤判据 P；通过将该损伤判据写入有限元软件，可实现铸锭升降温制度的风险评估。

$$P = \max\left\{\frac{\sigma_1}{\sigma_b}, \ \frac{\bar{\sigma}^2}{\sigma_s^2}\right\} \tag{4-4}$$

式（4-4）中的材料屈服强度和抗拉强度一般需要经过实验测定获取，图 4-2 为真空自耗铸锭的铸态 GH4169 屈服强度和抗拉强度的实验测试数据，通过将其拟合成为数学模型［见式（3-5）和式（3-6）］；然后将其写入有限元软件即可进行以上判据的损伤分析，可以选用 ABAQUS 的 UVARM 子程序、DEFORM 的 USRUPD 子程序以及 Simufact 的 UELOOP 子程序等来完成损伤判据的预测分析。

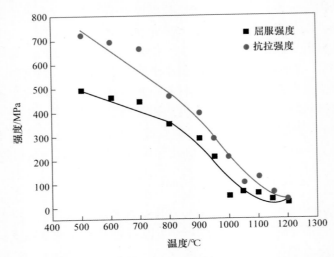

图 4-2　VAR 铸态 GH4169 合金的屈服强度和抗拉强度与测试温度的关系

　　由于变形高温合金的熔炼过程涉及真空感应熔炼、电渣重熔以及真空自耗重熔等多种熔炼方式，因此为了能够全面地评估电极在退火过程的损伤风险，需要首先确定不同工艺生产电极的初始应力分布。

　　真空感应熔炼过程制备电极的应力分布可以由专业铸造模拟软件 ProCAST 计算获得，该软件会在固相分数高于预先设定的某个临界分数（默认为 0.5）后开始应力计算，并最终可以获得铸锭整体的应力张量分布。在铸锭的应力分析完成后，为了方便后续的退火过程分析，选用 ABAQUS 通用有限元软件来进行退火过程的计算分析，并经本书作者开发的专用于热处理过程分析的计算分析工具来处理熔炼数据的获取、有限元模型的建立以及批量计算等任务。

　　从 ProCAST 中提取退火初始数据的具体操作方式为：

　　（1）打开 ProCAST 计算结果并切换到 viewer 模块，在 Explorer 面板中将除铸锭外的其他物件去掉，如图 4-3 所示。

　　（2）在 Contour Panel 中点选 Stress 以及 Effective Stress，如图 4-4 所示。

　　（3）在"文件"中选择 Export As，并导出为 Patran、I-DEAS、STL、gom 等格式。

　　（4）在导出面板中选择 select steps，如图 4-5 所示，点击"…"选择最后一个计算步，调整 Files of type 为".inp"文件格式，点击 Save 导出文件信息。

　　（5）导出后的文件包含一个".asf"文件和一个".inp"文件，其中".asf"文件存储了应力张量、应变硬化程度以及温度场相关的数据。需要注意

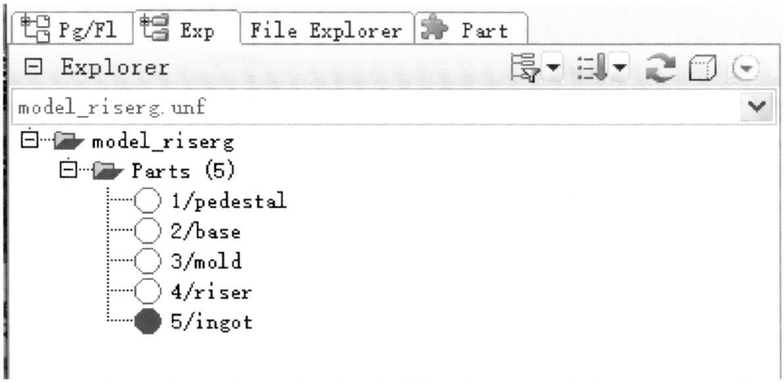

图 4-3　ProCAST 的 Explorer 面板

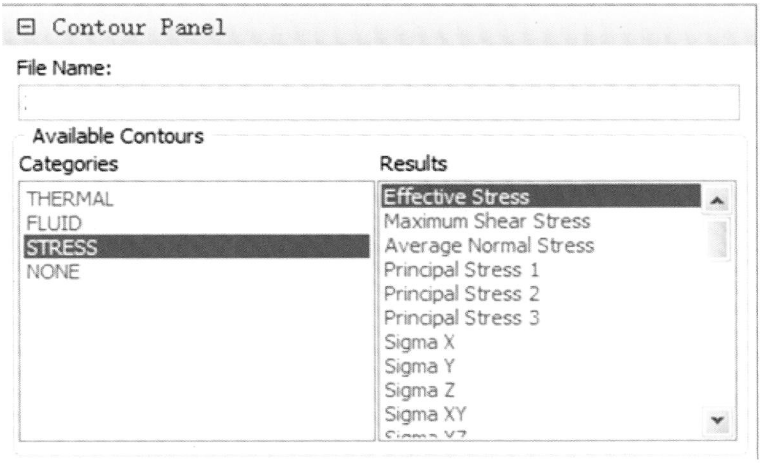

图 4-4　Contour Panel 面板以及应力张量输出

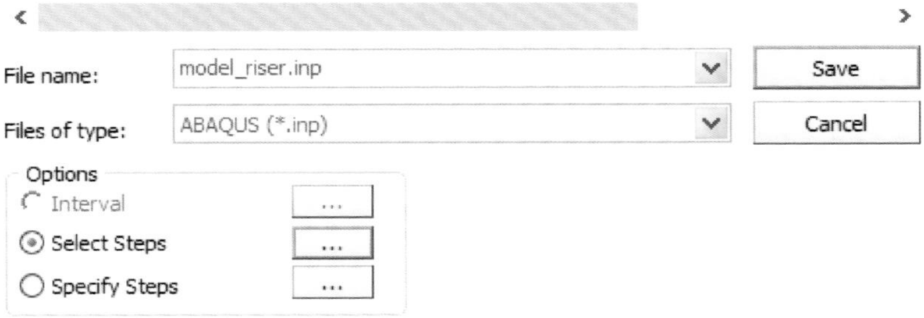

图 4-5　导出设置面板

的是：在实际使用过程中，需要对 ".asf" 文件中的单元序号添加实体（instance）名称，例如：PART-1-1. 433015, 0. 000000e+00，其中 PART-1-1 为实体名，并通过英文句号来分隔实体名和单元序号。

（6）单独创建文件并依次存放 ".asf" 文件中的应力张量、应变值以及温度场数据，然后在 ABAQUS 输出的 ".inp" 计算文件中的 Step 参数位置前添加 " * initial Condition, type = stress, input = stress. csv" " * initial Condition, type = temperature, input = temperature. csv" 以及 " * initial Condition, type = hardening, input = strain. csv" 来加载 ProCAST 提供的各种初始条件。

（7）以命令行的形式提交退火过程的有限元计算任务。

图 4-6 是按上述方法计算得到的 ϕ780 mm GH4169 合金真空感应熔炼铸锭刚脱模时的应力分布图，可以发现应力分布主要集中于铸锭的头尾区域。当对铸锭进行去应力退火时，升温过程的内外温差又会导致热应力的叠加，因此需要特别注意选择合理的升温制度来避免铸锭因局部应力过大而发生断裂损伤等现象。

对于真空自耗重熔与电渣重熔过程，本书作者建议可采用目前较为认可的 MeltFlow 软件来完成对应工序的熔炼过程分析。由于 MeltFlow 软件本身无法进行熔炼过程应力分析，同样可以采用上述的方法开发相应的计算工具来完成应力计算分析，并采用与真空感应熔炼过程类似的应力求解方法。该应力计算方法为顺序热力耦合方法，将真空自耗重熔或电渣重熔过程中的温度场变化视为载荷，利用静态计算方法，可以获得重熔过程的应力场变化。该方法与 ProCAST 中的应力计算模块原理较为类似，具有一定的准确性，提取 MeltFlow 软件计算过程的温度场数据，创建相应铸锭的有限元模型，并将温度载荷施加在各节点上，利用 ABAQUS 的 static 计算分析步最终获得熔炼后的铸锭残余应力分布。

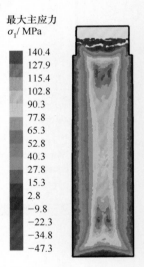

图 4-6 ϕ780 mm GH4169
合金真空感应铸锭刚
脱模时主应力分布

图 4-7 为计算得到的 ϕ900 mm GH4169 合金真空自耗重熔过程铸锭的等效应力分布，可以发现铸锭熔炼完成后起弧部位具有较高的应力分布，相比真空感应熔炼的铸锭，真空自耗锭高应力区虽然分布较少，但是应力水平明显更高，因此对于真空自耗锭也需要采取合理的升温措施以避免可能发生的应力损伤。

4.1.2   升降温过程表面等效换热系数确定

由于合金在升温和冷却过程的热应力大小与温度场密切相关，因此想要准确

地预测热应力就必须保证温度场计算的准确性。在
热处理过程中，锭坯的温度场主要与材料的热导率
和热边界条件有关。其中，热导率可以经过专门的
实验测定，因此能够获得较为准确的热导率数值。
但对于变形高温合金的热边界条件（表面热交换系
数、辐射系数等）而言，通常会因为测定成本高和
操作难度大而缺乏较为严格的测定和评估，因此需
要针对变形高温合金的热边界条件进行评估，以获
得一个较为准确的数值来预测铸锭升降温过程的温
度场和应力场。

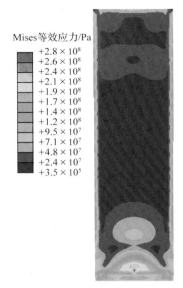

图 4-7　φ900 mm GH4169 合金
真空自耗锭等效应力分布

　　热处理过程的换热过程通常涉及对流换热和辐
射传热，对流换热过程一般是指流体（如空气、水
等）与其接触的固体表面（如铸锭表面）之间的热
传输过程。对流换热过程服从牛顿冷却定律，即对
流换热过程的热通量与流体（空气）和铸锭表面的
温度差成正比，即：

$$q_c = h_c(T_{ingot} - T_{air}) \tag{4-5}$$

式中，q_c 为单位时间、单位接触面积的热流通量，W；h_c 为对流换热系数，W/
$(m^2 \cdot K)$ 或 W/$(m^2 \cdot ℃)$；T_{ingot} 为铸锭表面的温度，K 或 ℃；T_{air} 为流体（空气）
的温度，K 或 ℃。

　　对流换热系数 h_c 主要影响对流换热过程，该系数的大小与换热过程的许多
因素有关，如流体（空气）的物理性质、流动速度、铸锭表面性质等。

　　辐射传热，这里主要指热辐射，是材料由于自身温度或热运动的原因而激发
产生电磁波并向外传递能量的过程。热辐射能力通常由物体的发射率来表征，发
射率通常与材料的物理性质和表面状态相关，随温度和波长而发生变化。根据
Kirchhoff 热辐射定律[4]，物体辐射吸收率恒等于同温度下的发射率，因此该系
数可以适用于辐射吸热和散热过程。热辐射过程一般遵从 Stefan-Boltzmann 定
律，通过该定律可以计算出热辐射过程的热流通量，使得辐射传热的预测成为
可能。

$$q_r = \varepsilon\sigma(T_{ingot}^4 - T_{air}^4) \tag{4-6}$$

式中，q_r 为单位时间、单位接触面积的热流通量，W；ε 为辐射发射率，常见金
属材料的辐射发射率见表 4-2（0.66 μm 波长）；σ 为黑体辐射常数，取值为 5.67×
10^{-8} W/$(m^2 \cdot K^4)$。

表 4-2　常见金属材料的辐射发射率（0.66 μm 波长）[5]

材料	无氧化层	有氧化层的光洁表面
铁	0.35	0.63~0.98
铸铁	0.37	0.7
钢	0.35	0.68~1.0
镍	0.36	0.85~0.96
镍铬合金（Ni80，Cr20）	0.35	0.9

高温合金生产过程中的热辐射过程主要有炉内升温和辐射散热两种，其中炉内升温过程由加热炉内部的热辐射过程为铸锭传递热能，而辐射散热则是铸锭自身的热辐射行为导致了铸锭热能损失。在实际生产应用中，需要考虑升温和降温两个过程的辐射换热影响，但由于辐射发射率不仅与物体自身的材料属性相关，也与表面的粗糙程度、氧化程度等条件相关，因此要想准确测定实际铸锭的辐射发射率，一般是比较困难的。

在实际应用过程中，为了简化实验测定的难度，通常采用等效换热的概念[6]，将辐射换热视为一种对流换热过程，定义辐射换热系数 h_r，因此辐射换热过程满足牛顿冷却定律，并能够写为以下表达式：

$$q_r = h_r(T_{ingot} - T_{air}) \tag{4-7}$$

$$h_r = \varepsilon\sigma(T_{ingot}^2 + T_{air}^2)(T_{ingot} + T_{air}) \tag{4-8}$$

将辐射换热和对流换热过程统一起来，则有等效换热系数 h，因此只需要实验测定系数 h 即可确定铸锭升温或冷却过程的换热行为。

$$q = q_c + q_r = (h_r + h_c)(T_{ingot} - T_{air}) = h(T_{ingot} - T_{air}) \tag{4-9}$$

为了使得热处理模拟过程中的升温降温过程更加真实可靠，需要对高温合金的热边界条件进行评估，以获得一个较为可信的等效换热系数并应用于实际的计算分析工作中。常见的评估办法主要为反传热法，即在知道合金的热物理性质（如热导、热熔等）、几何构型，以及实际升温或冷却过程中不同位置的温度变化情况的条件下，通过不断调整热边界条件以使得计算结果与实验测定的温度曲线重合来寻找可能的热边界条件（如对流换热系数或辐射发射率等）的方法。反传热法广泛用于热边界条件的确定，结合一些参数反演方法如遗传算法，可以快速并准确地确定出与温度相关的换热系数或辐射发射率，目前一些成熟的商业软件中已经开发有专用模块，如 ProCAST、DEFORM 以及 ABAQUS（需搭配 Isight）等。

热边界条件的评估思路是：实际测试高温合金锭在升温和降温过程的实测温度数据，通过利用 DEFORM 软件构建相同尺寸的有限元模型对实验测温过程进行模拟计算，不断调整换热参数使得模拟温度曲线与实测温度曲线重合来获得热边界条件参数。需要注意的是，本节将对流换热与辐射传热等效为表面换热来对待，不区分具体的换热机制，因此在实际计算应用的过程中，需要将有限元软件中的对流换热系数设置为本节中测定的表面换热系数值，将辐射发射率设置为0。以用途最广泛的 GH4169 合金为例来进行说明，对于其他牌号的变形高温合金可以采取相同的研究方法来进行评估。

图 4-8 为 ϕ508 mm GH4169 合金铸锭升温曲线数据，测温位置为铸锭心部。通过构建与实验过程相同的几何模型，采用 DEFORM 自带材料库中的热导率和热熔等数据进行批量计算，可以发现当升温过程的表面换热系数为 200 W/(m² · K) 时，计算结果与实验结果较为接近。经过本书作者研究团队的系统研究工作认为，该参数也可准确描述 Inconel617 合金铸锭的实际升温过程，如图 4-9 所示。

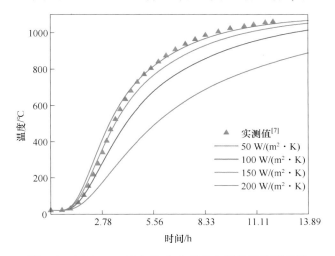

图 4-8 ϕ508 mm GH4169 合金锭的心部位置升温曲线

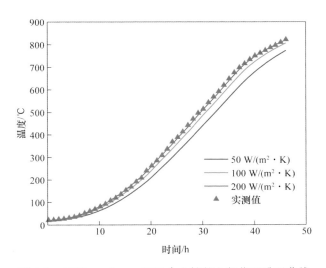

图 4-9 ϕ600 mm Inconel617 合金锭的心部位置升温曲线

在热变形过程中，有时需要对包覆有保温材料的锭坯进行加热升温，从而提供一个较为准确的表面换热系数可以帮助企业准确预测到温时间，避免加热时间过长或过早出炉的未烧透现象，因此这里也进行了参数评估。可利用上述同样的方法，即构建真实模型并修改参数以逼近实测的参数值，进行自洽。

图 4-10 为 ϕ400 mm GH4169 合金铸锭在使用保温材料全包覆情况下的升温曲线数据，测温位置为锭坯的心部，可以发现包覆情况下的升温过程表面换热系数有明显的温度关联性，当表面换热系数为 $(T/20+10)$ W/$(m^2 \cdot K)$ 时（T 为表面温度，℃），可以很好地将升温规律描述出来。因此在保温材料包覆的情况下 GH4169 合金的表面换热系数为 $(T/20+10)$ W/$(m^2 \cdot K)$。

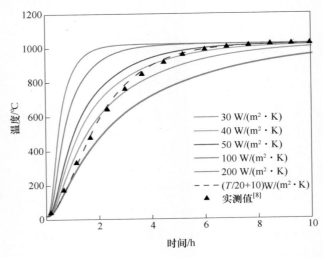

图 4-10　全包覆保温材料 ϕ400 mm GH4169 合金锭的心部位置升温曲线

根据以上两种情况的表面换热系数，又利用部分包覆保温材料的测温数据进行了计算验证，其中实验数据的测温位置为铸锭心部，加热过程中敞开铸锭上部的保温材料。在计算过程中设置敞开部分的表面换热系数为 200 W/$(m^2 \cdot K)$，包覆位置的表面换热系数为 $(T/20+10)$ W/$(m^2 \cdot K)$，计算结果如图 4-11 所示。可以发现计算结果与实验结果接近，因此将未包覆区域的表面换热系数设置为 200 W/$(m^2 \cdot K)$，包覆区域的表面换热系数为 $(T/20+10)$ W/$(m^2 \cdot K)$ 是较为真实可信的。

为了准确描述铸锭在降温冷却过程的表面换热系数，对铸锭在冷却过程采取类似的分析方法。图 4-12 为 ϕ900 mm GH4169 合金铸锭空冷降温过程的温度曲线，测温位置为铸锭表面，可以发现空冷全过程的表面换热系数处于 75~100 W/$(m^2 \cdot K)$，高温段（约1000 ℃）的表面换热系数接近 100 W/$(m^2 \cdot K)$，温度降低后（约700 ℃）的表面换热系数接近 75 W/$(m^2 \cdot K)$，因此降温过程的表面换

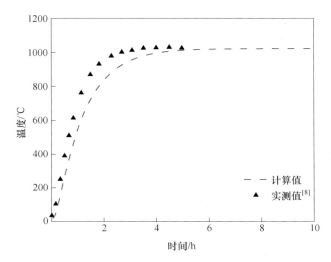

图 4-11 部分包覆保温材料 ϕ400 mm GH4169 合金锭的心部位置升温曲线

热系数与温度密切相关，大概与表面温度呈十分之一的关系，即 $T/10$ W/(m^2 · K)（其中，T 为表面温度,℃）。计算发现当表面换热系数为 $T/10$ W/(m^2 · K)时，预测结果与实验结果基本吻合，因此可认为 GH4169 合金在空冷条件下的表面换热系数为 $T/10$ W/(m^2 · K)。

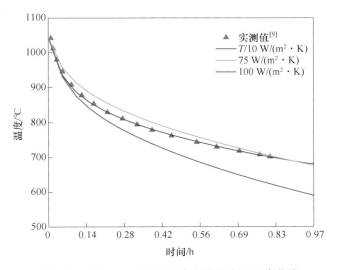

图 4-12 ϕ900 mm GH4169 合金锭的表面温降曲线

为了验证升温和冷却过程中表面换热系数的准确性，本节利用 ϕ900 mm GH4169 合金锭的出炉转移和回炉加热过程的测温数据来进行计算验证，其中出炉转移过程持续 15 min，该过程的表面换热系数为 $T/10$ W/(m² · K)，而对于回炉加热过程，铸锭的表面换热系数则设置为 200 W/(m² · K)。图 4-13 为 ϕ900 mm GH4169 合金铸锭的表面温度曲线，可以看出计算曲线与实验结果较为吻合。图 4-14 为铸锭心部位置的温度曲线，可以发现计算结果与实验结果重合性较好，升温过程虽然存在 5 ℃的计算偏差，但是可以接受。因此，本节测定的表面换热系数具有一定的可靠性，可以用来进行升温和降温过程的温度场预测。

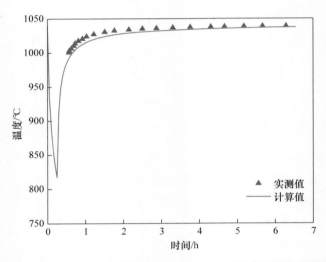

图 4-13　ϕ900 mm GH4169 合金铸锭出炉 15 min 再回炉升温的表面温度曲线[9]

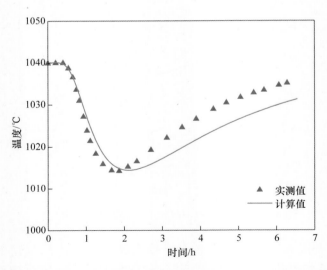

图 4-14　ϕ900 mm GH4169 合金铸锭出炉 15 min 再回炉升温的心部位置温度曲线[9]

4.1.3　去应力退火温度和时间确定

20 世纪中叶到 90 年代，人们主要通过应力框方法对合金凝固过程的力学行为进行研究，并普遍认为合金存在一个弹塑性转变温度，只要将退火温度保持在塑性温度区间就可以消除铸件内部的残余应力。但到 90 年代末，研究发现合金中并不存在该临界温度，合金处于固液共存状态时依然具有弹性，后来人们又根据应力框实验过程中合金出现的一次或几次完全卸载现象（内应力为零），认为去应力退火温度不应高于合金最后一次完全卸载的温度[10]。由于研究对象多为铁基合金，凝固过程存在较多的相变过程，而对于镍基高温合金而言，凝固过程主要为奥氏体相，并不一定存在所谓的多次卸载现象。此外，这种办法只能大概确定去应力退火的温度，并不能根据铸件的尺寸来确定具体的退火工艺。

根据目前报道的研究结果[2]，可以根据合金时效过程的硬度大小来确定去应力退火制度，图 4-15 为 GH4169 合金去应力时效退火的硬度变化曲线，可以发现随着退火温度的升高，合金硬度发生了明显下降。根据生产经验，GH4169 合金的硬度（HBW）在 240~290 时能够减少电极自耗过程中因电极应力开裂导致的熔速波动，因此认为 GH4169 合金的去应力退火温度为 850~920 ℃。可以发现这种研究方法虽然能够解决实际问题，但是却无法建立起锭型尺寸、熔炼参数、设备条件等对退火工艺的影响。此外，铸锭各处的硬度是不同的，铸锭的高应力区多分布于铸锭的心部位置，要想获得准确的硬度数据可能需要解剖铸锭并在心部位置进行硬度测试，这对于工艺制定的测试成本是比较高昂的。因此，建立一种可针对不同熔炼条件的电极进行具体的去应力退火工艺制定方法是极为必要和迫切的。

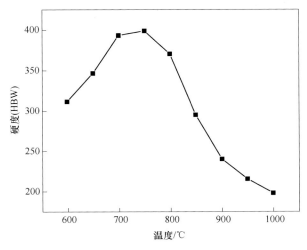

图 4-15　GH4169 合金时效退火过程的硬度–时效温度关系[2]

在去应力退火过程中，残余应力的消除本质上是一个应力松弛过程[11]，随着加热温度的升高，存在一个临界温度，高于该温度后铸锭中的应力就明显随着时间不断松弛。因此，要确定合金的去应力退火温度，需要在不同温度下进行系列应力松弛实验，开始发生明显应力松弛的温度就可认为是合金去应力退火的最低温度。根据铸态合金的应力松弛规律，可以拟合得到松弛本构关系，通过将该本构关系与有限元分析结合，就可以确定去应力退火时间。

通过在 ϕ508 mm GH4169 合金真空自耗锭的心部区域取高温松弛试样若干，分别进行了 700 ℃/250 MPa、750 ℃/250 MPa、800 ℃/250 MPa、850 ℃/180 MPa、900 ℃/120 MPa 条件的应力松弛试验，结果如图 4-16 所示。试验发现，当试验温度达到 800 ℃后合金开始发生明显的应力松弛行为，在 800 ℃下松弛 100 h 后试样应力仅剩 50 MPa，850 ℃和 900 ℃均在较短时间内实现应力值为 0，因此 800 ℃应当是铸态 GH4169 合金去应力退火的下限温度，实际退火工艺温度应在该温度以上。

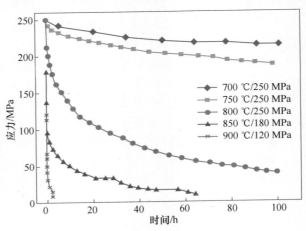

图 4-16 铸态 GH4169 合金的应力松弛实验曲线

为了进一步确定去应力退火的时间，需要对合金的高温松弛行为进行定量描述。合金的应力松弛行为一般可以通过双曲正弦形式的蠕变本构方程来描述[12]，但由于仅测试了铸态 GH4169 合金在 100 h 以内的应力松弛行为，应力松弛曲线未达到稳态，不满足双曲正弦形式的本构拟合，这里选择吻合程度较好的指数形式本构方程[13]来对合金的松弛行为进行描述。

$$\dot{\varepsilon} = A\exp(B\sigma) \tag{4-10}$$

$$A = 7.0844 \times \exp\left(-\frac{36869.0}{RT}\right) \tag{4-11}$$

$$B = 3.2462 \times 10^6 \times \exp\left(-\frac{241659.0}{RT}\right) \tag{4-12}$$

式中，$\dot{\varepsilon}$ 为应变速率，s^{-1}；σ 为应力，MPa；R 为理想气体常数；T 为温度，℃。

通过将上述松弛本构模型加入到有限元模拟中，可以实现去应力退火过程的应力消除计算，进而确定退火工艺所需要的时间。

去应力退火过程的计算流程如图 4-17 所示，计算过程涉及松弛本构、损伤判据、力学本构以及铸锭初始应力分布等方面内容。为了能够真实地反映铸锭在去应力退火过程中的应力变化情况，材料力学本构和初始应力条件需要具有一定的实验基础，如松弛本构需要通过高温松弛试验测定，损伤判据所需的屈服强度和抗拉强度则需要高温拉伸试验进行测定，合金的力学本构行为也同样可以从高温拉伸试验中获得，初始应力分布的计算需要尽可能采用实际熔炼过程的参数曲线（如熔速、电流、电压等）。

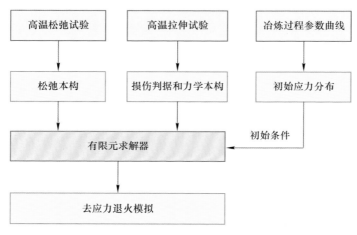

图 4-17 去应力退火过程计算流程

真空感应熔炼过程的应力分布由 ProCAST 软件计算获得，真空自耗重熔和电渣重熔过程的应力计算由前述开发的计算程序利用顺序热力耦合方法计算获得。初始应力分布主要利用 MeltFlow 软件根据实际熔炼过程的参数曲线来计算真空自耗重熔/电渣重熔过程的温度场变化，并将温度场数据传递到 ABAQUS 有限元软件中进行熔炼过程的应力-应变计算。应力计算的本构关系由铸锭高温拉伸实验数据确定。选取真空自耗/电渣重熔锭炉冷脱模后的应力分布为初始状态，引入黏弹性计算步 visco 进行去应力退火过程的应力松弛计算。去应力退火过程采用 ABAQUS 软件的黏弹性计算步 visco 进行应力松弛计算，其中通过子程序写入拟合的松弛本构模型和损伤判据。

按照以上的分析方法，对 GH4169 合金真空自耗熔炼过程的应力及去应力退火过程的应力变化可开展计算分析，图 4-18 给出了 GH4169 合金 $\phi 900$ mm 铸锭真空自耗起弧部位熔炼过程的应力水平，以及随后 800 ℃去应力退火过程的应力变化曲线。可以发现在熔炼过程中应力会达到一个峰值，然后缓慢下降，当开始进行去应力退火过程后，应力水平显著下降；当退火时间达到 15 h 后，铸锭起弧位置的应力水平就下降至原来的 40%。同时也可以看到，从理论计算角度来看，要想彻底消除应力（即应力水平趋向于 0）需要较长的时间；当退火时间达到 50 h 时，应力水平为原来的 1/3。但实际生产过程的数据显示，经过短时间退火处理的自耗电极在熔炼过程中各项参数已基本趋于平稳，未发生较为明显的波动，因此制定退火时间并不需要实现铸锭应力的完全消除，可结合实际情况设置临界应力值来进一步确定退火时间。

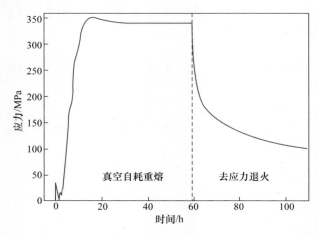

图 4-18　ϕ900 mm GH4169 合金真空自耗锭熔炼过程及 800 ℃去应力退火过程应力曲线

4.2　方法应用和推广

以 GH4169 合金为例介绍去应力退火的工艺流程，分别针对真空感应熔炼和真空自耗重熔两种工艺生产的电极进行去应力退火工艺的制定，其中真空感应熔炼生产的电极尺寸以 ϕ780 mm 为例，真空自耗重熔生产的电极尺寸以 ϕ980 mm 为例分析。计算过程采用 850 ℃下保温 10~20 h 作为去应力退火制度[14]，升温和降温过程的表面换热系数分别为 200 W/(m² · K) 和 T/10 W/(m² · K)，采用铸态 GH4169 合金的系列高温拉伸数据作为计算的力学本构模型。

4.2.1　ϕ780 mm 真空感应锭的去应力退火

图 4-19 为 ϕ780 mm 真空感应锭炉冷 4 h、5 h、6 h 后的损伤判据 P 值分布图，可以发现当炉冷时间仅为 4 h 时脱模，铸锭心部区域会存在较为明显的损伤现象；当炉冷时间为 5 h 和 6 h 时，铸锭整体没有发生应力损伤。其中，5 h 的 P 值最大为 0.75，6 h 的 P 值最大为 0.33，因此在生产 ϕ780 mm 真空感应熔炼锭

时，应注意熔炼完成后需炉冷至少 5 h。在本节计算过程中，选择 6 h 作为基准值进行后续的计算分析工作。

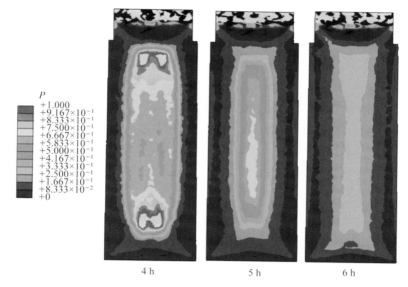

图 4-19　φ780 mm GH4169 合金真空感应锭炉冷不同时间后的损伤判据 P 值分布

图 4-20 为 φ780 mm GH4169 合金真空感应锭在炉冷 6 h 后的温度场和最大主应力分布，铸锭整体温度场分布较为均匀，应力集中的部位主要在铸锭的心部区域。

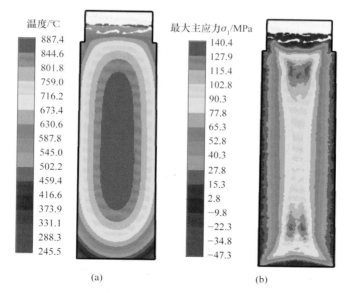

图 4-20　φ780 mm GH4169 合金铸锭凝固后的温度场（a）和最大主应力分布（b）

铸锭模冷 6 h 后转移 10 min，然后分别直接送入 800 ℃、850 ℃以及 900 ℃的加热炉，结果如图 4-21 所示；可以发现 800 ℃和 850 ℃的情况下损伤判据 P 没有超过 1，而对于 900 ℃的情况可以明显发现铸锭表面位置存在 P 值大于 1 的情况。因此，可以将 ϕ780 mm GH4169 合金真空感应锭直接送入 850 ℃的高温炉进行加热升温。

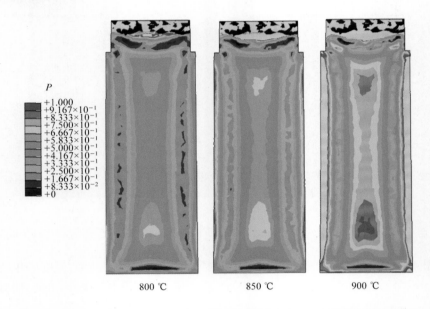

图 4-21　ϕ780 mm GH4169 合金铸锭不同温度下加热均温后的损伤判据 P 值分布

图 4-22 为铸锭直接送入 850 ℃炉保温 10.5 h 的温度场分布，可以发现在 10.5 h 的时间内能够实现铸锭温差控制在 ±5 ℃范围内。因此转移后直接进入 850 ℃高温炉后应先至少保温 10.5 h 实现铸锭均温，然后采用 4.1 节去应力退火温度和时间的计算分析方法并结合文献报道数据[14]，认为应该再在 850 ℃保温 15 h 实现铸锭的去应力退火。

图 4-23 为 850 ℃直接空冷的损伤判据 P 值分布，可以发现铸锭整体的 P 值远小于临界值 1，因此从计算分析依据来看，工艺执行过程中若直接从 850 ℃空冷至室温并不存在风险。当然，为了保险起见和实际情况允许，缓慢冷却至某一温度再移出空冷更加可靠。

综上可知，ϕ780 mm GH4169 合金真空感应熔炼铸锭的去应力退火工艺可以为：熔炼结束后模冷 6 h 后脱模，转移 10 min 送入 850 ℃高温炉保温至少 25.5 h 完成去应力退火工艺，然后出炉空冷至室温。

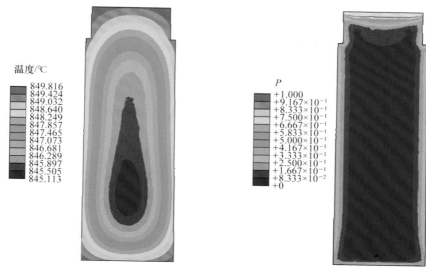

图 4-22 φ780 mm GH4169 合金铸锭 850 ℃
加热 10.5 h 后的温度场分布

图 4-23 φ780 mm GH4169 合金铸锭 850 ℃
直接空冷至室温后的损伤判据 P 值云图

4.2.2 φ980 mm 真空自耗锭的去应力退火过程

通过使用本书作者开发的计算工具，实现了真空自耗重熔过程的热力耦合计算。图 4-24 为计算得到的 φ980 mm GH4169 合金铸锭真空自耗过程的最大主应力分布和温度场分布，可以发现铸锭整体呈现拉应力状态，但是在铸锭的起弧部位

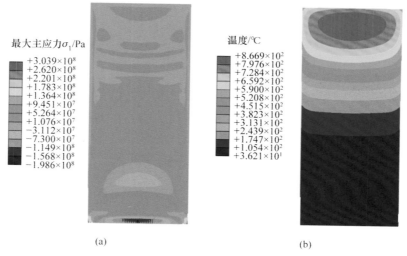

(a)

(b)

图 4-24 φ980 mm GH4169 合金自耗锭熔炼结束后的最大主应力分布（a）和温度场（b）

(铸锭下端)却存在压应力,熔炼结束后铸锭下部的温度较低(不到200 ℃),对于铸锭顶部却具有 800 ℃的高温,因此铸锭存在较为明显的温度梯度。

图 4-25 为 φ980 mm GH4169 合金真空自耗锭熔炼结束后炉冷不同时间后脱模的损伤判据 P 值分布,可以发现当炉冷时间为 1 h 时,铸锭顶部会发生明显的应力损伤现象;当炉冷时间为 2 h 及以上时,铸锭的 P 值均小于 1,并且随着炉冷时间的延长 P 值越小。因此在 φ980 mm GH4169 合金自耗锭熔炼结束后应至少炉冷 2 h 再进行脱模处理。

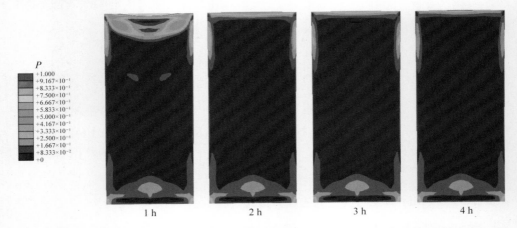

P
+1.000
+9.167×10⁻¹
+8.333×10⁻¹
+7.500×10⁻¹
+6.667×10⁻¹
+5.833×10⁻¹
+5.000×10⁻¹
+4.167×10⁻¹
+3.333×10⁻¹
+2.500×10⁻¹
+1.667×10⁻¹
+8.333×10⁻²
+0

1 h   2 h   3 h   4 h

图 4-25 φ980 mm GH4169 合金真空感应锭炉冷不同时间后的损伤判据 P 值分布

图 4-26 为炉冷 2 h 后的真空自耗锭直接入炉加热后的损伤系数分布,炉温范围为 600~900 ℃,可以发现直接入炉 900 ℃以上加热会明显发生 $P>1$ 的情况,因此升温台阶须在 850 ℃ 及以下进行选择。由于本节确定的去应力退火温度为 850 ℃,因此可以直接入炉进行升温。根据计算结果,19.5 h 可以将铸锭各处的温差控制在(850±5)℃ 范围内,铸锭直接进入 850 ℃ 炉后应保温 19.5 h 实现均温,然后利用上述去应力退火温度和时间的计算分析方法,并考虑到实际锭型尺寸较大,选择 20 h 为去应力退火时间,因此进入 850 ℃ 炉后共需要保温至少 39.5 h 完成去应力退火过程。

图 4-27 为 φ980 mm GH4169 合金的真空自耗锭自 850 ℃ 直接空冷至室温的损伤判据 P 分布,可以发现铸锭各处的 P 值远小于 1;因此基于构建模型的计算分析,生产过程中可以将 φ980 mm 的自耗锭直接空冷。

根据以上计算分析,φ980 mm GH4169 合金真空自耗锭的去应力退火工艺可以为:熔炼结束后炉冷 2 h 后脱模,转移 10 min 送入 850 ℃ 高温炉保温至少 39.5 h 完成去应力退火工艺,然后出炉空冷至室温。

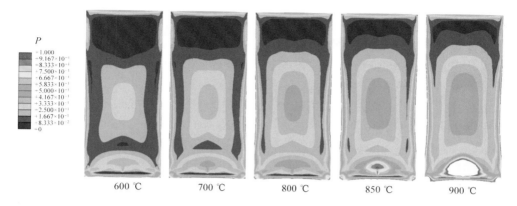

图 4-26　ϕ980 mm GH4169 合金自耗锭不同温度下加热均温后的损伤判据 P 值分布

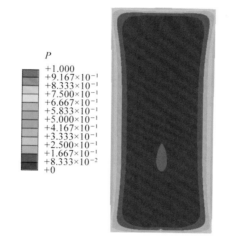

图 4-27　ϕ980 mm GH4169 合金自耗锭 850 ℃直接空冷至室温后的损伤判据 P 值云图

4.3　小　　结

围绕高温合金铸锭去应力退火工艺制定过程中的应力损伤、表面等效换热系数、去应力退火温度和时间的确定等方面进行了深入探讨。以 GH4169 合金电极的退火过程为例说明去应力退火工艺制定的基本流程，构建的研究方法具有普适性，为我国变形高温合金的去应力退火工艺设计提供依据。

（1）结合铸锭在不同温度下的高温拉伸数据发现其损伤行为与温度相关，既有发生塑性损伤的倾向，也有脆性断裂的可能，因此结合已有的损伤强度理论提出了专用于去应力退火过程的损伤开裂判据，使得热处理过程的铸锭损伤分析成为了可能。

（2）变形高温合金的升降温过程对热应力的评估具有直接影响。为了准确计算升降温过程的热应力，利用反传热法对常见的变形高温合金 GH4169 进行了升温降温过程换热系数的评估，同时也对有包套包覆的情况进行了考虑，评估了无包套情况下加热升温的表面等效换热系数为 200 W/(m² · K)，有包套包覆的情况下加热升温的表面等效换热系数为（$T/20+10$）W/(m² · K)；对于空冷降温过程，铸锭的表面等效换热系数为 $T/10$ W/(m² · K)。

（3）基于应力松弛相关理论，结合系列高温松弛试验结果拟合了松弛本构模型，通过将松弛本构模型和损伤判据应用于去应力退火过程，初步实现了真空自耗锭去应力退火过程的应力消除计算，为去应力退火过程的温度和时间确定奠定了研究基础。由于去应力退火工艺直接影响到后续重熔过程参数曲线的稳定性，因此在确定去应力退火的临界应力值时需要评估不同退火时间对重熔过程参数曲线稳定性的影响，进而确定特定合金的临界应力值。

（4）以 GH4169 合金为例开展研究，进行了去应力退火过程的计算分析，针对真空感应熔炼和真空自耗重熔过程生产的电极和铸锭分别进行了去应力退火工艺计算，初步实现了变形高温合金的去应力退火工艺制定，同时指出该方法也可应用于其他牌号的变形高温合金的去应力退火工艺制定。

参 考 文 献

[1] 美国金属学会 . 金属手册　第 4 卷　热处理 [M]. 9 版 . 北京：机械工业出版社，1988.

[2] 王磊 . 高品质镍基合金大尺寸电极残余应力形成机制和控制方法 [R]. 北京：国家自然科学基金委员会，2021.

[3] 刘雅政，等 . 材料成形理论基础 [M]. 北京：国防工业出版社，2004.

[4] 夏如杰，徐红梅 . 热工学基础 [M]. 镇江：江苏大学出版社，2021.

[5] 王魁汉 . 温度测量实用技术 [M]. 2 版 . 北京：机械工业出版社，2020.

[6] 应之丁，林建平 . 列车涡流制动机理及制动力矩模型 [M]. 上海：同济大学出版社，2014.

[7] Thamboo S V, Schwant R C, Yang L, et al. Large Diameter 718 Ingots for Land-based Gas Turbines [C] //Superalloy 718, 625, 706 and Various Derivatives. Pittsburgh：TMS, 2001：57-70.

[8] 宝钢集团上海五钢有限公司 . 可粘贴绝热棉及其制备方法：CN1654876 [P]. 2005-08-17.

[9] Uginet J F, Jackson J J. Alloy 718 forging development for large land-based gas turbines [C] // Superalloy 718, 625, 706 and Various Derivatives. Pittsburgh：TMS, 2005；57-67.

[10] 翟启杰 . 铸造合金去应力退火温度的确定 [J]. 金属热处理，1996（3）：21-22.

[11] 刘宗昌，等 . 钢锭退火工艺现状及工艺参数的合理制订 [J]. 包头钢铁学院学报，1990（12）：39-44.

［12］ 杨志远. GH4169 合金应力松弛行为及有限元模拟研究 ［D］. 哈尔滨：哈尔滨工业大学，2020.

［13］ Shen W F, et al. Stress relaxation behavior and creep constitutive equations of SA302Gr. C low-alloy steel ［J］. High Temperature Materials and Processes，2018（37）：857-862.

［14］ ATI Properties，Inc. Method for producing large diameter ingots of nickel base alloys：US6416564 ［P］. 2002-07-09.

5 铸锭均匀化工艺依据及优化

均匀化是指在高温下利用扩散过程减少材料中的化学偏析的热处理过程[1]。合金在凝固结晶过程中，固液相成分不断发生变化，伴随着原子的相互扩散过程，合金进行着溶质在固液相中的重新分配，在平衡凝固的条件下，冷却速率非常缓慢，原子扩散充分进行，因此当结晶结束后会获得与合金母液相同成分的固溶体。由于高温合金在实际凝固过程中不能达到平衡凝固所要求的非常缓慢的冷却条件，溶质原子的扩散系数远小于凝固热扩散率[2]，因此溶质扩散过程远落后于凝固过程。在非平衡凝固过程中，合金结晶通常按树枝状长大，枝晶干与枝晶间的元素含量差异较大，一般溶质分配系数小于 1 的正偏析元素多在枝晶间分布，分配系数大于 1 的负偏析元素则在枝晶干上分布，此外非平衡凝固过程也会形成一些偏析相，因此要想获得化学成分完全均匀的合金铸锭是十分困难的。这些偏析均会造成铸锭的热塑性较差，不适合直接进行热加工锻造，一般需要先通过均匀化处理来均匀合金成分，以此来提高合金的锻造性能，避免发生锻造损伤。

本章将针对现阶段均匀化工艺中存在的主要问题，利用现有实验数据、模型构建与数值计算等手段，综合考虑熔炼过程与实际生产过程的各方面问题，建立一种适用于各种变形高温合金均匀化工艺制定的依据和普适方法，以此来提高我国高温合金的生产质量，减少均匀化工艺的研发成本并缩短工艺的研发周期；主要以用途最为广泛的 GH4169 合金为例来介绍均匀化工艺的研究方法，构建的均匀化模型和研究分析方法也可用于其他牌号变形高温合金的均匀化过程。

5.1 均匀化模型构建

在高温合金的浇铸凝固过程中，由于存在溶质再分配过程，凝固过程的铸锭中往往存在严重的成分偏析以及偏析相的析出，若不使铸锭内组织成分均匀以及偏析相回溶，铸锭在后续热加工的难度将大大提高，报废率也随之大幅度提高。高温合金铸锭中的元素偏析和有害偏析相会对合金的热加工性、持久性能和冲击韧性带来不利影响。对于高温合金这类复杂的多元高合金化材料，Al、Ti、Nb以及 Mo 等元素往往都是易偏析的元素，在枝晶干与枝晶间的元素含量悬殊。例如 GH4169 合金的铸锭中，Nb 元素在枝晶间偏析会造成针状 δ 相的析出，在后续的热加工过程中，富 Nb 区域的 δ 相会钉扎晶界使晶粒尺寸较小，而其他区域的晶粒尺寸则较大，形成混晶组织，严重影响合金的力学性能。因此，在实际生产中的解决办法为在较高温度下保温一定时间进行均匀化扩散退火，使组织中偏析元素扩散均匀，偏析相回溶，即均匀化工艺。

5.1.1 均匀化通用研究方法

在过去的几十年间，人们对变形高温合金的均匀化过程进行了大量研究，并针对每种合金制定了具体的均匀化工艺参数，切实提高了合金的塑性和可锻性。在这些工作的基础上，也形成了较为丰富的研究经验和高温合金均匀化工艺的基本研究思路。

（1）研究合金的铸态组织特征。一般利用实验手段或热力学计算方法研究合金在非平衡凝固条件下的枝晶、元素偏析程度及析出相等，以此来确定相关合金的均匀化目标。表 5-1 为常见高温合金的均匀化目标，其中偏析相主要是指含有大量强化相组成元素的脆性相，一般主要有低熔点的共晶相、TCP 相，以及一些碳化物相等。这些脆性相不仅夺走了强化相组成元素，还会在后续加工过程中成为潜在的裂纹源，因此均匀化过程中必须优先去除这些脆性偏析相。由于这些偏析相大多熔点较低，因此工业上一般采用较低的温度台阶专门用于偏析相回溶；当偏析相回溶后，再通过升温到固相线以下的高温台阶来加速完成偏析元素的均匀扩散，一般认为残余偏析系数达到 0.2 时元素分布均匀。

表 5-1 常见高温合金的均匀化目标

合金牌号	需消除的偏析相	需消除的主要元素偏析
GH4105	MC	Ti、Mo
GH4169	Laves 相	Nb
GH4710	共晶相	Ti
GH4720Li	（γ+γ′）共晶相	Ti、Al
GH4738	—	Ti、Mo
GH4742	一次大 γ′相、MC	Nb、Ti
GH5188	—	Cr
Inconel 740H	Laves 相	Nb、Ti
Inconel 617B	M_6C、$M_{23}C_6$	Mo、Ti
Incoloy 925	（γ+γ′）共晶相	Ti
Renè 65	（γ+γ′）共晶相	W、Ti、Nb

（2）确定温度对铸态组织的影响规律。均匀化温度一般要低于合金熔点以及低熔点相的初熔温度，对于要消除偏析相的均匀化过程，需要先完成偏析相的

回溶后再进一步考虑元素扩散问题。在确定了均匀化上限温度后，还需要结合实际加热设备的控温误差范围确定出最高温度，并选定该温度作为均匀化工艺的实施温度。

（3）确定均匀化过程的时间。由于不同合金中偏析相回溶和元素扩散的动力学特性不一样，因此需有针对性地进行动力学过程研究，可以通过实验直接研究不同均匀化温度和时间条件下的偏析相面积分数以及元素偏析系数的变化来确定具体的均匀化保温时间。当然，也可以通过利用热力学和动力学计算软件（DICTRA）、相场计算软件（MICRESS）等来确定具体的均匀化时间。

通过以上总结可以发现传统的均匀化工艺研究方法条理清晰，目标明确，能够制定出行之有效的均匀化工艺，但也存在一些不足之处：

（1）均匀化评价体系不够完善以及均匀化判据过于简单，是许多金属领域中的一个问题，比如相关标准也存在没有给出具体的评价方法。同样，目前一些典型变形高温合金元素偏析程度评判标准均存在各自的局限性与不足，并且对于是否存在偏析相、偏析相含量分布等也只能进行实验判断。因此，有必要建立系统的偏析程度评判标准。

（2）均匀化过程所考虑的影响因素过于简化，缺乏系统性。虽然近年来的理论研究为均匀化工艺合理制定提供了良好的参考，但研究主要还是围绕元素偏析消除、偏析相回溶等过程观察并以此制定均匀化工艺。结合实际工艺考虑，均匀化过程中不仅存在偏析元素消除以及偏析相的回溶，其他组织因素也会在高温长时间保温过程中发生变化。如果仅仅考虑偏析元素和偏析相消除，忽略均匀化过程中其他组织特征变化，将会影响后续开坯工艺的制订和合金的组织与性能调控。

（3）未能将合金偏析程度与熔炼过程紧密联系起来，无法根据熔炼锭型大小及熔炼工艺参数的变化灵活调整均匀化工艺。以往研究者均需要对某一工况生产的铸锭开展相应的均匀化工艺研究，或凭经验制订均匀化工艺。这不仅增加了企业的研发成本和研发周期，更为主要的是此类方法获得的均匀化工艺是否为最佳工艺值得商榷。因此需要构建更为系统的均匀化模型来实现熔炼过程与均匀化过程的关联分析，当生产链条中一环发生改变后，可直接进行后续关联工艺的参数调整，即要建立均匀化工艺的依据。

（4）与工艺的实施过程联系不够紧密，生产过程中铸锭的升温和冷却过程会耗费大量的时间和能源，直接影响了高温合金的生产效率与成本。此外，升降温过程中的应力风险控制也没有充分考虑，过于激进的升降温制度可能会导致铸锭开裂，甚至直接报废。图 5-1 为 ATI Allvac 公司在研制 ϕ915 mm Inconel 718 合金铸锭时采用 1190 ℃直接空冷降温方式导致的铸锭开裂现象。因此在设计均匀化工艺时，必须考虑热应力带来的损伤风险。

图 5-1 φ915 mm Inconel 718 合金自耗锭 1190 ℃空冷导致的开裂报废[3]

（5）仅对铸锭局部区域进行分析，结果较为片面。在传统的均匀化研究过程中，研究者一般会在铸锭上进行局部取样分析，根据实验观察和测试的偏析程度来确定均匀化工艺的具体参数。但是实际合金铸锭体积大小不同，局部的取样甚至只是表面取样而不具有代表性。图 5-2 为 φ508 mm GH4169 合金真空自耗锭的 Laves 相体积分数含量分布，可以发现铸锭心部区域的偏析相含量比铸锭边部区域要大得多。如果局部取样无法采集到偏析相最严重的区域，那么制定的均匀化工艺很有可能导致在后续较高的温度台阶时合金中依然存在一些低熔点偏析相，这些偏析相在高温下将成为局部液相，由于元素很难在固液两相间扩散，因而合金均匀化过程无法实现预期目标，甚至会留下空洞等缺陷。

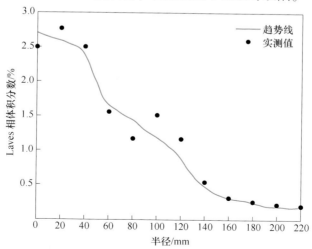

图 5-2 φ508 mm GH4169 合金真空自耗锭的 Laves 相体积分数分布

据此可见，均匀化过程是一个复杂的多因素问题，制定的工艺参数不仅与前面的熔炼过程密切相关，也要考虑工艺在实施过程中遇到的问题，因此若仅通过传统的研究方法来制定均匀化工艺参数并非能获得最佳的效果。近些年来，我国针对几种典型的变形高温合金甚至难变形高温合金陆续开展了锭型扩大化的研究，由于超大锭型的高温合金铸锭研制成本高昂，不可能采用以往的大量试错的方法来摸索最佳的生产工艺，因此如何在偏析程度未知并切实结合实际制备工况的情况下制定较为合理的均匀化工艺也是当下急于解决的关键问题。

5.1.2 均匀化计算分析模型

综合考虑多个影响因素来制定较为合理的均匀化工艺设计方案，如图 5-3 所示，主要考虑了制备获得铸锭的实际工况、加热冷却过程的应力控制、均匀化过程动态控制三个方面，这些因素包括熔炼后铸态组织偏析程度（如偏析相和二次枝晶间距）、铸锭熔炼后残余应力分布、均匀化过程中偏析相回溶以及易偏析元素的扩散均匀化过程、升降温过程可能带来的应力损伤等。在实际的生产中，这些因素的变化会直接影响变形高温合金的工艺制定，由于这些因素又与合金化程度、熔炼方式以及锭型大小等密切相关，因此在制定工艺方案时需要结合具体的生产情况进行有针对性的工艺方案设计。

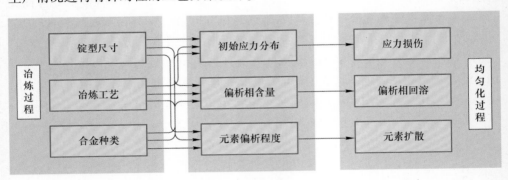

图 5-3 均匀化工艺制定的影响因素和设计思路

为了实现工艺设计合理化，首先需要对均匀化过程进行较为准确的数学描述，根据实际均匀化工艺设计的需要，以用途最为广泛的变形高温合金 GH4169 为例，提出一系列模型用于对各影响参数进行准确预测计算，使得能够对均匀化过程进行较为合理的描述，然后在此基础上进行工艺设计。需要注意的是：这些模型虽然基于 GH4169 合金提出，但具有普适性，也可用于其他牌号的变形高温合金均匀化计算模型的构建，同时提出的方法具有灵活的拓展性，也可根据实际需要引入其他需要进一步考虑的模型，如晶粒尺寸演变模型、氧化模型等进行更加完善的均匀化过程分析。

均匀化工艺的根本目的是消除或尽可能减少铸态组织中的元素偏析和偏析相，因此初始条件的获取是十分重要的，它将直接关系到整个工艺的设计结果，因此必须对熔炼凝固过程可能带来的偏析程度进行预测评估。同时也需对均匀化过程的相关参数给出预测评估，为此考虑评估以下这些因素。

5.1.2.1 二次枝晶臂间距确定

以往的研究表明，二次枝晶臂间距与元素的偏析程度直接相关，因此通过二次枝晶臂间距可直接评价铸态组织中的元素偏析程度。为了能够预测铸锭的二次枝晶臂间距分布，人们经过大量的实验发现二次枝晶臂间距的大小与熔炼凝固过程的冷却速度直接相关，并具有以下数学形式：

$$\lambda = Av^{-B} \tag{5-1}$$

式中，λ 为二次枝晶臂间距，μm；v 为平均冷却速率，℃/s；A 和 B 是与合金种类相关的常数。

对于 GH4169 合金，已有大量研究结果报道了有关 A 和 B 这方面的数据，通过获取的相关实验数据，如图 5-4 所示，综合分析评估这些实验数据可用于确定这两个材料参数，针对 GH4169 合金得到以下关系：

$$\lambda = \exp(3.766) \times v^{-0.342} \tag{5-2}$$

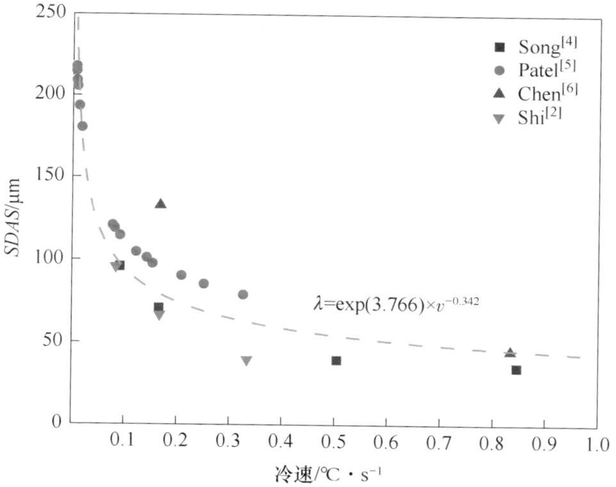

图 5-4　GH4169 合金二次枝晶臂间距与冷速的关系

5.1.2.2 偏析相析出含量确定

同样，铸态组织中的偏析相析出含量也与冷却速率直接相关。根据体视学原理，通过统计分析不同冷却速率下的 Laves 相体积分数，如图 5-5 所示，可获得 Laves 相体积分数与平均冷速的关系：

$$\phi = \exp(-0.465) \times v^{-0.523} \tag{5-3}$$

式中，ϕ 为 Laves 相的体积分数；v 为平均冷却速率，℃/s。

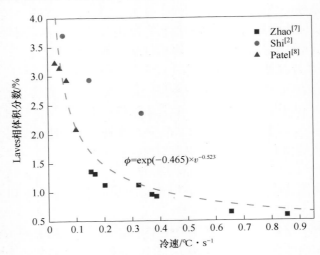

图 5-5　Laves 相体积分数与冷速的关系

利用式（5-2）和式（5-3）的关系，就可以实现铸锭各处的偏析程度预测，为均匀化过程的预测分析提供初始条件。

5.1.2.3　偏析相回溶计算模型

偏析相的回溶一直是关系到均匀化成败的关键问题，为了确保后续坯料的组织均匀性和开坯过程具有良好的热塑性，在保证大块析出相回溶的前提下还需根据合金特性考虑脆性相和低熔点相的回溶问题。例如，在 GH4169 合金研发的早期阶段，由于对合金的认知不够充分，均匀化采用 1190 ℃保温的一段式工艺，但因未考虑低熔点相的回溶问题，开坯中易导致坯料开裂。后来根据 Laves 相熔点在 1177 ℃附近的特点，Inco 公司的 Poole 设计了两段式均匀化工艺，即在较低温度（1160 ℃）下保温消除偏析相，然后再升温到 1200 ℃左右进行元素扩散均匀化。实践表明，相比单一阶段均匀化工艺，两阶段均匀化可大幅度提高产品质量可靠性。因此第一阶段均匀化时间的准确确定将直接影响均匀化工艺的成败，应当构建准确的数学模型对偏析相的回溶过程进行预测评估。

均匀化过程析出相回溶问题的研究以 GH4169 合金为例，在过去的研究中，Liang 等人[9]给出了式（5-4）来预测 Laves 相的回溶。其中的参数 A 与合金的偏析程度相关，在一定程度上描述了合金的回溶规律。但是，实际的研究发现针对不同铸锭，系数 A 是不同的，因此难以准确应用推广。

$$t = A\exp(-0.036T) \tag{5-4}$$

式中，t 为 Laves 相完全溶解的时间，h；T 为均匀化温度，℃。

黄乾尧[10]也给出了一个类似的 Laves 相回溶公式（5-5），用于预测 Laves 相回溶时间：

$$t = 2.95 \times 10^{18} \exp(-0.036T) \tag{5-5}$$

Miao 等人[11]通过测定 GH4169 合金在 1140 ℃ 下的 Laves 相回溶规律，确定了式（5-4）中的系数 A 值为 2.33×10^{19}，并在 Laves 相面积百分数小于 0.01% 时认为 Laves 相回溶完全的假设下，将式（5-4）进行了推广，得到了不同温度下 Laves 相面积百分数与保温时间的关系：

$$C_{Laves} = 0.032 \exp\left[\frac{-2.48 \times 10^{-19}t}{\exp(-0.036T)}\right] \tag{5-6}$$

式中，C_{Laves} 为 Laves 相的面积百分数；t 为保温时间，h；T 为温度，℃。

Rafiei 等人[12]发现 Laves 相回溶过程满足 JMAK 关系：

$$X = 1 - \exp(-Kt^n) \tag{5-7}$$

式中，X 为回溶百分数，可以通过改写为式（5-8）来引入偏析相初始体积分数与回溶任意时刻的体积分数；n 为 Avrami 指数；K 为与温度相关的材料参数；t 为时间。

$$X = (f_0 - f)/f_0 \tag{5-8}$$

式中，f_0 为初始体积分数；f 为回溶过程任意时刻的偏析相体积分数。

因此根据以上关系可以得到 JMAK 形式的 Laves 相回溶表达式：

$$f = f_0 \exp(-Kt^n) \tag{5-9}$$

对于与温度相关的材料参数 K，Rafiei 认为具有式（5-10）的形式，并通过 1050 ℃、1100 ℃ 以及 1150 ℃ 系列均匀化实验测定计算出激活能 Q 取值为 274.5 kJ/mol，但是发现系数 K_0 不是一个与温度无关的值。

$$K = K_0 \exp\left(-\frac{Q}{RT}\right) \tag{5-10}$$

为了提出一个能够准确预测 Laves 相的回溶规律，选择式（5-9）作为预测的基本公式。但对于系数 K，这里采用式（5-11）的表达形式，其中 B 和 C 为材料参数；T 为保温温度，℃。

$$K = \exp(B + CT) \tag{5-11}$$

根据 Miao 提供的 1140 ℃[11]、Rafiei 的 1150 ℃ 回溶数据[12]以及 Liang 提供的各温度回溶时间数据[9]，令式（5-9）中的 n 为 1，可以确定 B 和 C 的数值，因此 K 值可以表达为式（5-12），结合式（5-9）和式（5-12）可以绘制出 Laves 相的体积分数与温度和保温时间的关系曲面，如图 5-6 所示（初始体积分数为 0.032）。

$$K = \exp(-44.185 + 0.03702T) \tag{5-12}$$

综上所述，GH4169 合金的 Laves 相回溶模型为：

$$\begin{cases} f = f_0 \exp(-Kt) \\ K = \exp(-44.185 + 0.03702T) \end{cases} \tag{5-13}$$

式中，f_0 为 Laves 相初始体积分数；f 为回溶过程的 Laves 相体积分数；t 为时间，h；T 为温度，℃。

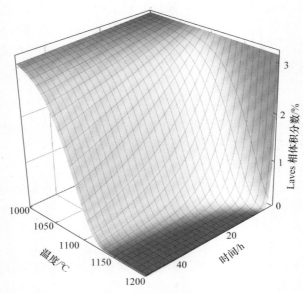

图 5-6 GH4169 合金的 Laves 相体积分数与温度和保温时间的关系曲面

5.1.2.4 扩散系数和残余偏析系数确定

根据现有理论，偏析元素的均匀化程度通过残余偏析系数表征，其与二次枝晶臂间距、偏析元素在基体中的扩散系数以及保温时间相关，其中偏析元素的扩散系数受均匀化温度的影响，因此有以下模型：

$$\delta = \exp\left(-\frac{4\pi^2 D}{L^2}t\right) \tag{5-14}$$

$$D = D_0\exp\left(-\frac{Q}{RT}\right) \tag{5-15}$$

式中，δ 为残余偏析系数，取值在 0~1 之间；D 为 Nb 元素扩散系数，m^2/s；L 为二次枝晶臂间距，m；t 为保温时间，s；D_0 为扩散常数，m^2/s；Q 为扩散激活能，J/mol；T 为热力学温度，K；R 为气体常数，取值为 8.314 J/(mol·K)。

为了表征 GH4169 合金在实际均匀化过程中的 Nb 元素扩散过程，这里选用实验得到的扩散系数来拟合分析均匀化过程中 Nb 元素的扩散系数，如图 5-7 所示。

求得扩散激活能 Q 为 88600 J/mol，扩散常数 D_0 为 1.242×10^{-11} m^2/s，因此可用式（5-16）具体描述 Nb 的扩散系数：

$$D = 1.242 \times 10^{-11}\exp\left(-\frac{88600}{RT}\right) \tag{5-16}$$

从而给出均匀化过程残余偏析系数 δ 的计算模型，可以具体求解均匀化过程的残余偏析系数。

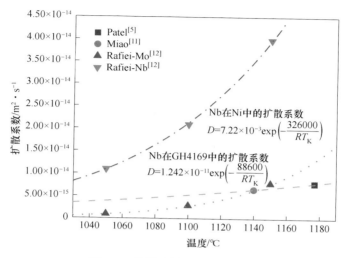

图 5-7 扩散系数与温度的关系

在得到了偏析预测模型、Laves 相回溶模型以及残余偏析系数模型后，通过结合有限元分析方法，就可以实现基于实际工况条件下铸锭均匀化过程的预测。

5.1.3 均匀化模型计算分析说明

均匀化系列模型的建立使得定量描述均匀化过程中的关键控制因素成为现实，为了能够充分利用这些模型，发挥其在工艺制定研究方面的优势，需要进一步将均匀化模型与数值计算方法相结合。通过对均匀化过程进行数值计算，可以实现真实生产过程中铸锭各处的均匀化情况预测，从而可以根据计算分析结果进行工艺参数的筛选。为了实现这样的计算分析，需要完成以下工作：

（1）铸锭初始状态获取，初始状态主要包含铸锭的偏析相体积分数、二次枝晶臂间距、凝固残余应力分布等，与偏析相关的初始信息可以在熔炼软件（ProCAST 和 MeltFlow）输出的冷却速率分布的基础上利用偏析预测模型计算获得，对于残余应力分布则与第 4 章中的方法一致。

（2）将均匀化过程的偏析相回溶模型、残余偏析系数模型以及应力损伤判据等模型写入到有限元求解器中，大多数成熟的有限元求解器均提供了较为丰富的子程序开发模板，如 DEFORM 的 USRUPD、Simufact 的 ueloop 子程序均能完成该工作。

（3）将铸锭的偏析相体积分数分布、二次枝晶臂间距分布以及残余应力分布传递到有限元软件中，创建均匀化分析任务，并利用含有均匀化模型的有限元求解器进行均匀化过程的计算分析。由于不同软件之间数据接口的不一致，一般需要针对性地开发接口软件来完成数据格式的转换。

  根据以上需求，并结合工程实际需要开发了均匀化过程分析工具，基本满足了高温合金的均匀化分析需求，如图 5-8 所示。首先利用熔炼软件（如 MeltFlow、ProCAST）获取熔炼过程的冷却速率分布等信息；对于 MeltFlow 的结果需要将获得的二维信息进行三维重构，合金锭三维网格的生成方式采用旋转生成六面体网格方法，旋转中心附近的五面体网格采用合并相邻五面体网格的方法来获得六面体网格（MeltFlow2DEFORM）；根据实验测定的二次枝晶臂间距–冷速、Laves 相体积分数–冷速模型对获取的熔炼信息进行计算，得到铸锭的二次枝晶臂间距分布、Laves 相体积分数分布（Homogenization v1.2）；然后将这些初始条件输入到 DEFORM 软件中进行求解计算（WriteUserVar）；计算利用经过二次开发的耦合有 Laves 相回溶模型和残余偏析系数模型的 DEFORM 求解器进行求解计算（SFTC DEFORM）；最后利用开发的后处理脚本将计算得到的结果进行分析处理，可进行均匀化过程变量曲线绘制（postprocessor.py）以及正交分析的直观分析图绘制（OED_Plot.py）。

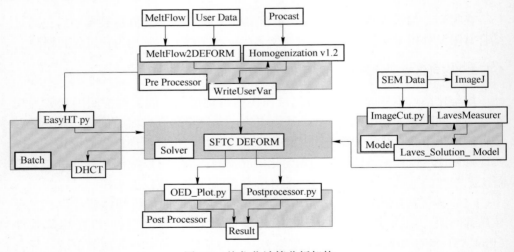

图 5-8　均匀化计算分析架构

  根据已有研究，Laves 相回溶完全后，Nb 元素的局部浓度依然较高，如图 5-9 所示，因此也可在设计求解器时设置局部 Laves 相回溶完全后（如剩余的 Laves 相面积百分数为 0.01%）再开始进行局部的残余偏析系数计算。均匀化过程的应力控制模型和实现方法与第 4 章中的内容一致，可采用经过二次开发的 ABAQUS 或 DEFORM 求解器完成计算分析。

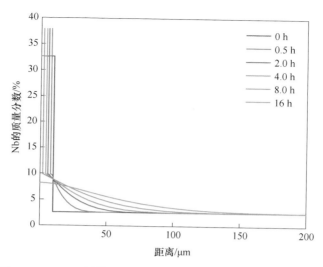

图 5-9 DICTRA 计算的 Laves 相在 1160 ℃回溶的 Nb 元素变化

5.2　均匀化模型的验证

　　均匀化工艺的设计依据综合考虑了二次枝晶臂间距预测模型、Laves 相体积分数预测模型、Laves 相回溶模型以及残余偏析系数模型，用于模型构建所需的重要参数直接从实验数据中获取。通过 1160 ℃的均匀化实验过程来验证 Laves 相回溶模型的可靠性，进而针对典型的 ϕ508 mm GH4169 合金铸锭进行均匀化过程的实验和计算分析，采用已经大量实践验证的工艺进行对比，以验证方法的可靠性。

　　为了验证 Laves 相回溶模型的有效性，选择一个非模型拟合温度的数据进行验证，从 VAR 工艺生产的 ϕ508 mm 自耗锭中心部位取 20 mm×20 mm 尺寸试样 8 块，分别进行 1160 ℃下保温 30 min、1 h、2 h、4 h、8 h、16 h、32 h、50 h 淬火，然后利用浸蚀剂浸蚀出 Laves 相组织形貌在扫描电镜的背散射模式下进行观察，测定不同保温时间的 Laves 相体积分数。按照体视学原理，Laves 相体积分数可以由相平面面积分数确定，这里通过利用开源的 OpenCV 库来实现 Laves 相体积分数的自动化采集计算。

　　图 5-10 为 1160 ℃均匀化过程中偏析相 Laves 相的背散射形貌，可以发现在 1160 ℃第一阶段均匀化开始后的 2 h 内 Laves 相就迅速发生了回溶现象，Laves 相体积分数从初始组织中的 3.50%下降到 0.84%；当保温时间到 8 h 时，Laves 相体积分数仅为 0.06%；当保温时间到 16 h 时，体积分数更是只有 0.016%。因此在第一阶段均匀化过程中 GH4169 合金中的 Laves 相回溶时间较短，20 h 就基本可

以完成 Laves 相的回溶。通过测定 $\phi508$ mm 自耗锭中心区域在 1160 ℃ 下保温不同时间的 Laves 相体积分数，如图 5-11 所示，可以发现 1160 ℃ 下 Laves 相回溶行为与采用文献数据拟合的式 (5-9) 和式 (5-12) 吻合度较高，验证了这种模型的可靠性。

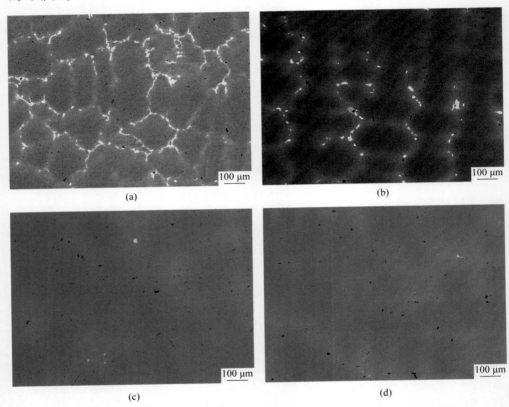

图 5-10 1160 ℃ 均匀化过程 Laves 相背散射形貌
(a) 初始组织；(b) 保温 2 h；(c) 保温 8 h；(d) 保温 16 h

为了进一步说明计算方法的可行性，这里针对典型的 $\phi508$ mm GH4169 合金真空自耗锭进行了均匀化过程的分析（不含应力分析）。首先通过 MeltFlow 软件计算了实际熔炼工艺条件下（考虑氦气冷却）的真空自耗熔炼过程，计算 Laves 相体积分数和二次枝晶臂间距分布，如图 5-12 所示，可以发现计算的 Laves 相体积分数与图 5-2 中得到的铸锭锭头心部区域的 Laves 相体积分数分布较为相近，因此 Laves 相偏析预测模型是比较可靠的。

验证过程采用广泛使用的 1160 ℃ 和 1190 ℃ 的两段式均匀化工艺来对 $\phi508$ mm GH4169 合金真空自耗锭进行均匀化处理，其中前期升温到 1160 ℃ 的工艺总耗时为 26 h，从 1160 ℃ 升温到 1190 ℃ 耗时 5 min。图 5-13 为计算得到的

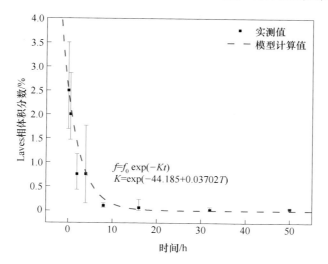

图 5-11　1160 ℃下不同时间的 Laves 相体积分数

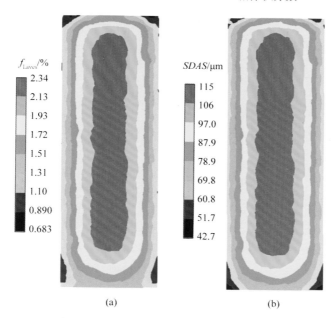

图 5-12　ϕ508 mm GH4169 合金自耗锭的 Laves 相体积分数（a）与二次枝晶臂间距（b）预测结果

全过程的 Laves 相体积分数变化，图 5-14 为计算得到的残余偏析系数变化，可以发现在 1160 ℃保温的 26 h 内能够实现 Laves 相的完全回溶；当温度升高到 1190 ℃后，保温 35 h，残余偏析系数可以降低到 0.2 的水平，保温 56 h 后残余偏析系数可以降低到 0.05 以下，与实际生产工艺[13] 相符，因此本节设计的计算方法具有一定可行性。

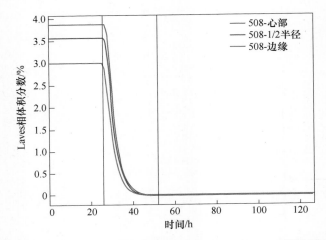

图 5-13　φ508 mm GH4169 合金铸锭均匀化过程的 Laves 相体积分数

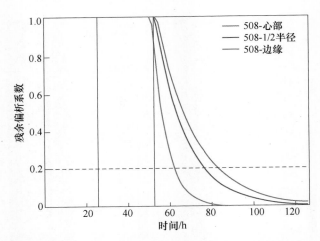

图 5-14　φ508 mm GH4169 合金铸锭均匀化过程的残余偏析系数变化情况

　　在工业生产中均匀化工艺的合理制定除需考虑偏析等组织因素外，还需关注锭型尺寸带来的温度均匀性、应力可控等问题，而应力控制过程的分析见第 4 章相关内容。

5.3　方法应用和推广

　　GH4169 合金源自 20 世纪 50 年代末 Inco 公司成功研发的 Inconel 718 合金，已有 60 多年的发展历史。经过几十年的实践发现，均匀化工艺对该种合金的热变形工艺以及最终性能会产生重要影响，是合金生产过程中不可或缺的工艺步骤。由于我们国家正在研制 $\phi1000$ mm 左右的特大型 GH4169 铸锭，因此需要首先对该种合金的均匀化工艺进行调研，并寻找锭型大小与工艺方案的关系。

1985 年 Inco 公司[1]公布了 Inconel 718 合金的均匀化工艺（1191 ℃/50 h），同时该公司结合合金均匀化过程中的相回溶与元素偏析问题，着手研发更加安全高效的两段式均匀化工艺，并于 1989 年首次公开（1150~1170 ℃）/24 h+1204 ℃/72 h[14]。1989 年 GE[15]公司披露研究进展，Inconel 718 合金在 1149 ℃/120 h 条件下未能完全均匀化，并报道了合金在不同温度下的 Laves 相消除时间：1093 ℃（20 h）、1121 ℃（10 h）、1149 ℃（4 h）、1177 ℃（1~2 h）。2002 年 ATI 公司[16]披露了其 $\phi1016$ mm 电渣锭的均匀化工艺为 1191 ℃（24~32 h）。2019 年，日立金属公司[17]的专利报道，其某锭型 Inconel 718 合金的均匀化工艺为 1150~1200 ℃（15~40 h）。

我国虽然起步较晚，但也成功实现了不同锭型 GH4169 合金的均匀化工艺[18]：

$\phi140$ mm：1090~1230 ℃（2~4 h）；

$\phi375$ mm：1170 ℃（24 h）；

$\phi406$ mm：1160 ℃（至少 20 h），1190 ℃（至少 30 h）；

$\phi423$ mm：1150~1160 ℃（20~30 h），1180~1190 ℃（至少 44 h）；

$\phi508$ mm：1160 ℃（至少 24 h），1180~1200 ℃（至少 72 h）；

$\phi660$ mm：1160 ℃（至少 18 h），1180 ℃（至少 78 h）或 1200 ℃（至少 68 h）。

综合以上信息可以发现，两段式均匀化工艺已成为当下 GH4169 合金的生产趋势，能够高效实现铸锭的均匀化操作。两阶段工艺温度较为明确，第一阶段消除 Laves 相，温度应控制在 1093 ℃以上、1177 ℃以下（Laves 相初熔），一般控制在 1160 ℃；第二阶段消除 Nb 偏析，温度应控制在 1240 ℃以下，国外一般在 1204 ℃、国内一般在 1190 ℃。因此，制定工艺的关键在于均匀化时间的确定，结合已有锭型工艺可以发现，随着锭型的扩大，两阶段的均匀化时间都需延长，因此如何确定均匀化工艺的时间，将成为研究工作的重点。

由于均匀化工艺制定关键在于时间的确定，而时间与锭型大小（偏析程度）相关，因此如何预测大锭型的偏析程度，并以此来进行均匀化时间的确定，将是均匀化工艺研究的核心问题。此外，由于锭型扩大后，铸锭在升降温过程的内应力将是导致铸锭开裂报废的潜在因素，因此还需进行升降温过程的应力损伤预测分析。考虑到实际工艺设计中需要优先保证铸锭不发生较为严重的应力损伤，然后再确保偏析消除完全。因此提出采用应力损伤分析和偏析分析两个步骤来完成均匀化工艺的计算，即先进行铸锭的应力损伤分析，初步制定出均匀化工艺的升温降温制度，确保铸锭在升降温过程中安全不发生明显损伤，然后再进行偏析预测以及均匀化过程中的回溶和元素扩散分析，用于确定均匀化的具体时间。此外，由于铸锭在实际熔炼完成后可能存在两种处理方式，即红送与不红送，因此为了兼顾实际应用场景，对红送和不红送过程均进行了计算分析，并对比说明了两种工艺的差别。

以下为本部分的计算分析步骤：

（1）应力损伤分析。采用与去应力退火部分（第 4 章）相同的研究方法，根据熔炼后的铸锭初始应力分布情况并结合应力损伤判据进行升降温制度的研究。铸锭的红送过程将在这部分进行考虑，即铸锭脱模后转移较短的时间直接送入均匀化热处理炉，而不是先将铸锭冷却至室温后再进行升温。本部分主要目的是确定升降温过程的具体细节，如单温度段直接入炉升温，或者是多温度段按固定速率进行升温等。

（2）相回溶与元素扩散分析。在 MeltFlow 计算得到的铸锭冷速分布基础上，结合偏析预测模型计算出偏析相体积分数分布与二次枝晶臂间距分布，然后再由耦合有相回溶模型和残余偏析系数模型的有限元求解器（如 DEFORM 或 ABAQUS standard）进行均匀化过程预测分析，主要目的是确定均匀化保温各温度段的时间，如 GH4169 两段式均匀化中相回溶时间和元素扩散均匀时间等。

（3）提出均匀化工艺制度。一个均匀化工艺制度主要由升降温制度和保温制度组成，通过应力损伤分析可以确保铸锭在工艺执行过程中的升降温制度不过于激进，而通过相回溶与元素扩散分析则可以确定具体的保温台阶时间，至此就可以制定和给出较为全面的均匀化工艺。

以 GH4169 合金 ϕ980 mm 自耗锭为研究分析对象，主要给出均匀化工艺制订的分析过程，并非就是推荐的实际工艺。对于 ϕ980 mm 自耗锭，在真空自耗锭热封顶过程结束后，铸锭顶部温度依然高于固相线温度，因此需要先在模具中保温一段时间确保合金完全凝固，然后再进行铸锭脱模处理（具体安全脱模判据见第 3 章相关内容）。选择 ϕ980 mm 自耗锭顶部温度降低到 1200 ℃后的状态为初始状态，分别进行了炉冷 10 min、30 min、60 min、120 min 以及 180 min 的计算分析，获得的损伤判据 P 如图 5-15 所示，可以发现至少需要炉冷保持 60 min 后脱模才能使得铸锭在后续脱模转移过程不会发生损伤情况，即损伤判据 P 小于1。炉冷小于 60 min 脱模，从图 5-15 可以看出，自耗锭的热封顶部位损伤判据 P 有出现大于 1 的情况。

对于 ϕ980 mm 自耗锭，应在铸锭顶部温度降低到 1200 ℃保温至少 60 min 后再进行脱模工序，即热封顶结束后至少需要炉冷 133.5 min（73.5 min 热封顶降温至 1200 ℃+60 min 炉冷）后再脱模。

选择铸锭顶部温度降低到 1200 ℃后炉冷保持 60 min 后脱模的状态为初始状

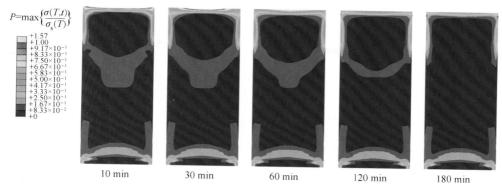

图 5-15 φ980 mm 自耗锭热封锭结束后不同炉冷保持时间对脱模的开裂倾向影响

态，计算了铸锭转移不同时间 10 min、30 min、60 min 以及 120 min 的损伤判据 P 值分布，结果如图 5-16 所示；可以发现虽然铸锭脱模后的转移时间变长会使得铸锭热封顶位置的应力加剧，但变化不是很明显，铸锭总体 P 值远小于 1。因此，转移过程的时间长短不会对铸锭应力水平产生较为严重的影响。

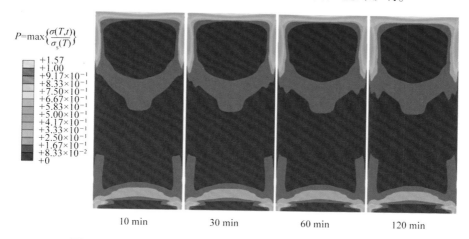

图 5-16 φ980 mm 自耗锭脱模后不同转移时间的判据 P 值分布

以铸锭转移 10 min 后的状态为初始状态，将铸锭直接放入不同炉温的环境进行加热升温，计算结果如图 5-17 所示；发现直接将铸锭送入炉温 800 ℃ 及以下的加热炉不会使得 φ980 mm 真空自耗锭产生 P 值大于 1 的情况。因此经计算分析认为，该直径的铸锭红送过程中直接入炉升温的炉温控制在 800 ℃ 及以下温度不会出现应力控制风险。需要注意的是，在生产过程中，生产企业一般采用铸锭随炉缓慢升温的加热策略来确保大型铸锭在制造过程中不会产生严重的损伤变形行为，但是这些操作一般比较保守，若对整个均匀化过程工艺参数设计做到有理论和实验依据，就能提高均匀化的性价比，可尽量降低成本和能源消耗。

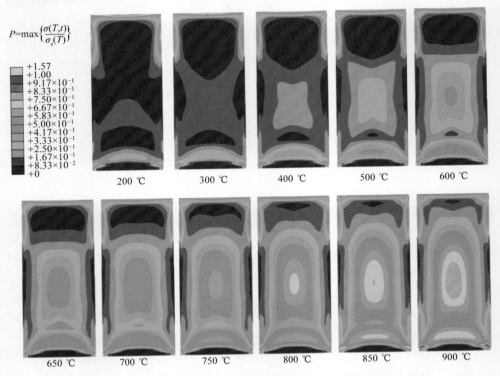

图 5-17   φ980 mm 自耗锭直接入不同温度炉后均温的判据 P 值分布

从计算分析来看，红送直接入炉最高温度为 800 ℃，高于该温度会出现应力控制的风险。由于本节研究目的在于让生产过程中的每个环节有理可依，尽可能地减少不必要的工艺环节，因此研究直接入炉升温的最高温度，一方面可以为企业节省不必要的工序，提高经济效益；另一方面简化工艺，让工艺有理可依，更有助于提高产品质量。

由于直接入炉升温要求 800 ℃ 及以下，因此结合生产实际条件选择 650 ℃ 炉温作为直接入炉升温的温度，计算了铸锭直接送入 650 ℃ 加热炉的升温过程（炉冷 60 min 脱模，转移 10 min），如图 5-18 所示，发现在 650 ℃ 下铸锭实现均温至少需要 17.3 h（温差范围在 10 ℃ 以内）。因此 650 ℃ 温度台阶的时间可设置为 18 h，考虑到 650 ℃ 去应力退火需至少 20 h，因此 φ980 mm 真空自耗锭直接送入 650 ℃ 加热炉保温至少 38 h。

在 650 ℃ 保温 38 h 后，铸锭实现了温度均匀和去应力退火，之后需以一定的升温速率升温到 1160 ℃ 进行均匀化第一阶段以消除 Laves 相，这里以 10 ℃/h、30 ℃/h、50 ℃/h、80 ℃/h 的升温速率研究升温过程中可能对铸锭带来的安全风

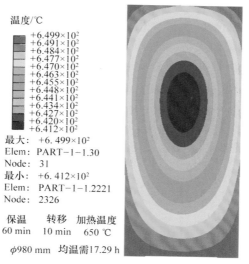

温度/℃

+6.499×10²
+6.491×10²
+6.484×10²
+6.477×10²
+6.470×10²
+6.463×10²
+6.455×10²
+6.448×10²
+6.441×10²
+6.434×10²
+6.427×10²
+6.420×10²
+6.412×10²

最大: +6.499×10²
Elem: PART−1−1.30
Node: 31
最小: +6.412×10²
Elem: PART−1−1.2221
Node: 2326

保温   转移   加热温度
60 min   10 min   650 ℃

ϕ980 mm 均温需17.29 h

图 5-18　ϕ980 mm 铸锭脱模转移入炉 650 ℃均温的时间和温度

险，结果如图 5-19 所示。根据计算结果，可以发现铸锭从 650 ℃以设备允许的最高 80 ℃/h 升温速率升温不会对铸锭带来安全风险，即损伤判据 P 小于 1，因此结合企业实际生产情况，选择 50 ℃/h 的升温速率较为合理。根据计算结果，为实现铸锭各部分平均温差在 10 ℃ 范围以内，需要在炉温到达 1160 ℃后继续保温一定时间，结果显示 10 ℃/h 升温到温后需保温 6.7 h、30 ℃/h 需保温 11.1 h、50 ℃/h 需保温 11.8 h、80 ℃/h 需保温 13.8 h。因此若升温速率为 50 ℃/h，应在炉温达到 1160 ℃后需至少保温 11.8 h 来实现锭坯各部分均温。

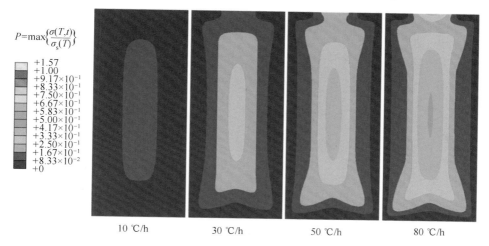

$P=\max\left\{\dfrac{\sigma(T,t)}{\sigma_s(T)}\right\}$

+1.57
+1.00
+9.17×10⁻¹
+8.33×10⁻¹
+7.50×10⁻¹
+6.67×10⁻¹
+5.83×10⁻¹
+5.00×10⁻¹
+4.17×10⁻¹
+3.33×10⁻¹
+2.50×10⁻¹
+1.67×10⁻¹
+8.33×10⁻²
+0

10 ℃/h　　　　30 ℃/h　　　　50 ℃/h　　　　80 ℃/h

图 5-19　ϕ980 mm 铸锭升温速率对开裂倾向 P 值的影响

图 5-20 为铸锭在 1160 ℃保温结束后
直接送入 1190 ℃保温的损伤判据 P 值的
分布图，可以发现铸锭各部分 P 值均低
于 0.3，因此理论分析认为从 1160 ℃以
任意升温速率均不会对 ϕ980 mm 真空自
耗锭造成损伤。但结合实际生产条件，
该过程以 50 ℃/h 的升温速率升温更为保
险，当炉温到达 1190 ℃后需要继续保温
10 h 实现铸锭各部分均温。

当铸锭在 1190 ℃下完成第二阶段均
匀化后，需要将铸锭冷却进行下一步工
序，为了避免因冷却过程产生的热应力
导致的铸锭开裂损伤现象，需要研究铸
锭自 1190 ℃冷却至不同温度的损伤情况。
图 5-21 为铸锭直接放入不同温度环境冷

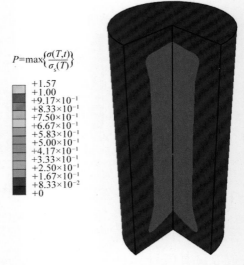

图 5-20 ϕ980 mm 铸锭自 1160 ℃升温至
1190 ℃的开裂倾向影响

却实现均温后的损伤判据 P 值分布，发现在 960 ℃及以下均会发生 $P>1$ 的情况，
并且随着环境温度降低，损伤情况越为严重，这与图 5-1 中观察到的 ϕ915 mm
Inconel 718 合金锭自 1190 ℃直接空冷导致开裂的现象相吻合。由于环境温度高
于 980 ℃时 P 值才被控制在 1 以内，并且实际生产过程的炉冷过程较直接冷却更
加温和，因此选择 980 ℃的冷却台阶较为合适，并且根据计算结果炉温到达
980 ℃后保温 13 h 可实现铸锭均温。当铸锭温度达到 980 ℃均温后，根据计算结
果（见图 5-22），可以直接出炉空冷降至室温。

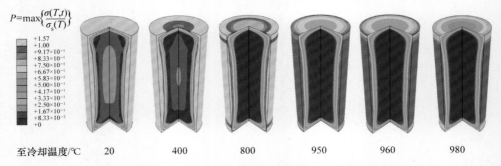

图 5-21 ϕ980 mm 铸锭自 1190 ℃冷却至不同温度的开裂倾向影响

经过应力风险分析，已经可以初步制定出均匀化的工艺路线。为了完成均匀
化工艺的设计，还需要确定 1160 ℃和 1190 ℃两个温度段的具体时间，该时间应

由均温时间和附加的相回溶或元素扩散组成。因此，在接下来的工作中，将重点讨论这两个温度台阶的时间确定。

图 5-23 为利用式（5-2）和式（5-3）计算得到的 ϕ980 mm GH4169 合金自耗锭的二次枝晶臂间距分布和 Laves 相体积分数分布，可以发现 ϕ980 mm 真空自耗锭的 Laves 相体积分数最高可达 5.19%，二次枝晶臂间距最高可达 242 μm。根据式（5-9）、式（5-12）～式（5-14），可以初步推断 1160 ℃ 完全回溶 Laves 相需要大约 20 h 的保温，1190 ℃ 扩散均匀化至少需要 100 h 的保温，考虑到各温度段所需的均温时间可以得到如图 5-24 所示的预定工艺。

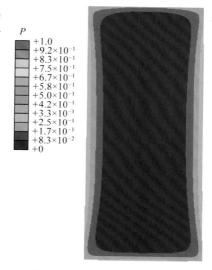

图 5-22 980 ℃ 直接空冷后的损伤判据 P 值分布

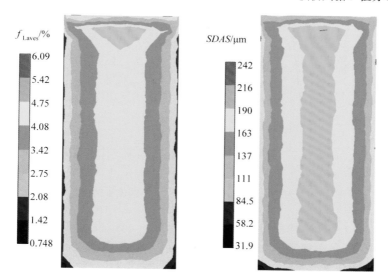

图 5-23 ϕ980 mm 铸锭的偏析程度预测结果

根据提出的预定工艺进行均匀化过程计算，图 5-25 为计算得到的 ϕ980 mm GH4169 铸锭在均匀化过程中不同位置（中心，1/2 半径以及表面）的温度–时间历程曲线。其中灰色垂线区分各温度台阶，可以发现铸锭各部位均在预定时间内实现均温，并且在 1160 ℃ 和 1190 ℃ 均温后提供了充分长的保温时间用于相回溶和元素扩散。

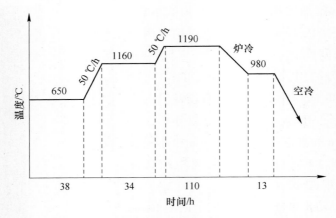

图 5-24 ϕ980 mm 自耗锭均匀化的预定工艺

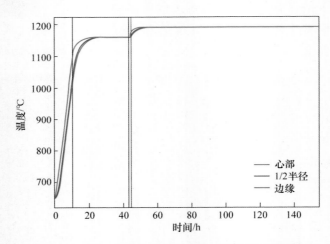

图 5-25 ϕ980 mm 铸锭均匀化过程中不同位置的温度变化

图 5-26 为 Laves 相体积分数的时间历程曲线，可以发现铸锭在升温至 1190 ℃前，铸锭各处已经实现了 Laves 相的完全回溶，因此在 1160 ℃的温度台阶保温 34 h（14 h 均温+20 h 回溶）可完成 Laves 相回溶的工艺目标。

图 5-27 为残余偏析系数的时间历程曲线，可以发现在 1190 ℃的温度台阶保温至少 110 h 可实现铸锭各部位残余偏析系数控制在 0.2 的水平，初步实现了消除 Nb 元素偏析的工艺目标。

在实际生产过程中可能会存在不能马上将熔炼完的铸锭送入加热炉进行均匀化的情况，因此也需要研究铸锭冷却至室温后再进行均匀化工艺可能带来的风险。与红送的均匀化工艺相同，热封顶后需先在炉内保持 135 min 再脱模冷却，但此时铸锭需空冷至室温。图 5-28 为铸锭冷却至室温再直接送入不同温度加热

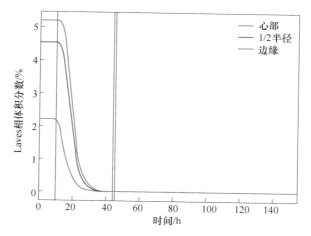

图 5-26 φ980 mm 铸锭均匀化过程中不同位置的 Laves 相体积分数变化

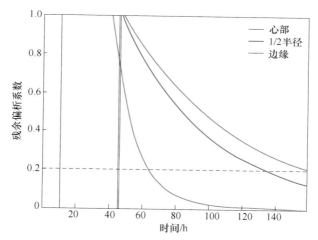

图 5-27 φ980 mm 铸锭均匀化过程不同位置的残余偏析系数变化

炉后实现均温的损伤判据 P 的云图，可以发现铸锭直接冷却至室温后 P 值最大为 0.77，主要集中在真空自耗锭的起弧位置，这与铸锭在真空自耗熔炼的初期需要快速制造熔池相关。

对于冷却后直接送入不同温度加热炉的计算结果，可以发现在炉温低于 800 ℃ 的情况下，铸锭 P 值均小于 1，由于去应力退火温度在 650~850 ℃ 之间，因此选择 650 ℃ 是较为安全的。此外，根据铸锭直接入炉后 18 h 基本实现均温（±10 ℃），650 ℃ 下需保温至少 20 h 实现去应力退火，因此 650 ℃ 温度台阶保温时间应至少 38 h，对于之后的计算则与红送的情况类似，不再说明，最后设计得到的工艺与图 5-24 的工艺一致，因此对于大锭型真空自耗锭来说红送与否对均

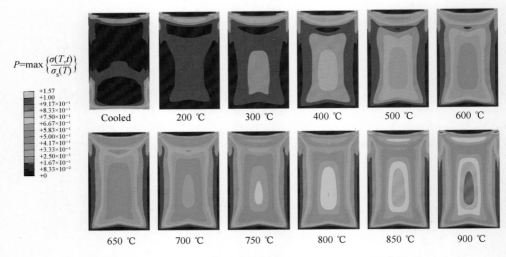

$$P=\max\left\{\frac{\sigma(T,t)}{\sigma_s(T)}\right\}$$

+1.57
+1.00
+9.17×10⁻¹
+8.33×10⁻¹
+7.50×10⁻¹
+6.67×10⁻¹
+5.83×10⁻¹
+5.00×10⁻¹
+4.17×10⁻¹
+3.33×10⁻¹
+2.50×10⁻¹
+1.67×10⁻¹
+8.33×10⁻²
+0

图 5-28 φ980 mm 室温铸锭直接入炉升温的开裂倾向分布

匀化工艺的影响不大。结合实际经验，真空自耗锭一般脱模后只有热封顶部位的温度较高，铸锭其他大部分部位的温度都比较低，甚至接近于室温，因此也可以推断红送与否对最终的工艺设计影响不是很显著。

综上所述，依据构建的均匀化过程模型，理论计算分析给出 φ980 mm GH4169 合金自耗锭均匀化工艺可以确定为：真空自耗热封顶结束后炉冷保持 135 min 转移 10 min 直接入 650 ℃ 炉升温并保温至少 38 h，然后加热炉以 50 ℃/h 的升温速率升温至 1160 ℃，保温 34 h 实现铸锭均温和 Laves 相完全回溶，再以 50 ℃/h 的升温速率将炉温控制到 1190 ℃、保温 110 h，完成 Nb 元素充分扩散均匀。均匀化工作完成后，需先将铸锭炉冷至 980 ℃ 保温至少 13 h 实现均温，然后出炉空冷完成工艺。当然，给出的工艺是基于理论模型的计算分析，也就是说，该工艺条件下从理论分析角度风险较小，但若考虑实际生产情况，为了更加保险起见，可做适当的调整，比如保温时间适当延长或再增加几个升温台阶等。

值得注意的是，以上仅仅是以 GH4169 合金 φ980 mm 自耗锭作为研究分析对象（并非列出的就是最佳的均匀化工艺参数），主要试图阐明针对具体合金、熔炼方式、锭型大小等，制订均匀化过程工艺参数需要考虑的问题和步骤，同时给出相关参数制订的依据。也就是说，对高温合金均匀化过程工艺制订提供一种有依据的设计方法，为既可保障质量又可经济地均匀化工艺制度提供计算分析手段。

5.4 小　结

本章主要围绕变形高温合金均匀化工艺的制定依据进行了深入研究，提出了一套均匀化过程模型构建方法，并通过将这些模型耦合到有限元计算软件中可实现均匀化过程的数值求解计算，为变形高温合金均匀化工艺设计提供依据和研究方向。

（1）提出了较为全面的均匀化模型。由于均匀化工艺的根本目的是消除合金中的偏析相和元素不均匀分布，因此如何对偏析情况进行准确预测描述、如何预测均匀化过程偏析消除情况是均匀化工艺研究的核心问题。基于该问题进行系统研究，提出了一套均匀化模型，可用于铸锭偏析情况预测（偏析相和二次枝晶臂间距），以及均匀化过程预测分析，基本实现了对均匀化问题的描述，使得均匀化工艺的设计优化成为了可能。

（2）提出并实现了均匀化过程的数值模拟计算方法。在实际生产过程中，铸锭均匀化的工艺制度与熔炼情况、铸锭尺寸以及合金种类密切相关，因此在制定均匀化工艺时必须考虑前序熔炼过程对均匀化工艺的影响。基于提出的均匀化模型，结合前面几章相关熔炼计算与热处理过程数值模拟计算方法，将铸锭熔炼过程的温度场、应力场、偏析相体积分数以及二次枝晶臂间距分布等初始条件传递到有限元软件中，实现了熔炼过程与均匀化过程的联合分析，为均匀化工艺的合理制定奠定了研究基础。

（3）虽然以GH4169合金为典型合金进行均匀化模型与工艺设计研究，但该方法具有普适性和较为灵活的拓展性，变形高温合金从业者也可将该方法应用于其他牌号合金，或根据研究需要添加如晶粒生长模型、氧化层生长模型等，进行更加全面的变形高温合金均匀化工艺研究。

参 考 文 献

［1］ Poole J M. Homogenization of VIM-VAR INCONEL alloy 718 ［C］//The ninth international Conference on Vacuum Metallurgy. San Diego：American Vacuum Society，1988：508-539.

［2］ 石骁. 电渣重熔大型IN718镍基合金铸锭凝固和偏析行为基础研究 ［D］. 北京：北京科技大学，2019.

［3］ Thamboo S V，Schwant R C，Yang L，et al. Large diameter 718 ingots for land-based gas turbines ［C］//Superalloy 718，625，706 and Various Derivatives. Pittsburgh：TMS，2001：57-70.

［4］ Song H W，Miao Z J，Shan A D，et al. Application of confocal scanning laser microscope in studying solidification behavior of alloy 718 ［C］//7th International Symposium on Superalloy 718 and Derivatives. Pittsburgh：TMS，2010：169-180.

［5］ Patel A D，Murty Y V. Effect of cooling rate on microstructural development in alloy 718 ［C］//Superalloy 718，625，706 and Various Derivatives. Pittsburgh：TMS，2001：123-132.

［6］ 陈琦，张键，何云华，等. GH4169合金凝固行为研究 ［C］//第十四届中国高温合金年会论文集. 黄石：中国金属学会，2019：119-122.

［7］ Zhao J C，Yan P. The effect of cooling rate of solidification on microstructure and alloy element segregation of as cast alloy 718 [C] //Superalloy 718, 625, 706 and Various Derivatives. Pittsburgh: TMS, 2001: 133-140.

[8] Patel A D, Erbrick J, Heck K, et al. Microstructure development during controlled directional solidification in alloy 718 [C] //12th International Symposium on Superalloy. Champion: TMS, 2012: 595-600.

[9] Liang X, Zhang R, Yang Y, et al. An investigation of the homogenization and deformation of alloy 718 ingots [C] //Superalloy 718, 625, 706 and Various Derivatives. Pittsburgh: TMS, 1994: 947-956.

[10] 黄乾尧, 李汉康. 高温合金 [M]. 北京: 冶金工业出版社, 2000.

[11] Miao Z J, Shan A D, Wang W, et al. Quantitative characterization of two-stage homogenization treatment of alloy 718 [C] //7th International Symposium on Superalloy 718 and Derivatives. Pittsburgh: TMS, 2010: 107-115.

[12] Rafiei M, Mirzadeh H, Malekan M, et al. Homogenization kinetics of a typical nickel-based superalloy [J]. Journal of Alloys and Compounds, 2019, 793: 277-282.

[13] 西部超导材料科技股份有限公司. 一种 GH4169 高温合金自由锻棒坯及其制备方法: CN110449541 [P]. 2019-11-15.

[14] Poole J M, Stultz K R, Manning J M. The effect of ingot homogenization practice on the properties of wrought alloy 718 and structure [C] //Superalloy 718-Metallurgy and Applications. Pittsburgh: Minerals, Metals & Materials Society, 1989: 219-228.

[15] Carlson R G, Radavich J F. Microstructural characterization of cast 718 [C] //Superalloy 718-Metallurgy and Applications. Pittsburgh: Minerals, Metals & Materials Society, 1989: 79-95.

[16] ATI Properties, Inc. Method for producing large diameter ingots of nickel base alloys: US6416564 [P]. 2002-07-09.

[17] 日立金属株式会社. Fe-Ni 基超耐熱合金の製造方法: JP6620924 [P]. 2019-11-29.

[18] 庄景云, 杜金辉, 邓群, 等. 变形高温合金 GH4169 [M]. 北京: 冶金工业出版社, 2006.

6　开坯工艺依据及优化

　　开坯是一类热加工工艺，该类工艺一般作用于均匀化处理后的铸锭，主要通过连续的热变形过程打碎合金锭中粗大的铸态组织以获得细小均匀的晶粒组织，同时也可以消除铸锭内部的空洞、疏松等缺陷，使材料性能更加稳定，是合金实现从铸态向锻态转变的关键工艺步骤。高温合金的开坯工艺一直以来都是国内外企业不对外公开的商业秘密。开坯效果直接关乎最终产品质量，然而此过程较为冗长，细节繁多，目前尚缺少系统性的开坯过程工艺控制准则，常见的开坯方式主要有：自由锻开坯、挤压开坯和轧制开坯等。由于我国变形高温合金的开坯方式主要为自由锻开坯，即采用多火次镦粗+拔长的开坯方式，因此本章主要针对该种开坯工艺进行分析和探讨。

　　针对高温合金自身特色以及镦拔开坯的工艺特点，并考虑基于产品质量提升的前后工艺关联性等问题，对于高温合金开坯工艺研究的关注点可以分为以下层次：第一是开坯过程中不开裂；第二是开坯后组织可控，可得到所需的均匀组织；第三在更深入的层次上，做好均匀化工艺和开坯工艺间的关联性研究，形成整体化的设计思路，节约成本的同时，提升开坯质量。基于以上的思考，现有开坯工艺研究中尚存在一定的不足，主要表现在：针对开坯过程的开裂判据不太明确，针对开坯过程中的组织控制模型没有健全，开坯与均匀化之间的关系尚未完全建立。此外，开坯过程因从铸态向锻态逐渐转变，所关注点与锻件制备有所区别。合金的组织状态在逐渐转变，开裂模型和组织转变模型需考虑组织-性能的关联性，在研究过程中应发现并寻找规律，进而建立等价的简化方式。

　　以提升高温合金开坯过程的可控性和提升锻坯质量为目标，本章将从开坯过程控制模型的构建、模型的验证和推广应用展开，对变形高温合金开坯过程的优化控制进行探讨。

6.1　开坯过程控制模型构建

　　镦拔开坯过程是一个高度复杂的工艺流程，设计工艺的过程中需要合理的设计加热制度、转移过程中的温降、镦粗变形工艺、拔长过程，并考虑设备条件、合金特点、铸锭尺寸等限制条件。表 6-1 为国内 GH4169 合金主要生产企业的开坯工艺（专利摘录），可以发现开坯工艺不像均匀化工艺那样统一，根据不同设备工况、铸锭尺寸等因素，不同生产单位和企业所采用的开坯工艺存在很大差异。对于变形高温合金，由于目前尚无固定的开坯工艺设计方法，企业在生产过程中一般主要通过试生产预研或对现有工艺进行改进来形成自己的一套开坯工艺，这往往对产品生产过程中带来了很大的不确定性。

表 6-1　国内 GH4169 合金生产企业 ϕ508 mm 锭型开坯工艺[1-4]

企业	开坯工艺
A 单位	一火次加热温度（1110±10）℃，镦粗和拔长，镦粗变形量 30%；二火次加热温度（1100±10）℃，镦粗和拔长，镦粗变形量 30%；三火次加热温度（1080±20）℃，拔长；四火次加热温度（1040±20）℃，拔长；关键工艺为末火次加热温度 1020～1060 ℃，末火次变形量不小于 30%
B 单位	一火次开坯锻造，在 4500 t 快锻机上对铸锭进行两镦一拔工艺，加热温度 1080～1150 ℃，镦粗和拔长的变形量为 40%～80%，每道次变形量不低于 25%，锻造完成后坯料表面温度不低于 900 ℃
C 单位	在 4500 t 快锻机上对铸锭进行两镦一拔工艺，加热温度 1080～1150 ℃，镦粗和拔长的变形量为 40%～80%，每道次变形量不小于 25%，锻造完成后坯料表面温度不低于 900 ℃
D 单位	2000 t 快锻机镦拔开坯，镦粗变形量为 30%，接着回炉加热到 1100～1120 ℃，拔长至锭坯 1.6 m；经过 1～3 次镦拔，再回炉加热到 1100～1120 ℃，拔长至 6.4 m，直径为 ϕ240 mm

即使是国外先进高温合金生产企业，过去在预研新型或大尺寸的高温合金棒料的过程中也可能需要上百次生产尝试才能彻底稳定某种合金的生产质量，并且研发时间可能长达数十年，这对于我国高温合金生产企业的工艺研发显然是不现实且不经济的。

最近几十年，以有限元为代表的数值计算已经广泛用于变形高温合金的研制过程中，对实际工艺参数的确定和优化都起到了推动作用。但由于开坯工艺的复杂性，直接借助数值计算方法设计开坯工艺依然不太现实，往往需要基于已有工艺进行大量的参数规律性研究来确定最终工艺，从根本上只是将以往的实验试错换成了计算试错，对于开坯工艺的设计依然较为棘手。在本章中，将综合已有的开坯过程研究成果，提出一套通用的方法来指导变形高温合金的开坯工艺设计，使得变形高温合金的开坯工艺设计流程化，切实提高我国变形高温合金的开坯工艺研发效率。

6.1.1　开坯工艺的经验式设计

在过往数值计算尚不发达时，人们通过大量的锻造实验总结了自由锻开坯过程中的各种经验教训，可提高实际生产过程的产品质量，但是这些经验性的手段在后来数值计算方法发展起来后逐渐被替代。人们一度认为仅靠数值计算就能获得满意的工艺结果，这对于单一变形过程确实能起到作用，但是开坯过程是一个复杂的过程，涉及加热、转移、镦粗、拔长等多种工艺的衔接和巧妙搭配，仅靠数值计算来设计开坯工艺既不现实也不高效。因此，在设计开坯工艺的过程中，应当先借助经验性的理论设计出大概的开坯工艺，然后再借助数值计算方法进行计算验证或工艺优化。

在经验理论中，评价开坯过程是否能达到预期是通过锻比来衡量的，锻比也称锻造比。其定义如下：

$$K = \frac{F_0}{F_{\max}} \tag{6-1}$$

式中，K 为锻比；F_0 为原材料横截面积；$F_{\max}$ 为锻件最大横截面积。

一般对于多次镦粗和拔长的开坯过程，总锻造比 K 等于多次拔长 $K_{L,i}$（或镦粗 $K_{H,i}$）工序锻造比之和，并要求各工序锻造比大于或等于2，见式（6-2）~式（6-4），计算过程参考图6-1。

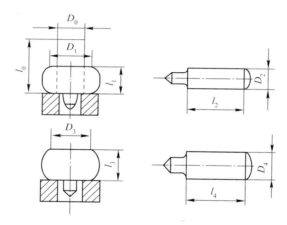

图 6-1 锻比计算示意图[5]

一般对于变形高温合金，开坯拔长的总锻造比还要大于4。

$$K_L = K_{L,1} + K_{L,2} + \cdots = \frac{D_1^2}{D_2^2} + \frac{D_3^2}{D_4^2} + \cdots = \frac{l_2}{l_1} + \frac{l_4}{l_3} + \cdots \tag{6-2}$$

$$K_H = K_{H,1} + K_{H,2} + \cdots = \frac{l_0}{l_1} + \frac{l_2}{l_3} + \cdots \tag{6-3}$$

$$K_{L,1}, \ K_{L,2}, \ \cdots, \ K_{H,1}, \ K_{H,2}, \ \cdots \geqslant 2 \tag{6-4}$$

除了锻造比，为了确保镦粗过程不出现失稳或弯曲，还要对坯料的高度与直径的比值（高径比）进行限制。平砧镦粗时，当铸锭高径比在 0.8~2 时，铸锭的外部会呈现鼓形，中间直径大，两端直径小；当高径比在 3 附近时，镦粗可能会出现双鼓形；当高径比大于 3 时，镦粗会出现失稳和弯曲。一般对于圆柱体的铸锭，锻造前高径比一般应在 2.5~3 范围内，最好在 2~2.3 范围内，压缩量在

40%左右。

对于拔长过程如图6-2所示，一般希望在变形过程中增加金属的轴向流动，减少横向流动。一般矩形截面的锭坯在拔长过程中轴向变形程度大，横向变形程度小，单次送进长度建议为0.4~0.8倍的平砧宽度 W。圆截面拔长容易导致金属横向流动，并会对锭坯轴心产生附加拉应力，一般压下率大于30%才能处于三向压应力状态。

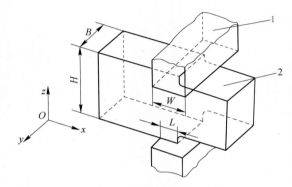

图6-2　拔长过程示意图[6]

在平砧拔长的过程中一般会先将圆截面压成矩形截面，然后拔长到一定长度后再压成八角形，最后锻成圆形截面。由于砧板的宽度为设备参数，因此开坯的工艺参数是与实际生产设备紧密相关的，一般在设计开坯工艺前需要了解生产装备的详细参数，这里提供一个设备参数清单（见表6-2），以供参考。

表6-2　设备参数清单

设备名	参数列表
快锻机	(1) 上下砧座的尺寸：长宽高，倒角或倒圆尺寸； (2) 下压速度：最大空程下降速度，加压速度； (3) 回程速度：最大回程速度； (4) 最大下压力：最大镦粗压力
操作机	(1) 车体进给速度； (2) 回程速度； (3) 钳口夹持范围大小； (4) 夹钳旋转速度； (5) 加持力

拔长过程与镦粗过程不一样，如果工艺参数设置不当会导致锭坯内产生明显的拉应力作用[6]，一般砧宽比（W/H）小于0.5时会增加锭坯内部轴向拉应力；砧宽比大于0.5时会减小轴向拉应力；当砧宽比为0.8~0.9或大于0.9时，一般

轴向作用压应力。此外，料宽比（B/H）在 0.85 ~ 1.18 范围时，横向无拉应力作用。

拔长过程容易产生折叠现象，如果每次压缩后锭坯的料宽比为 2 ~ 2.5 或小于 2，那么翻转 90°后再次锻打的时候容易产生折叠现象。此外，单次送进量 L 与单边压下量的比值应为 1 ~ 1.5 或大于 1.5，否则容易产生折叠。拔长塑性较差的合金时，送进量 L 应在（0.5 ~ 1）H 之间较为合适，生产中常用（0.6 ~ 0.8）H，而且不同道次压缩时进料位置应相互交错开。

为了保证平滑的锻造表面，单次送进量应为 0.75 ~ 0.8 或小于 0.75 倍的砧宽。拔长锭坯端部时，圆形截面锭坯的压料长度的最小值应大于 0.3 倍的直径，对于矩形截面的锭坯，在料宽比大于 1.5 时，应大于 0.4 倍的窄边边长；当料宽比小于 1.5 时，应大于 0.5 倍的窄边边长。对于倒棱过程，应注意单边下压量应为 20 ~ 60 mm 或小于 20 mm，且不能重打。

拔长工艺类型一般分为：普通平砧拔长法、宽砧高温强压法（WHF 法）、中心无拉应力锻造法（FM 法）、型砧拔长法等。普通平砧拔长法的砧宽比一般在 0.3 ~ 0.5，压下率为 10% ~ 20%，锭坯心部会有拉应力出现。WHF 法一般比较高效且常用，送进量不小于砧宽的 90%，砧宽比一般在 0.6 ~ 0.9，压下率控制在 20% ~ 30%，两次压缩的中间应有不少于 10% 的砧宽搭接量，并且翻料时要错砧，以达到锭坯全部压实的目的。FM 法一般采用上窄砧下宽砧的不对称砧型设计，拔长时锭坯会产生不对称变形，使得锭坯心部处于压应力位置下移，锭坯心部较多的部位避开拉应力的破坏。但是不对称的变形也可能会导致坯料中心线与锻件中心线偏离，这种锻造方式的砧宽比为 0.42 ~ 0.48 或大于 0.48 时坯料中心没有轴向拉应力，料宽比为 0.83 ~ 1.2 或大于 1.2 时锭坯中心没有横向拉应力，压下率一般可以达到 22%。型砧拔长法，一般是采用具有特定形状的砧板进行拔长，一般分为上下 V 形砧、上平下 V 形砧，以及上下圆弧砧拔长等。其中，上下 V 形砧和圆弧砧一般用来锻造轴类锻件，对于上平下 V 形砧主要用作压钳把和开坯倒棱过程。型砧拔长相比平砧拔长具有更少的金属横向流动，拔长效率高，且翻转操作方便，一般 V 形砧的工作角在 120° ~ 135°，压下量在 15% ~ 22%。

在这些经验理论的加持下，就可以结合生产设备参数针对特定尺寸锭型的高温合金铸锭进行开坯工艺设计，一般主要包括以下步骤：

（1）开坯过程用料损耗分析。考虑初始的铸锭尺寸、钳把损耗以及棒料尺寸要求，计算出开坯过程最大损耗和最终尺寸。一般在开坯过程中存在氧化皮剥离和钳把用料等，如果计算出的最大损耗值在实际生产过程中无法实现，那么就需要调整冶炼过程（如真空自耗重熔）的投料数量或控制钳把用料长度。

（2）开坯过程的设备可行性分析。开坯过程与快锻机的砧宽参数联系紧密，砧宽直接决定了拔长过程中锭坯直径的变化范围和最大下压量，而这些量又与锻造比相关，因此砧宽是一个比较重要的参数。可先按最大高径比 2.9 来计算锭坯镦粗的临界尺寸，一般得到的直径为拔长后的最小直径。然后根据拔长过程要求的砧宽比在 0.5~0.9 和快锻机实际砧宽，确定锭坯在镦粗拔长全过程的直径变化范围。在获得直径变化范围后，可以确定拔长最大下压量和镦粗过程的最大下压量，一般对于变形高温合金为了保证锻透性，需保证拔长和镦粗的下压量最好要大于 30%，如果无法满足，可能需要更换更大砧宽的砧板。

（3）确定拔长过程的单次下压量和送进量。根据上一步中计算得到的锭坯直径变化范围，结合设备条件要求的单次最大下压量，来确定所需要的拔长工序数，初步确定出拔长过程每工序的锭坯尺寸变化。倒棱的工序，应注意单边压下量应为 20~60 mm 或小于 20 mm。然后再确定每道工序的单次送进量，一般为了兼顾拔长效率，选择砧宽的 0.9 倍为拔长过程的单次送进量。对于端面的锻打，一般为了防止产生内凹和夹层，对于圆截面锭坯的端部压料长度应大于 0.3 倍的直径，对于矩形坯料一般大于 0.5 倍的料宽。拔长较低塑性的材料时，单次送进量应在 0.5~1 倍的截面边长或直径范围内，前后各道次压缩时的进料位置应相互交错开。

（4）计算锻造比。根据初步设计的工艺进行锻造比计算，确定所需的镦拔次数。对于高温合金一般要求总的锻造比要大于 4，如果两次镦拔的总锻造比无法满足，那么就需要增加第三次镦拔。

（5）确定开坯过程各工序的回炉温度和保温时间。一般镦拔开坯过程为了降低镦粗载荷，通常采用高温镦粗和低温拔长的方式交替进行，并且随着开坯工艺的进行一般需要逐级降温以控制晶粒组织在预定的晶粒尺寸。一般高温合金都有最佳的锻造温度范围，如 GH4169 合金的开坯温度范围在 927~1121 ℃，因此可以将前期的镦粗过程温度控制在 1121 ℃ 以下，拔长过程的终锻温度定为高于 930 ℃，变形过程中锭坯表面温度只要低于该温度时就应立即回炉保温。在确定了回炉温度后，根据经验理论确定大概的保温时间，一般对于 GH4169 合金，根据坯料截面尺寸，在 1120 ℃ 保温时按照 0.4~0.8 min/mm、750 ℃ 保温时 0.6~0.8 min/mm，可计算出不同尺寸坯料的保温时间。

（6）将各工序制度进行整理，编写开坯工艺制度表。

通过利用经验方法，可以初步设计出能够实施的开坯工艺，虽然该工艺并不能保证生产出的棒料符合预定的生产指标，如晶粒度达到 4 级、表面无明显开裂；但是为后续数值计算过程提供了研究基础和方向，避免了一些常见的工艺问题，如锭坯弯曲、折叠等现象。在设计出预定工艺后，再借助有限元分析方法进行开坯全过程的计算分析，就可以对预定的工艺进行计算验证，对开坯工艺中存在的问题进行调整和优化。

6.1.2 损伤与组织模型构建

由于开坯过程最根本的评价指标是最终锻棒的晶粒度级别和损伤开裂情况，因此数值计算过程中的应力应变分布并不是关注的重点，而是根据每时刻的应力应变分布计算预测出锭坯的晶粒度分布和损伤情况，因此需要构建适当的计算模型用以预测镦拔开坯过程的晶粒组织与开裂损伤情况。在本节中选择了较为成熟的 JMAK（Johnson-Mehl-Avrami-Kolmogolov）再结晶动力学模型用以预测变形过程锭坯的晶粒度变化情况，选择 Normalized Cockcroft & Latham 模型用以预测锭坯的表面及内部开裂情况。

JMAK 模型是一种基于形核长大型相变动力学的再结晶动力学模型，也称 Avrami 模型。经过几十年的研究开发和发展，现已成为较为成熟的再结晶动力学模型，能够对合金在变形过程中的动态再结晶、亚动态再结晶、静态再结晶以及晶粒长大过程进行准确描述。由于其可以直接从实验数据中拟合得出，因此能够较为真实地反映合金在变形过程中的晶粒组织变化。由于实际模拟过程中涉及非等温非等应变速率，因此等温等应变速率下的 JMAK 模型并不能直接用于实际的数值模拟计算过程，需要先将这些模型进行非等温非等应变速率修正[7]，然后再利用有限元软件提供的二次开发接口进行开发，以便在计算模拟过程中能够将锭坯各处的平均晶粒尺寸计算出来。以下为用于开坯过程的均匀化态 GH4169 合金的微观组织演变模型[8]。

Zener-Hollomen 参数：

$$Z = \dot{\varepsilon}\exp\left(\frac{508000}{RT}\right) \tag{6-5}$$

当 $\dot{\varepsilon} > 0.01$ 时

$$\varepsilon_c = 2.74 \times 10^{-7} Z^{0.28} \tag{6-6}$$

当 $\dot{\varepsilon} \leq 0.01$ 时

$$\varepsilon_c = 9.112 \times 10^{-4} Z^{0.0982} \tag{6-7}$$

动态再结晶模型：

$$X_{drx} = 1 - \exp\left[-0.693\left(\frac{\varepsilon - \varepsilon_c}{\varepsilon_{0.5}}\right)^2\right] \tag{6-8}$$

$$\varepsilon_{0.5} = 0.1343 Z^{0.0515} \tag{6-9}$$

$$d_{drx} = 1.0602 \times 10^5 Z^{-0.185} \tag{6-10}$$

非等温等应变速率修正：

$$\Delta X_{drx} = -\exp\left[-0.693\left(\frac{\varepsilon - \varepsilon_c}{\varepsilon_{0.5}}\right)^2\right] \times \frac{-0.693 \times 2}{\varepsilon_{0.5}} \times \left(\frac{\varepsilon - \varepsilon_c}{\varepsilon_{0.5}}\right)d\varepsilon \tag{6-11}$$

亚动态再结晶模型：

$$X_{\text{mdrx}} = 1 - \exp\left[-0.693\left(\frac{t}{t_{0.5}}\right)\right] \qquad (6-12)$$

$$t_{0.5} = 1.7 \times 10^{-5} \times d_{\text{ini}}^{0.5} \times \varepsilon^{-2.0} \times \dot{\varepsilon}^{-0.08} \times \exp\left(\frac{12000}{T}\right) \qquad (6-13)$$

$$d_{\text{mdrx}} = 8.28 \times d_{\text{ini}}^{0.29} \times \varepsilon^{-0.14} \times Z^{-0.03} \qquad (6-14)$$

$$Z = \dot{\varepsilon}\exp\left(\frac{448000}{RT}\right) \qquad (6-15)$$

非等温等应变速率修正：

$$X_{\text{mdrx}} = 1 - \exp\left[-0.693\left(\frac{t_{\text{eq}}}{t_{0.5}^{\text{ref}}}\right)\right] \qquad (6-16)$$

$$t_{\text{eq}} = \sum_i \Delta t_i \exp\left[12000\left(\frac{1}{T_{\text{ref}}} - \frac{1}{T_i}\right)\right] \qquad (6-17)$$

$$t_{0.5}^{\text{ref}} = 1.7 \times 10^{-5} \times d_{\text{ini}}^{0.5} \times \varepsilon^{-2.0} \times \dot{\varepsilon}^{-0.08} \times \exp\left(\frac{12000}{T_{\text{ref}}}\right) \qquad (6-18)$$

晶粒长大模型：

$T \leqslant 1017\ ℃$ 时

$$D_1^{15} = D_0^{15} + 5.63 \times 10^{20} t\exp\left(\frac{-115000}{RT}\right) \qquad (6-19)$$

$1017\ ℃ < T < 1050\ ℃$ 时

$$D_{\text{tr}} = (D_1 - D_2)\left[\cos\left(\frac{\pi}{2} \times \frac{T - 1017}{1050 - 1017}\right)\right]^{\frac{t}{10^4}} + D_2 \qquad (6-20)$$

$1050\ ℃ \leqslant T$ 时

$$D_2^{15} = D_0^{15} + 8.05 \times 10^{36} t\exp\left(\frac{-115000}{RT}\right) \qquad (6-21)$$

平均晶粒尺寸计算：

$$\frac{1}{d_{\text{AV}}^2} = \frac{X_{\text{drx}}}{d_{\text{drx}}^2} + \frac{X_{\text{mdrx}}}{d_{\text{mdrx}}^2} + \frac{X_{\text{srx}}}{d_{\text{srx}}^2} + \frac{X_n}{d_n^2} \qquad (6-22)$$

$$X_n = 1 - X_{\text{drx}} - X_{\text{mdrx}} - X_{\text{srx}} \qquad (6-23)$$

$$d_n = d_0 \exp\left(-\frac{\varepsilon}{4}\right) \qquad (6-24)$$

残余应变计算：

$$\varepsilon_{\text{re}} = \bar{\varepsilon} X_n \qquad (6-25)$$

高温合金在开坯过程中经常会发生开裂，一般对于开坯过程的开裂主要有表面开裂和棒坯内部开裂，与合金的变形特点、加工温度、表面条件，以及工艺参数都有密切的关系。半个多世纪以来，国内外学者提出了多种适用于金属塑性变形过程的开裂准则，目前常见的开裂准则主要分为经验准则和半经验准则，其中经验准则以等效应力或等效应变作为是否出现断裂的依据，半经验准则分为累积塑性能模型和空洞合并模型。一般在金属塑性变形过程多使用累积塑性能模型，该类模型简单，实验易于测定，能够根据加工历史，通过应力应变累加的总塑性导致的材料开裂得到对应的临界开裂因子，主要的模型准则有 Frendenthal 准则、Cockcroft & Latham 准则、Normalized Cockcroft & Latham 准则以及 Brozzo 准则等。在对于金属高温塑性变形过程一般多采用考虑最大主应力与等效应力的 Normalized Cockcroft & Latham 准则作为镦拔开坯过程的损伤开裂判据，公式如下：

$$P = \frac{\int_0^{\varepsilon_f} \dfrac{\sigma^*}{\overline{\sigma}} \mathrm{d}\overline{\varepsilon}}{C_f(T)} \tag{6-26}$$

式中，P 为开裂判据，当 $P \geq 1$ 时认为材料局部发生开裂，$P < 1$ 时认为材料安全；σ^* 为最大拉应力；$\overline{\sigma}$ 为等效应力；$\overline{\varepsilon}$ 为等效应变；ε_f 为等效开裂应变；C_f 为临界开裂因子，与温度相关。

对于开裂判据 P 的计算，公式的分子部分由有限元软件根据单元积分点处的应力应变计算获得，分母部分一般需要通过系列高温拉伸试验测定出不同温度下的断裂应变或伸长率，然后计算并拟合出临界开裂因子模型。当在数值计算过程中分子部分大于或等于分母部分时，认为材料发生了开裂。由于有限元软件常将临界开裂因子设置为一个常数，为了能够准确描述开坯过程锻造温度区间的材料损伤行为，需要通过二次开发的方法将与温度相关的临界开裂因子模型写入有限元求解器中。

临界开裂因子一般可通过热压缩试验或高温拉伸试验来测定。其中热压缩试验是通过观察合金热压缩过程中样品表面的开裂情况来确定临界开裂变形量，即在变形压缩过程中进行实时图像采集，合金表面发生裂纹的变形量即为临界变形量。但是由于该方法需要不断缩小变形区间以获得较为准确的临界变形量且需要多次重复试验来消除不确定性，因此测定过程较为复杂。目前多倾向于采用高温拉伸方法获得临界开裂因子，只需要测定高温拉伸试样的断裂伸长率就可确定合金的临界开裂因子。对于单个温度下的临界开裂因子可根据下式进行计算，其中 δ 为断裂伸长率，ε_f 为断裂应变。

$$C_f = \varepsilon_f = \ln(1 + \delta) \tag{6-27}$$

由于开坯过程是复杂的变温度过程，因此一般需要测定合金锻造温度区间中多个温度点的临界开裂因子，并采用多项式拟合的方法得到与温度相关的临界开裂因子模型，见式（6-28）。

$$C_f(T) = a + bx + cx^2 + dx^3 + ex^4 + \cdots \tag{6-28}$$

$$x = \frac{T - T_{\mathrm{down}}}{T_{\mathrm{up}} - T_{\mathrm{down}}} \tag{6-29}$$

式中，$C_f(T)$ 为与温度相关的临界开裂因子；a，b，c，d，e，$\cdots$ 分别为待拟合的常系数；T_{down} 为最低测试温度；T_{up} 为最高测试温度；T 为计算过程中的实时温度。

图 6-3 为常见的均匀化态变形高温合金温度与高温拉伸断裂应变关系图，图中也提供了部分锻态经热处理后的实验数据用以对比。从均匀化态和热处理态的 GH4169 和 GH4738 合金的数据来看，均匀化态合金的热塑性明显较热处理态的差，因此开坯过程中的合金损伤问题更加需要注意。此外，难变形高温合金如 GH4720Li、GH4151 等的变形温度区间多集中于高温度段（1050~1200 ℃），热塑性温度区间较窄，断裂应变峰值较低，因此难变形高温合金的开坯过程比 GH4169 和 GH4738 合金要更加困难。

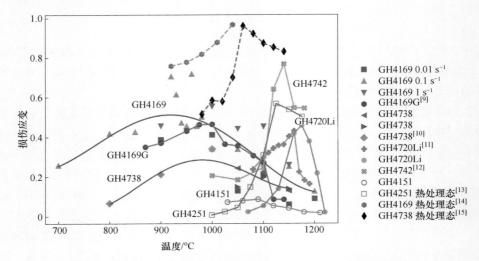

图 6-3　不同状态典型变形高温合金的损伤应变（临界开裂因子）

通过将图 6-3 中高温拉伸测定的损伤应变进行拟合，可以得到临界开裂因子模型，均匀化态 GH4169 合金的临界开裂因子模型为：

$$\begin{cases} C_f = 0.258 + 0.519x + 2.354x^2 - 6.576x^3 + 3.570x^4 \\ x = \dfrac{T - 700}{1200 - 700} \end{cases} \tag{6-30}$$

均匀化态 GH4738 合金的临界开裂因子模型为：

$$\begin{cases} C_f = 0.06691 + 0.40068x + 1.4669x^2 - 3.7401x^3 + 1.9481x^4 \\ x = \dfrac{T - 800}{1150 - 800} \end{cases} \tag{6-31}$$

通过将临界开裂因子模型写入有限元软件中，在计算过程中的每个时间步进行材料局部损伤值（Normalized Cockcroft & Latham 准则）计算，并与临界开裂因子进行比值计算，当该比值小于 1 时则认为未发生开裂损伤，当比值大于或等于 1 时认为发生开裂损伤，此时记录该处发生损伤，并在之后的热变形过程中始终标记为损伤部位。由于镦拔开坯过程是一个较为冗长的多火次多道次过程，不能像单一变形过程中仅累积损伤值就可正确评估损伤开裂现象，因此为了解决长流程计算不断积累损伤值的问题，本节引入了未发生损伤的区域（比值 P 小于 1）再结晶完全后重置局部损伤值的计算处理办法，较好地解决了多道次多火次过程的损伤计算问题。

总之，通过二次开发手段，开发了基于 JMAK 微观组织演变模型和 Normalized C&L 开裂模型的计算方法，能够将微观组织演变模型和开裂损伤模型耦合到有限元软件（Simufact.forming 或 DEFORM）中，并针对镦拔开坯进行了专门的多道次优化，同时耦合了动态再结晶模型、亚动态再结晶模型以及晶粒长大模型，可完成镦拔开坯过程的晶粒组织预测分析任务，如图 6-4 所示。该计算方法的特点为：（1）把多火次开坯全过程进行集成计算，即加热—包套—转移—镦/拔—再加热镦/拔循环等，各工序数据贯通传递衔接；（2）可全过程分析预测组织和开裂倾向性；（3）与实际开坯设备参数关联分析；（4）通过计算分析可获得各工序对开坯质量的影响程度，并进行权重分析，为开坯工艺优化和工艺控制提供依据。

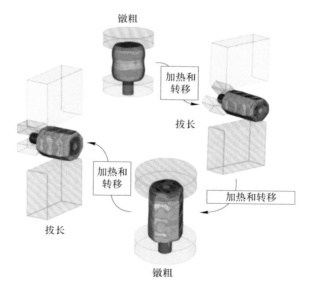

图 6-4 有限元方法在镦拔开坯过程的应用

由于镦拔开坯过程中坯料心部存在拉应力以及开坯过程较为冗长，温降较大（大锭型开坯还可能导致心部温升），因此有很大的风险会产生内部和外部开裂问题，计算分析方法中内置的 Normalized C&L 判据可完成镦拔开坯全过程的损伤开裂预测工作。

目前，金属热变形领域的专用有限元软件种类繁多，大多都提供了相关开坯计算模块，如 Simufact. forming、DEFORM、FORGE 以及 QForm 等软件，并都可查阅到对应的手册说明，读者可通过阅读软件手册学习开坯过程的计算方法。这些开坯模块大多集成度较高，操作过程与一般的锻造计算过程差异不大，需将设计好的拔长工艺输入软件进行多道次多火次的拔长计算分析。对于略微复杂的镦拔开坯过程，可借助软件自带的数据传递功能（如 Simufact. forming 的 Geometry-From result 设置或 DEFORM 的 Multiple Operation 多工序计算分析模块），实现多工序间的连续计算分析。

6.2　开坯控制模型验证

构建的开坯控制模型和计算方法，可对高温合金均匀化后的开坯过程工艺分析提供一种较为便捷和可靠的分析手段，不管是常规的镦拔开坯还是热挤压开坯，均具有很重要的工程应用价值。为了对建立的开坯控制模型的可靠性进行验证分析，下面结合实验测试数据开展讨论分析。

6.2.1　GH4169 合金均匀化态锭坯侧压实验及验证

对开坯计算过程中的微观组织演变模型进行验证，由于均匀化态合金的晶粒尺寸较大，采用 Gleeble 小样品（如 $\phi 8$ mm×12 mm）进行热压缩模拟时样品内部可能仅为几个晶粒，难以确切反映均匀化态合金热变形过程的组织演变行为，因此对于开坯变形过程一般需要采用较大尺寸的样品进行热压缩实验。

采用侧压实验对模型计算的可靠性进行验证。侧压实验是将圆柱形锭坯放倒，如图 6-5 所示，并用液压机压缩圆柱面的实验过程，该过程与开坯过程中的拔长过程较为类似，因此通过该种实验方法能在一定程度上验证模型对拔长过程模拟的有效性。

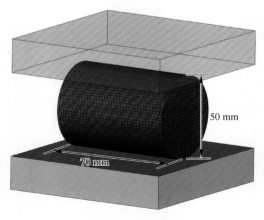

50 mm

70 mm

图 6-5　侧压实验模型示意图

实验采用的锭坯尺寸为 $\phi50$ mm×70 mm，在 800 t 液压机下压缩了 50%，锭坯初始温度为 1100 ℃，锭模温度为 300 ℃，下压速度为 40 mm/s，计算过程中试样表面等效换热系数为 $T/10$ W/($m^2 \cdot K$)，模具与样品间的接触换热系数由 Simufact. forming 软件根据模具与样品的热导率和变形过程压力自动计算。图 6-6 为侧压实验的晶粒度分布，图 6-7 为本章构建的计算方法计算的晶粒尺寸分布，可以发现二者晶粒尺寸分布较为接近。

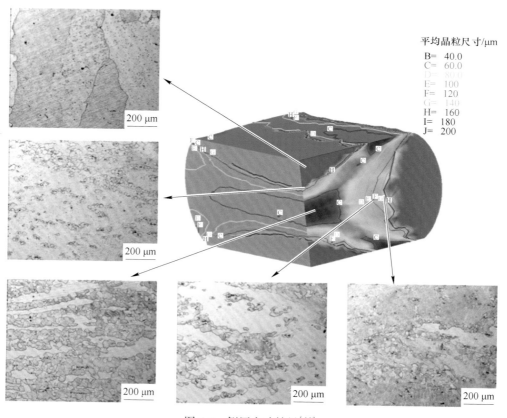

平均晶粒尺寸/μm
B= 40.0
C= 60.0
D= 80.0
E= 100
F= 120
G= 140
H= 160
I= 180
J= 200

图 6-6　侧压实验结果[16]

图 6-8 为侧压实验得到的再结晶分数分布，图 6-9 为本章构建模型计算得到的再结晶分数分布，可以发现计算得到的再结晶分数与实验结果较为一致。

6.2.2　GH4720Li 合金均匀化态锭坯双锥实验及验证

为了验证 Normalized C&L 开裂模型在均匀化态高温合金开坯过程中的预测准确性，采用双锥热压缩实验进行相关方法的验证。验证工作中用到的合金是

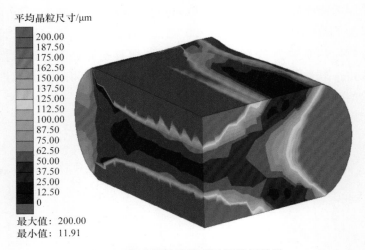

平均晶粒尺寸/μm

最大值：200.00
最小值：11.91

图 6-7 构建的计算模型计算模拟结果

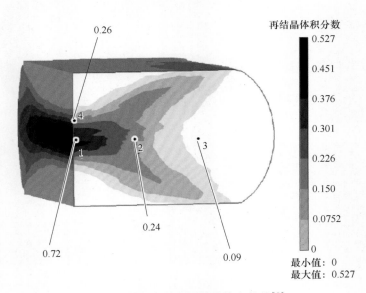

再结晶体积分数

最小值：0
最大值：0.527

图 6-8 侧压实验的再结晶体积分数[8]

GH4720Li 合金，样品是均匀化处理后机加工得到的双锥样品，尺寸如图 6-10
所示。

具体的热压缩实验过程为：将该样品用保温棉包裹，置于保温炉中，在目标
温度下保温 30 min，以保证样品内部温度一致性。之后将样品取出，放在 300 t
液压机上进行压缩，上模下压速度为 4 mm/s。压缩结束后迅速水冷以保留高温
组织，实验参数见表 6-3。

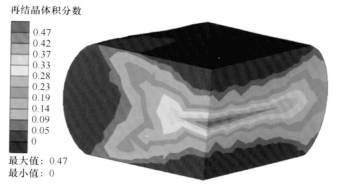

图 6-9 构建模型计算的侧压过程再结晶体积分数

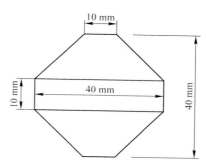

图 6-10 双锥样品尺寸

表 6-3 双锥热压缩实验参数

编号	变形温度/℃	变形量/%
双锥 1 号	1160	64.0
双锥 2 号	1145	62.5

同样，使用的损伤开裂模型由系列高温拉伸试验数据拟合获得，如图 6-3 所示，并具有以下形式：

$$C_f = 0.01395 + 1.27241 \times 10^{-20} \exp\left(\frac{T}{25.82991}\right) \qquad (T \leqslant 1160\ ℃) \qquad (6\text{-}32)$$

$$C_f = -243.12044 + 0.41618 \times T - 1.77778 \times 10^{-4} \times T^2 \qquad (T \geqslant 1160\ ℃)$$

$$(6\text{-}33)$$

通过将上面的模型写入有限元软件如 DEFORM 的 USRUPD 子程序，可以计算双锥热压缩过程的损伤情况。图 6-11 为均匀化态 GH4720Li 合金双锥热压缩的有限元模型，在模拟过程中，均匀化态 GH4720Li 合金的热力学参数来自高温合金手册，其应力应变曲线来自实测数据，上下模具的热力学参数来自 DEFORM

软件数据库中的 H13 钢。将坯料网格划分为 60000 个单元，行程步长为 0.4 mm。样品外部包裹着保温棉，将其与模具之间的热传导系数设置为 1000 W/(m²·℃)，与空气之间的热传导系数设置为 15 W/(m²·℃)。由于模具与样品之间没有润滑，所以将模具与样品之间的摩擦系数设置为 0.7。

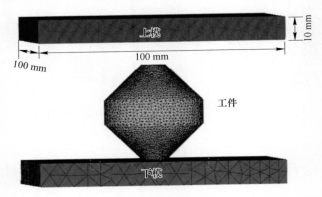

图 6-11　均匀化态 GH4720Li 合金双锥热压缩的有限元模型

图 6-12 和图 6-13 为双锥 1 号和双锥 2 号的开裂模拟图和真实试样图的对比。根据双锥 1 号和双锥 2 号的模拟图可知，试样内部不容易发生开裂，而鼓肚处和上下表面容易发生开裂。试样内部虽然应变很大，但是主要体现为压应力，而 Normalized C&L 模型只考虑拉应力对开裂产生的贡献，试样内部开裂倾向性非常小，鼓肚处主要表现为拉应力，所以容易发生开裂，而上下表面容易开裂是因为与模具强烈的热交换导致温度过低。

图 6-12　双锥 1 号的开裂模拟图与实际试样图

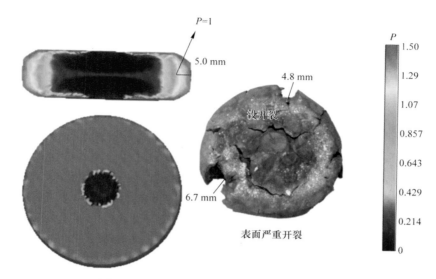

图 6-13 双锥 2 号的开裂模拟图与实际试样图

对于双锥 1 号，无论是实验结果还是模拟结果都显示，在鼓肚处没有裂纹出现，但是上下表面有小裂纹，并且裂纹没有向内发展。上下表面开裂是因为试样与上下模具之间有强烈的热交换，导致试样上下表面温度过低而发生开裂。鼓肚处拉应力占主导，由于其出炉温度较高，虽然在压缩过程中与环境中间的热交换导致温度有所下降，但是温度值仍较高，在 1130 ℃左右，使其开裂因子仍小于该温度下的临界开裂因子，P 值为 0.886。需要说明的是，在实际开坯过程中，尤其高温合金铸坯表面可能会出现少许小裂纹，可经打磨车削掉后继续下一道次的加工变形。

对于双锥 2 号，鼓肚处有非常严重的裂纹。实际结果显示有一小块坯料缺失，从边缘向内约 6.7 mm；对于模拟结果进行观察，从鼓肚处向内至 5 mm 的位置，P 值减小为 1，开裂纵深达到 5 mm。实验结果与模拟结果绝对误差为 0.7 mm，可以认为两者结果较为符合。试样的上下表面也有非常严重的裂纹，相比于保温温度为 1160 ℃的双锥 1 号，1130 ℃下保温双锥 2 号的开裂更加严重，这与模拟计算分析趋势也相符合。

6.2.3 均匀化态 GH4151 难变形高温合金热压缩实验及验证

提升镍基高温合金承温能力和力学性能的基本途径在于提高合金化程度。借鉴俄罗斯 ЭК151 合金的设计经验，结合国内的需求，我国成功研制了镍基难变形高温合金 GH4151。该合金具有高度合金化的特点，合金中的 γ′ 相形成元素 Al + Ti + Nb 含量（质量分数）高达 10%，高的 γ′ 相形成元素使 γ′ 相体积分数在热力学平衡态下总量为 55%。另外，难熔金属元素 Nb + Mo + W 的含量（质量分数）高达 10.6%，提供了较好的固溶强化效果。GH4151 合金的服役温度可达800 ℃，并且性能优异，有望成为高性能航空发动机涡轮盘的候选材料。然而，高度合金化的特点也意味着该合金有着更为复杂敏感的组织演变行为和更加难的热加工性能。

为合理判断控制模型，通过分析热压缩后实际结果与模拟结果的偏差情况，分析模型的可靠性。在 DEFORM 软件中设置坯料尺寸为 ϕ 10 mm×15 mm，通过压头的运动，实现坯料的热压缩变形。将构建的 GH4151 合金本构模型、组织模型、开裂模型（具体见 6.3.3 节）写入 DEFORM 软件。坯料的温度，压头的运动速率与实际等温热压缩条件一致。由于热压缩的时间较短，并且压缩后立刻水冷，因此热压缩过程的热交换行为不明显，模拟条件设置为绝热。由于 DEFORM 软件的材料数据库中没有 GH4151 合金的相关信息，因此基于 JMatPro 热力学软件计算 GH4151 合金的热物理性能数据库，导入至 DEFORM 软件。通过对比再结晶分数、再结晶晶粒尺寸与开裂情况，从而判断模型的准确性。热压缩的模拟条件设置为 1090 ℃、60%变形量、1 s^{-1} 的速率，均匀化后合金的平均晶粒尺寸为1100 μm。

图 6-14（a）所示为热压缩试样纵剖面的再结晶分数云图，可见热压缩试样的中心位置实现完全再结晶，而在实际压缩后该区域同样实现了完全再结晶，模拟结果与实际结果较为相符。图 6-14（b）所示为热压缩后的纵剖面平均晶粒尺寸分布云图，中心位置的晶粒尺寸为 4.44 μm，与实际测量值 3.12 μm，同样较为相符。图 6-14（c）所示为热压缩后的试样表面开裂因子云图，可见表面开裂因子均在 8 附近，表面开裂严重，与实际试样的鼓肚区域开裂情况相似。因此结合组织演变特点及开裂行为的验证结果，所构建的模拟方法具有一定的可靠性，可对均匀化态 GH4151 合金的热变形特征进行预测。

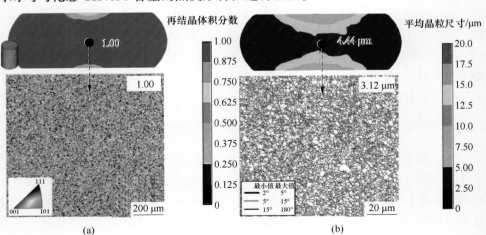

(a)   (b)

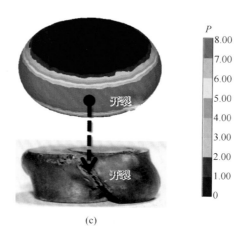

(c)

图 6-14 GH4151 合金均匀化态 1090 ℃ -60%-1 s^{-1} 热压缩变形条件的仿真云图与实际结果
（a）再结晶分数；（b）再结晶组织；（c）表面开裂行为

通过以上实验和计算分析，使用的微观组织预测模型和损伤开裂预测模型具有一定的可靠性，可用于实际开坯计算过程的计算分析，并为变形高温合金的开坯工艺方案设计提供参考。

6.3 模型应用实例及推广

6.3.1 大锭型 GH4169 合金开坯工艺设计分析

自 1995 年至 2005 年，美法两国多家公司在原有 Inconel 706（GH2706）超大铸锭生产燃气轮机涡轮盘的经验上，花费了十年时间完成了直径大于 2000 mm 的 Inconel 718（GH4169）合金涡轮盘件的研制任务。其中，负责镦拔开坯部分的企业主要为美国的 GE 公司与法国的 Aubert & Duval 公司，两家公司均认为大尺寸 Inconel 718 合金铸锭的开坯是整个涡轮盘件研制工作中最关键的环节，并公布了一些研制经验可供参考[17-19]。

GE 公司研究发现单一镦粗工艺并不能细化超大铸锭的晶粒度，特别是在一些低应变区域，因此对于超大锭型 Inconel 718 合金需要在不同方向进行锻造加工，即镦拔开坯。实际生产锻棒的过程中采用了逐级降温的三次不同的镦拔工艺来完成大锭型的开坯工作，开坯后的晶粒度为 ASTM 4 级。

由于 Inconel 718 合金在高于 δ 相溶解温度时会发生典型的晶粒长大现象和在较低温度下较难实现镦粗和拔长，因此通常在略高于 δ 相溶解温度的条件下加工锭坯，以最大限度地减少锭坯开坯结束时的晶粒长大。5.03% Nb 含量（质量分数）的 Inconel 718 合金在 995 ℃没有发生较为明显的晶粒长大现象，当温度升高至 1030 ℃后晶粒会均匀长大。研究发现，保温时间对 Inconel 718 合金晶粒长大有明显影响，对于初始晶粒尺寸 30 μm 的 5.0% Nb 含量（质量分数）的 Inconel 718 合金样品，在 1040 ℃下仅保温 30 min 晶粒尺寸就可以长大到 100 μm。GE 公司确定的开坯最后锻造温度在 1037.8~1065.6 ℃，认为即使是最后一次锻造，其始锻温度也应高于 δ 相回溶温度。

GE 公司在实际锻造过程中发现转移时间和开坯过程的冷却问题需要严格控制，锻造后期表面隔热材料的减少会加大开裂的可能性，通过提高锻造温度实现更低的压力载荷的方法并不可取，保持坯料隔热性最为重要，此外温度的周向分布均匀性很重要。GE 公司也指出，开坯过程的长径比、压下率，镦粗时坯料端部润滑、隔热性、模具温度以及锻造时间等方面需要格外注意，否则会导致屈曲、鼓肚和开裂等现象的发生。除此之外，开坯过程中的再加热时间也需要谨慎控制，以避免晶粒长大和铸锭表面至中心形成较大的温度梯度。

Aubert & Duval 公司采用的开坯方法是镦拔开坯并辅以中间加热处理。该公司认为，尽管大型 Inconel 718 铸锭开坯过程有着种种困难，但是通过谨慎控制工艺参数，依然可以达到预期的目标。再加热时间和再加热温度是最关键的工艺参数，需要保持坯料心部和表面温度在合理的温度范围。Aubert & Duval 公司研究发现 ϕ900 mm 钢锭出炉 15 min 后，需要 6 h 的加热时间才能让温度再次均匀到原加热温度±5 ℃范围内。在最后一次拔长结束后的空冷过程中，降低铸锭心部 20 ℃大约需要花费 1 h 的时间。当坯料温度在 δ 相回溶温度以上 20 ℃时，即使通过水冷却坯料也需要 30 min 才能将心部温度降低到 δ 相回溶温度以下，这个降温时间足以促使晶粒发生明显晶粒长大。这说明以 ASTM4 及更细的晶粒尺寸为生产目标时，通过传统镦拔开坯工艺生产大尺寸 Inconel 718 合金锻棒的难度非常大。

Aubert & Duval 公司认为温度对再结晶的影响并不始终表现为积极的作用，通过实验研究发现一般的镦粗和拔长工艺要实现较高的变形量较为困难，并不会让坯料达到完全再结晶，而采用低变形温度下的拔长工艺结合高变形温度下的镦粗工艺则会对坯料晶粒尺寸的均匀性更加有利。该公司还通过采用特殊的绝热技术实现了锻造变形和微观组织的均匀性，避免了因为表面问题导致的报废。锭型扩大以后，热量从坯料内部散出较为困难，将会导致严重的温度梯度和较大的残余应力，因此在升降温过程中需要特别谨慎以避免热裂纹的产生。

近些年随着我国逐步推进重型燃气轮机的研制工作，超大尺寸 GH4169 合金涡轮盘件也进入研发进程。由于超大尺寸 GH4169 合金棒材从未锻造过，小锭型的开坯工艺亦存在诸多问题，因此迫切需要针对大尺寸 GH4169 合金铸锭设计专有的开坯工艺，并尽可能确保设计过程中的每部分都有理有据。

以 ϕ980 mm×2500 mm 锭型作为研究对象，进行开坯工艺的设计和计算分析。

仅给出的是一个分析案例，并非实际开坯执行工艺，也不是最优化的开坯工艺。其中设置了一些比较苛刻的条件，主要是阐明开坯过程计算分析方法的具体应用，并给出一些苛刻条件下的影响程度；目的试图给出对一种大型高温合金铸锭开坯工艺设计和优化调整的研究思路和设计方法，即开坯工艺的基本设计思路是先利用经验参数进行开坯可行性分析，确定现场生产装备能否满足铸锭的开坯工作，然后制定大概的工艺执行流程（火次及道次顺序），并确定每道次的下压量、保温时间等，制定开坯工艺制度表。然后再借助有限元分析软件进行开坯过程的计算分析，对工艺参数影响规律进行计算分析，梳理相关工艺参数对开坯的影响权重，进而对开坯过程中出现的问题进行工艺参数调整和优化控制以最终确定切实可行的开坯工艺制度。

（1）开坯过程工艺制定可行性分析。由于镦粗过程要求不发生失稳和弯曲，先设定高径比限制，首先根据钳把占去的质量计算剩余的坯料体积，设计高径比最大为2.9。计算可得镦粗允许的临界尺寸为 $\phi912.4$ mm×2646.0 mm，即拔长后坯料最小直径为912.4 mm。根据拔长过程需保证砧宽比在0.5~0.9的范围，计算铸锭最大直径为1260 mm。

综合可以得出铸锭全过程直径范围在912~1260 mm变化，最大直径时锭坯的高度约1387 mm。同时，可计算得出拔长最大下压量为27.6%，镦粗最大下压量为47.6%。

（2）拔长进给量与压下量计算。拔长过程中为防止端面产生内凹和夹层，对于圆坯应使得端部压料长度大于0.3倍的直径，对于矩形坯料应保证大于0.5倍的料宽。拔长低塑性材料时，送进量应在 $(0.5~1)H$ 较为适宜，生产中常用的是 $(0.6~0.8)H$，而且前后各道压缩时的进料位置应相互交错开。为防止锻打过程出现折叠，应保证每次送进量与单边压下量之比应为1~1.5或大于1.5。倒棱时单边压下量应为20~60 mm或小于20 mm。为兼顾拔长过程效率，可选择砧宽的0.9倍为拔长过程进给量。

（3）锻比和尺寸计算。进行单拔长过程锻比计算、单镦粗过程的锻比计算，然后进行总过程的锻比计算分析。由于对GH4169合金镦拔开坯过程锻造比要求大于4，故可依此设计镦拔的次数。

根据开坯制订的可行性分析，对各镦粗拔长阶段的尺寸进行初步的计算分析，结果见表6-4。

表6-4 镦拔开坯过程的锭坯尺寸变化

序号	工序	初始尺寸/mm×mm	结束尺寸/mm×mm
1	压钳把	$\phi980×2500$	$\phi980×2300$
2	镦粗第1次	$\phi980×2300$	$\phi1260×1387$

序号	工序	初始尺寸/mm×mm	结束尺寸/mm×mm
3	拔长第 1 次	φ1260×1387	φ912×2646
	矫直，倒棱，圆整	φ912×2646	φ912×2646
4	镦粗第 2 次	φ912×2646	φ1260×1387
5	拔长第 2 次	φ1260×1387	φ912×2646
	矫直，倒棱，圆整	φ912×2646	φ912×2646
6	镦粗第 3 次	φ912×2646	φ1260×1387
7	拔长第 3 次	φ1260×1387	φ912×2646
	矫直，倒棱，圆整	φ912×2646	φ912×2646
8	镦粗第 4 次	φ912×2646	φ1211×1500

（4）回炉温度和保温时间。镦拔过程采用镦粗高温、拔长低温的方式交替进行，第 1、2 次镦粗用高温降低载荷，第 3 次镦粗调整组织，第 4 次镦粗用于保留组织同时控制形状。第 1 次拔长镦粗主要目的在于破碎枝晶和粗大晶粒，第 2 次镦粗拔长用于均匀组织，第 3 次镦粗拔长用于控制组织。

根据 GH4169 合金开坯温度范围为 925~1120 ℃，可将拔长过程终锻温度设置为 930 ℃，只要此过程中温度低于该温度应建议回炉保温即可。根据 GH4169 合金保温时间与截面关系为：1120 ℃时保温 0.4~0.8 min/mm、750 ℃保温 0.6~0.8 min/mm，可计算不同截面尺寸的保温时间。因此可以初步设计坯料的回炉温度和保温时间，见表 6-5。

表 6-5　镦拔开坯工艺的回炉温度和保温时间

序号	工序	回炉温度/℃	保温时间/h
1	压钳把	1120	—
2	镦粗第 1 次	1120	7
3	拔长第 1 次	1090	4
	矫直，倒棱，圆整		
4	镦粗第 2 次	1120	7
5	拔长第 2 次	1060	4
	矫直，倒棱，圆整		
6	镦粗第 3 次	1060	7
7	拔长第 3 次	1030	4
	矫直，倒棱，圆整		
8	镦粗第 4 次	980	7
9	去应力退火	850	10

（5）工艺制度表。在确定了镦拔开坯所需的火次数、各工序的锭坯尺寸变化以及温度条件后，就可以确定工艺制度，见表6-6。

表 6-6　φ980 mm 锭型开坯工艺制度设计

材料		GH4169				
锻造温度		930~1120 ℃				
质量		15.5 t				
规格		φ980 mm×2500 mm				
生产尺寸		φ1211 mm×1500 mm				
锻压设备		XX MN 快锻机（平砧 700 mm 宽）				
锻压比		5.478				
拔长方式		单面压缩法				
火次	工序	温度/℃	时间/h	初始尺寸/mm×mm	结束尺寸/mm×mm	压下量/mm
1	压钳把	1120	—	φ980×2500	φ980×2300	
2	镦粗第 1 次	1120	7	φ980×2300	φ1350×1207	1093
	拔长第 1 次	1090	4	φ1350×1207	□907×907	
3	分 4 工步完成，送进量 675 mm，错砧量 10%			φ1350×1207	□1250×1250	100
				□1250×1250	□1150×1150	100
				□1150×1150	□950×950	100
				□950×950	□907×907	43
	矫直圆整	1090	4	□907×907	φ907×2630	单次<60
4	镦粗第 2 次	1120	7	φ907×2630	φ1350×1207	1423
	拔长第 2 次	1060	4	φ1350×1207	□907×907	
5	分 4 工步完成，送进量 675 mm，错砧量 10%			φ1350×1207	□1250×1250	100
				□1250×1250	□1150×1150	100
				□1150×1150	□950×950	100
				□950×950	□907×907	43
	矫直圆整	1060	4	□907×907	φ907×2630	单次<60
6	镦粗第 3 次	1060	7	φ907×2630	φ1350×1207	1423
	拔长第 3 次	1030	4	φ1350×1207	□907×907	
7	分 4 工步完成，送进量 675 mm，错砧量 10%			φ1350×1207	□1250×1250	100
				□1250×1250	□1150×1150	100
				□1150×1150	□950×950	100
				□950×950	□907×907	43
	矫直圆整	1030	4	□907×907	φ907×2630	单次<60
8	镦粗第 4 次	980	7	φ907×2630	φ1211×1500	1130

（6）数值模拟计算分析。本节基于 Simufact. forming 和构建的开坯计算模型，对基于传统设计经验的自由锻开坯方案进行数值分析。其中，坯料采用空冷传热条件，模具与坯料间的换热方式按照有石棉包套的方式设定。模具温度设定为 300 ℃，坯料初始晶粒尺寸为 2000 μm，所有转移过程（回炉转移和出炉转移）时间均设定为 120 s。

图 6-15 为 ϕ980 mm 铸锭第 1 次镦拔过程的晶粒度级别、损伤指数 P 以及温度场分布，可以发现第 1 次镦粗后坯料除端部外的部位晶粒度均被控制在 2 级或更细。第 1 次镦粗没有造成明显的开裂损伤问题。坯料未接触模具的表面温度降至 1000 ℃ 附近，与模具接触的表面温度降低到 900 ℃ 以下。

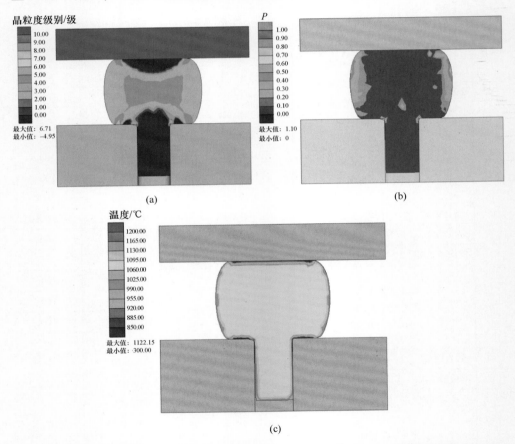

图 6-15　第 1 次镦粗结束后坯料的晶粒度级别（a）、损伤指数 P（b）以及温度场分布（c）

第 1 次镦粗后的坯料经过回炉转移、加热、出炉转移后，经由拔长操作后坯料除钳把位置外大部分区域的晶粒度处于 4~6 级，但坯料中心部分位置晶粒度为 2~3 级，根据变形过程可以判断心部未发生完全再结晶。图 6-16 为第 1 次拔长的计算结果，根据第 1 次拔长后坯料纵截面的损伤指数 P，可以发现拔长后坯料端部及砧板走砧相交位置出现了 P 值大于 1 的现象，因此拔长过程中需要调整自由锻过程中砧板进给相交量以及端部锻压方式来减轻两位置的损伤敏感性。根据拔长后的温度分布可以发现，1100 ℃ 的初始拔长温度下，坯料表面温度下降到 990 ℃，坯料心部温度上升至 1130 ℃，当温度高于锻压温度范围后材料塑性变形能力急剧下降，因此拔长过程的温升现象也应该控制在合理的塑性变形温度范围内。

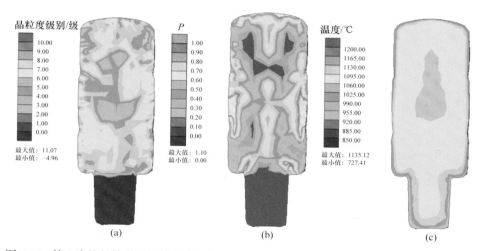

图 6-16　第 1 次拔长结束后坯料的晶粒度级别（a）、损伤指数 P（b）以及温度场分布（c）

坯料回炉加热后再打八边形，如图 6-17 所示，可以发现最后坯料边部会出现 1~2 级粗晶区，坯料中心位置保持在 4~7 级的晶粒度。损伤同样主要发生在端部和砧板相交位置处，但与第 1 次拔长结果不同的是坯料中心轴线处发生了开裂现象，这与拔长过程轴线部位存在拉应力的现象一致。从温度分布上来看，由于打八边形的下压量较小，因此坯料心部位置未发生较为明显的温升现象。

第 1 次镦拔开坯结束后的八边形坯料经过回炉加热后，进行了第 2 次镦粗过程，如图 6-18 所示，镦粗结束后坯料各部位晶粒度控制在了 2~7 级的范围内。坯料损伤继承了第 1 次镦拔的损伤情况。温度场分布与第 1 次镦粗较为类似。

图 6-19 为第 2 次拔长的计算结果，第 2 次拔长后的坯料晶粒度主要分布在 2~10 级范围内，坯料表面存在 9~10 级的细晶层，坯料心部局部存在 2~3 级的晶粒分布，其余部分晶粒度主要集中在 6~7 级。从损伤程度上可以看到主要集中在端部、坯料轴线位置以及砧板交接处。温度场分布均高于 920 ℃，心部未发生明显温升现象，整体温度处于合理的范围内。

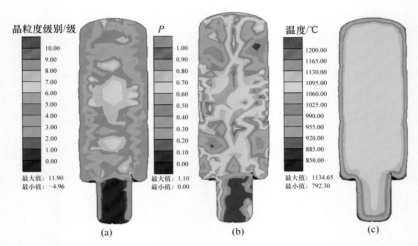

图 6-17　第 1 次打八边形结束后坯料的晶粒度级别（a）、损伤指数 P（b）以及温度场分布（c）

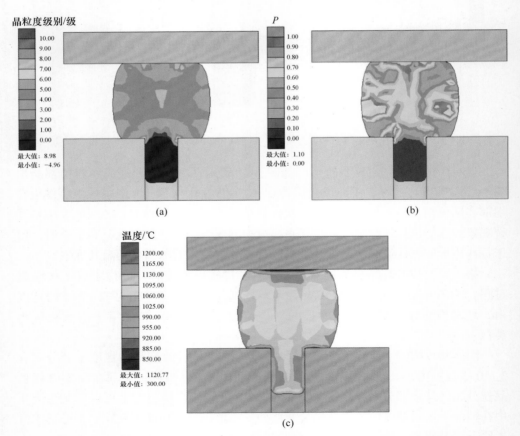

图 6-18　第 2 次镦粗结束后坯料的晶粒度级别（a）、损伤指数 P（b）以及温度场分布（c）

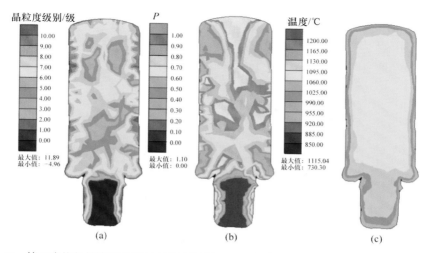

图 6-19 第 2 次拔长结束后坯料的晶粒度级别（a）、损伤指数 P（b）以及温度场分布（c）

坯料第 2 次拔长后回炉加热再进行打八边形，如图 6-20 所示，可以发现与第 1 次打八边形较为类似，坯料表面均为 1~2 级的大晶粒，而心部分布了一些 6~7 级的晶粒。损伤情况承接了第 2 次的损伤情况，坯料心部未发生明显的温升现象。

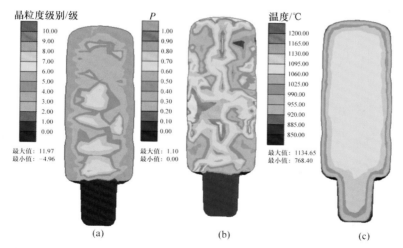

图 6-20 第 2 次打八边形结束后坯料的晶粒度级别（a）、损伤指数 P（b）以及温度场分布（c）

第 3 次镦粗过程结果如图 6-21 所示，可以发现坯料晶粒度主要分布于 2~5 级范围，端部存在一些局部区域为 6~7 级范围。损伤结果也同之前过程类似，发生在端部、中心轴线处以及砧板交接处。温度场方面除与上模接触的位置外，整体温降在合理范围内。

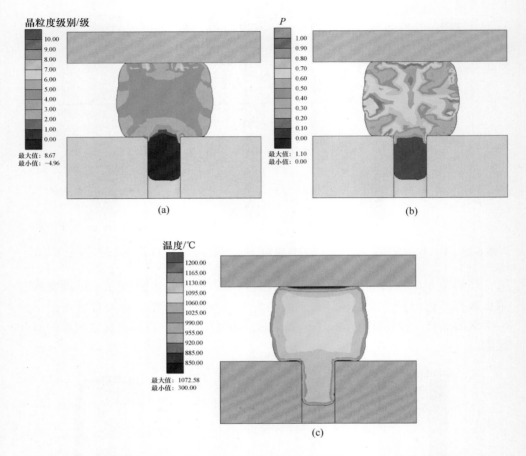

图 6-21   第 3 次镦粗结束后坯料的晶粒度级别（a）、损伤指数 P（b）以及温度场分布（c）

图 6-22 为第 3 次拔长的计算结果，由于第 3 次拔长是在近 δ 相回溶温度附近实施，因此拔长后的晶粒度主要为细小的 9~10 级，中心和端部存在一些 3~7 级的分布。开裂情况同样发生在坯料的端部、轴心以及砧板交接位置。温度场分布来看温降后均在 910 ℃以上，处在合理的塑性变形温度范围内。

第 3 次打八边形后，坯料大部分区域晶粒度增长为 2~4 级（见图 6-23），局部分布着一些 4~8 级的晶粒。损伤情况与第 3 次拔长一致。温度场情况在外表面处发生了较为明显的温降现象，因打八边形过程单次下压量较小，因此与模具接触较多，因此温降情况较为明显，表面区域温降已低于 900 ℃。

第 4 次镦粗是将坯料长度控制为后续模锻所要求的 1500 mm，但由于需要避免此过程因温度较高发生晶粒过大，因此将锻造温度控制在 980 ℃附近。从图 6-24 的结果来看，坯料大部分区域晶粒度低于 4 级，满足最后棒材晶粒组织要求，但

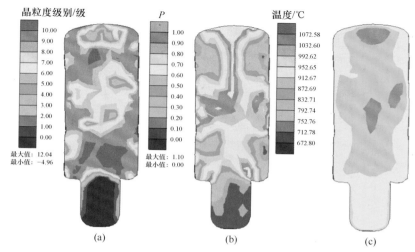

图 6-22 第 3 次拔长结束后坯料的晶粒度级别（a）、损伤指数 P（b）以及温度场分布（c）

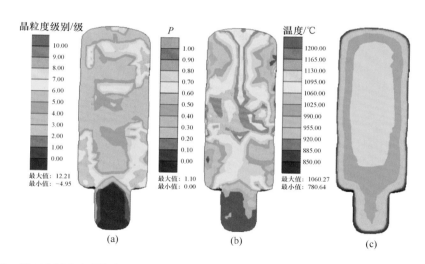

图 6-23 第 3 次打八边形结束后坯料的晶粒度级别（a）、损伤指数 P（b）以及温度场分布（c）

坯料发生了大部分的损伤开裂现象。温度场分布除与模具接触的位置外，其余部位均处于合理的塑性变形温度范围内。

综合以上研究，从晶粒组织、开裂损伤、温度升降方面来看，晶粒组织的控制较为容易实现，但开裂损伤最为困难，温度场控制方面需要注意坯料与模具的接触问题。开裂损伤的发生与累积主要发生在拔长过程，分布区域主要集中于坯料的端部、轴心以及砧板交接位置；温度场方面主要在于坯料表面温降问题和变形过程中坯料心部温升问题，主要影响因素为与模具接触的次数、时间，与模具

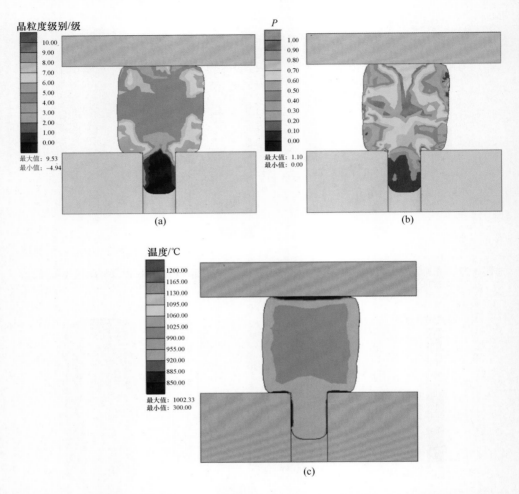

图 6-24 第 4 次镦粗结束后坯料的晶粒度级别（a）、损伤指数 P（b）以及温度场分布（c）

接触换热系数以及与环境的换热系数。

综合以上研究，可以发现镦拔开坯过程是一个复杂的工艺过程，前序工艺一旦出现问题就将遗传至后续过程，因此需要逐个工序进行优化确保不再产生问题。为此可以看出，通过本章构建的开坯过程控制模型和分析方法，可以对一个开坯工艺进行仔细的计算分析。比如，针对表 6-6 设计的开坯工艺方案，通过以上的计算分析可以发现，相关火次工序参数设置不是很妥当，为此可经过详细的计算分析，获取并给出合理的参数设置，经系统的计算分析，最终可获得优化合理的开坯工艺方案。

因此可以认为，本章提出的开坯工艺设计和优化分析方法，充分考虑了设备工况条件、合金特征、全过程集成贯通，可对组织和损伤等进行预判，最终给出考虑设备能力和过程操作因素合理的开坯工艺优化设计方法。

6.3.2　GH4738 合金开坯工艺设计分析

GH4738 合金是常用于发动机及燃气轮机热端部件的高温合金，在环境温度为 650 ℃ 的工况下服役，由此对产品的综合性能要求较高。开坯作为合金铸态组织向锻态组织转变的关键步骤，开坯后的组织质量与最终产品的性能息息相关。开坯过程通过高温下变形诱发再结晶，细化晶粒提高合金坯料的强塑性，但是不合理的开坯工艺可能使得坯料内部未完全再结晶，仍然存在大晶粒，影响组织的均匀性，从而影响合金的相关性能。GH4738 合金的合金化程度高，热加工窗口相对较小，加工温度较高，且在加工温度窗口内，受析出相的回溶等相关影响，组织演变较为复杂，给组织控制带来难度；且 GH4738 合金加工塑性相对较差，表面温度的降低或应变较大，容易发生表面开裂，一旦开裂，为防止裂纹向内部扩展，保证坯料的完整性，需要冷却修磨剥皮，导致工序和切削量的增加，以及生产效率与成材率的降低。所以需要对 GH4738 合金开坯过程进行控制，优化生产工艺，获得组织均匀稳定与完整性较好的坯料。

为了控制 GH4738 合金生产过程并优化实际工艺，通过 6.1 节的方法构建 GH4738 合金开坯过程控制模型，根据实际生产设备条件与坯料参数，进行开坯工艺的经验式设计。该过程包括对开坯过程用料损耗分析、开坯过程的设备能力等可行性分析，确定拔长过程的单次下压量和送进量，计算锻造比，确定开坯过程各工序的回炉温度和保温时间等。

按照 6.1 节的模型构建方法建立 GH4738 合金的损伤与组织模型，包括合金的动态再结晶、亚动态再结晶以及晶粒长大的 JMAK 微观组织演变模型，平均晶粒尺寸与残余应变计算公式同式 (6-22) ~式 (6-25)。通过均匀化态 GH4738 合金高温拉伸实验，获得不同温度下 GH4738 合金的断裂伸长率，拟合不同温度下的伸长率曲线即为 GH4738 合金 Normalized C&L 开裂模型所需的不同温度下的临界开裂因子。计算开坯变形过程中各时刻的损伤开裂判据 [见式 (6-26)]，可观测分析开坯过程中坯料损伤开裂判据 $P>1$ 的位置，该位置在开坯时可能存在发生开裂的风险。

将上述模型通过二次开发手段，开发出基于 GH4738 合金的 JMAK 微观组织演变模型和 Normalized C&L 开裂模型的分析计算程序，能够将微观组织演变模型和开裂损伤模型耦合到有限元软件（Simufact. forming 或 DEFORM）中，并针对镦拔开坯进行专门的多道次优化，同时耦合动态再结晶模型、亚动态再结晶模型以及晶粒长大模型，可完成镦拔开坯过程的晶粒组织预测和开裂敏感性的分析任务。

6.3.2.1　开坯工艺设计

以 4.3 t GH4738 合金铸锭均匀化后开坯为例，对 GH4738 合金开坯工艺进行设计和计算分析，开坯初始坯料尺寸为 φ580 mm×1980 mm，初始晶粒尺寸为 2000 μm。

由于坯料直径较大，高径比为 3.41，存在失稳和弯曲风险，且镦粗后坯料直径增加难以夹持，所以取 240 mm 锭长用于打 φ400 mm×500 mm 钳把，则坯料主体尺寸变为 φ580 mm×1740 mm，高径比为 3。使用砧宽为 500 mm 的快锻机开坯，根据拔长过程需保证砧宽比在 0.5~0.9 的范围，计算坯料镦粗最大直径为 750 mm。根据高径比应小于 3，所以计算拔长后允许的临界尺寸在 φ580 mm× 1740 mm，即拔长后坯料最小直径为 580 mm。

结合坯料尺寸范围，考虑生产中进给量常用的是 (0.6~0.8)H，同时进给量的选择也要兼顾拔长过程效率，选择进给量为 400 mm。由于对 GH4738 镦拔开坯过程锻造比要求大于 3.5，故可依此设计镦拔的次数。结合开坯制订的尺寸变化可行性分析，对各镦粗拔长阶段的尺寸进行控制，结果见表 6-7。

表 6-7 镦拔开坯过程的锭坯尺寸变化

序号	工序	初始尺寸/mm×mm	结束尺寸/mm×mm
1	压钳把	φ580×1980	φ580×1740
2	镦粗第 1 次	φ580×1740	φ749×1044
3	拔长第 1 次	φ749×1044	φ580×1740
4	镦粗第 2 次	φ580×1740	φ749×1044
5	拔长第 2 次	φ749×1044	φ580×1740
6	镦粗第 3 次	φ580×1740	φ749×1044

根据 GH4738 合金开坯温度范围为 930~1170 ℃，实际生产中，为了操作的方便性，将回炉温度与时间都设置为 1170 ℃×2 h，补偿冷却坯料的温度，而回炉制度的合理性，则需要计算验证。

6.3.2.2 开坯过程计算分析

基于 Simufact. forming 和构建的开坯计算方法，对基于传统设计经验的自由锻开坯方案进行数值分析。其中，坯料采用空冷传热条件，模具与坯料间的换热方式按照有石棉包套的方式设定。模具温度设定为 300 ℃，坯料初始晶粒尺寸为 2000 μm，所有转移过程（回炉转移和出炉转移）时间均设定为 120 s。

图 6-25 为 φ580 mm 铸锭第 1 次镦拔过程的晶粒度级别、损伤指数 P 以及温度场分布。可以发现，第 1 次镦粗后坯料主体晶粒度均被控制在 3 级左右或更细，但锭头上表面和靠近钳把处为死区，晶粒尺寸没有变化。第 1 次镦粗没有造成明显的开裂损伤问题。坯料表面温度降至 1040 ℃附近，棱角处降温更多，但大于终锻温度。

图 6-26 为第 1 次拔长的计算结果，第 1 次镦粗后的坯料经过回炉转移、加

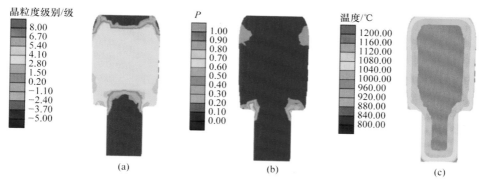

图 6-25　第 1 次镦粗结束后坯料的晶粒度级别（a）、损伤指数 P（b）以及温度场分布（c）

热、出炉转移，经由拔长、打八边形操作后，坯料除钳把位置外大部分区域的晶粒度处于 3~4 级；根据变形过程可以判断心部未发生完全再结晶，锭头上表面和靠近钳把处为死区，晶粒尺寸没有变化。根据第 1 次拔长后坯料纵截面的损伤指数 P，认为心部损伤开裂判据 P 值较大，但没有超过 1。根据拔长后的温度分布可以发现，1170 ℃回炉 2 h 拔长后，坯料表面温度下降到 1000 ℃左右，但坯料心部温度仍高于 1160 ℃，所以要注意镦拔过程中的心部温升现象。

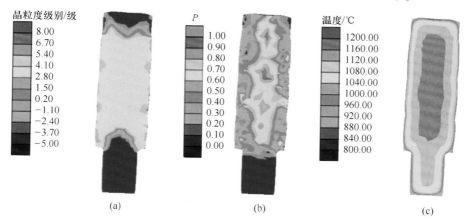

图 6-26　第 1 次拔长结束后坯料的晶粒度级别（a）、损伤指数 P（b）以及温度场分布（c）

图 6-27 为 ϕ580 mm 铸锭第 2 次镦粗过程的计算结果。可以发现，第 2 次镦粗后坯料主体晶粒度均被控制在 5~6 级，相比于第 1 次镦粗再结晶更加完全，且锭头死区减少。第 2 次镦粗没有造成明显的开裂损伤问题。坯料表面温度降至1040 ℃附近，高于终锻温度。

图 6-28 为第 2 次拔长的计算结果，第 2 次镦粗后的坯料经过回炉转移、加热、出炉转移后，经由拔长与打八边形操作后，坯料除钳把位置外大部分区域的

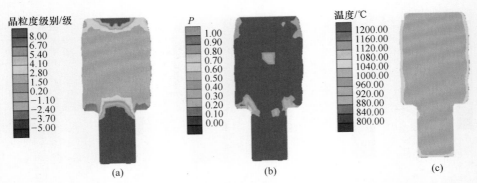

图 6-27　第 2 次镦粗结束后坯料的晶粒度级别（a）、损伤指数 P（b）以及温度场分布（c）

晶粒度处于 3~4 级，比上一火镦粗晶粒要粗，说明在回炉过程中晶粒快速长大，拔长变形量无法使得晶粒更加细化。根据第 2 次拔长后坯料纵截面的损伤指数 P 仍较高，出现位置与第一拔相似，说明损伤敏感性与自由锻过程中砧板进给相交量以及端部锻压方式相关。

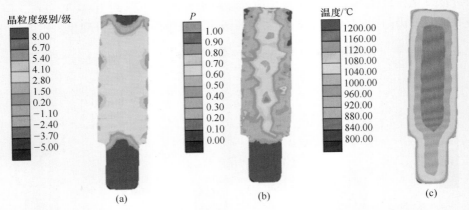

图 6-28　第 2 次拔长结束后坯料的晶粒度级别（a）、损伤指数 P（b）以及温度场分布（c）

　　从拔长后的温度分布可以发现，1170 ℃回炉 2 h 拔长后，坯料表面温度下降到 960 ℃左右，但坯料心部温度仍高于 1160 ℃；所以回炉温度与加热时间的选择，既要考虑回炉温度较高、时间较长带来的晶粒长大，也要考虑回炉温度补偿不足导致的表面温降现象。

　　图 6-29 为坯料第 3 次镦粗过程的计算结果。可以发现，第 3 次镦粗后坯料主体晶粒度均被控制在 5~6 级，总体上与第 2 次镦粗结果相似，锭头死区进一步减少，也没有造成明显的开裂损伤问题。上一火温降较大，第 3 火镦粗后坯料整体温度均匀，中心温升现象不明显，符合预期结果。

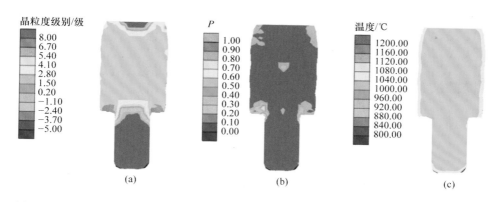

图 6-29　第 3 次镦粗结束后坯料的晶粒度级别（a）、损伤指数 P（b）以及温度场分布（c）

　　通过对 ϕ580 mm GH4738 合金铸锭开坯工艺计算，认为设计的开坯工艺可以将均匀化态 GH4738 合金坯料的大尺寸晶粒破碎细化，获得不会发生开裂的细晶坯料。计算过程中发现，在组织细化方面，镦粗对于再结晶的发生产生更为重要的作用，第 1 次镦粗破碎大晶粒，第 2 次镦粗进一步细化晶粒，第 3 次镦粗使得最终坯料组织均匀。在开裂控制方面，拔长过程的开裂倾向要大于镦粗，尤其是心部轴线位置，而且送进方式不变也会使得一些往复击打的位置更加容易开裂。在温度控制方面，回炉温度和时间带来的温度补偿较多，会使得晶粒长大、开坯效果下降，温度的不均匀性增加。但是温度补偿不足，会导致表面温度下降过快，容易开裂，无法完成整个道次变形。

　　综上所述，开坯是一个复杂的变形过程，即使有经验式的设计，产生的实际结果也是不可预估的；但通过开坯过程控制模型，可以对开坯生产进行理论计算分析，对工艺结果进行预测，能够提前把控风险，进一步优化工艺。

　　通过开坯工艺的经验式设计，进而基于理论与实验结合构建 GH4738 合金损伤与组织模型开发的开坯计算分析方法，通过设计和计算分析了 4.3 t ϕ580 mm GH4738 合金铸锭开坯工艺。从分析结果可以看出，结合经验式设计和计算分析方法，可判断合金开坯工艺的关键控制点及影响程度权重，并可给出工艺参数—设备参数—开坯质量的关联影响规律，为基于实际设备工况条件下的开坯工艺优化控制原则提供依据，可做到开坯过程控制的有的放矢。

　　实际上，通过本章介绍的开坯过程控制模型构建方法建立模型，可对不同锭型尺寸及种类的合金开坯过程进行工艺设计、结果预测及可视化分析，计算和控制开坯过程中的组织演变和损伤开裂，对经验式的工艺进行进一步优化，试图获得组织均匀、锻坯完整性较好、生产效率高且成本低的开坯工艺。

6.3.3　GH4151 合金挤压开坯工艺设计分析

6.3.3.1　组织控制模型

为定量化描述 GH4151 合金在热加工过程中的应力特征、组织演变及开裂行为，通过构建各自对应的数学模型，从而预测合金变形行为，本构方程体现流变应力、变形速率以及温度三者之间的相互关系。本节以 60% 变形量、1060~1180 ℃、0.1~10 s^{-1} 的应力应变曲线为例构建本构模型，由于 10 s^{-1} 的变形速率较高，合金内部出现明显绝热温升效应，导致流变应力降低，因此为了反映出真实流变应力数值，对 10 s^{-1} 的应力应变曲线进行修正。根据 GH4151 合金的流变应力曲线，基于本构方程计算流程可得均匀化态 GH4151 合金的本构模型为：

$$\dot{\varepsilon} = 6.70 \times 10^{31} \left[\sinh(0.0027\sigma) \right]^{4.93} \exp\left(-\frac{1017771}{RT} \right) \qquad (6\text{-}34)$$

通过不同应变条件下 GH4151 合金动态再结晶情况的实验测试分析，采用再结晶模型定量分析合金的动态再结晶组织演变行为。

当变形速率小于或等于 1 s^{-1} 时的动态再结晶模型为：

$$\begin{cases} \varepsilon_{0.5} = 6.15311 \times 10^{-7} \dot{\varepsilon}^{-0.09783} \exp\left(\frac{139556}{RT} \right) \\[2mm] X_{\mathrm{DRX}} = 1 - \exp\left[-\ln 2 \left(\frac{\varepsilon}{\varepsilon_{0.5}} \right)^{1.35467} \right] \\[2mm] d_{\mathrm{DRX}} = 3.4356 \times 10^{14} \dot{\varepsilon}^{-0.54} \exp\left(-\frac{369872}{RT} \right) \end{cases} \qquad (6\text{-}35)$$

当变形速率大于 1 s^{-1} 时的动态再结晶模型为：

$$\begin{cases} \varepsilon_{0.5} = 6.15311 \times 10^{-7} \dot{\varepsilon}^{-0.09783} \exp\left(\frac{139556}{RT} \right) \\[2mm] X_{\mathrm{DRX}} = 1 - \exp\left[-\ln 2 \left(\frac{\varepsilon}{\varepsilon_{0.5}} \right)^{1.35467} \right] \\[2mm] d_{\mathrm{DRX}} = 3.98162 \times 10^{14} \dot{\varepsilon}^{0.44} \exp\left(-\frac{369872}{RT} \right) \end{cases} \qquad (6\text{-}36)$$

式中，X_{DRX} 为再结晶分数；ε 为应变；$\dot{\varepsilon}$ 为变形速率；T 为绝对温度；R 为气体常数 8.314 J/(mol·K)；$\varepsilon_{0.5}$ 为完成动态再结晶 50% 时所需的应变量；d_{DRX} 为动态再结晶晶粒尺寸。

6.3.3.2　开裂模型

同样的方法（详见 6.1.2 节），对均匀化态 GH4151 合金进行不同温度下的高温拉伸试验，进而获得临界开裂因子 C_{f}。对数据点的变化趋势进行拟合，得到 C_{f} 与温度 T 的关系如下：

$$C_f = 1.20 \times 10^{-4} \exp(T/181.75) + 0.04 \qquad (T < 1090 \ ℃) \qquad (6\text{-}37)$$

$$C_f = 29.49 - 0.07T + 5.73 \times 10^{-5}T^2 - 1.54 \times 10^{-8}T^3 \qquad (T \geqslant 1090 \ ℃)$$

$$(6\text{-}38)$$

可通过开裂系数 P 对开裂趋势进行定量预测，当开裂系数 $P \leqslant 1$ 时认为不发生开裂；否则开裂发生，且 P 值越大，开裂程度越严重。

6.3.3.3 挤压开坯的应用

通过应用均匀化态 GH4151 合金的控制模型，对 GH4151 合金的挤压开坯过程进行仿真分析。图 6-30 所示为用于挤压开坯模拟计算的几何模型及网格划分结果，几何模型主要由坯料、挤压筒、模具、挤压垫构成。在模拟计算时，通过挤压垫推动坯料运动，从而实现坯料挤压成型。GH4151 合金坯料尺寸设为 $\phi120 \ mm \times 220 \ mm$，挤压筒内径为 $\phi220 \ mm$，挤压模具定径带长度为 30 mm、倒角半径 30 mm，挤压后棒料为 $\phi60 \ mm$，压余保留 30 mm。模具预热温度为 200 ℃，环境温度设定为 20 ℃，坯料与空气之间的热交换系数为 20 W/(m²·℃)，实际挤压时坯料外层用不锈钢包套。为简化计算，通过改变坯料与模具之间的摩擦系数及热交换系数来类比包套的作用效果。因此摩擦系数设定为 0.01，坯料与模具、挤压筒、挤压垫之间的热交换系数均设置为 200 W/(m²·℃)。首先对单一挤压条件下的行为进行分析，坯料预热温度设为 1060 ℃，挤压速率设为 50 mm/s，挤压模角设为 60°。

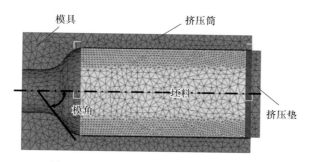

图 6-30 GH4151 合金挤压开坯几何模型

基于上述挤压数值模型，可估计挤压过程中的载荷变化。图 6-31 所示为挤压过程中载荷-行程曲线。在开始挤压阶段，坯料在挤压杆的推动下，在挤压筒中被镦粗直至充满挤压筒，随后进入模具。此时坯料填满整个变形区，坯料开始承受三向静水压力作用，导致模具载荷急剧上升，如图 6-31 中的 AB 段所示。当载荷达到最大值时，对应的载荷为 2960 kN。随后进入基本挤压阶段，此阶段坯料稳定流动，由于摩擦系数较小，因此坯料在挤压过程中载荷大小未见明显变化，如图 6-31 中的 BC 段所示。随着挤压的进行，载荷值整体趋于稳定，在 2600 kN 上下波动，直至挤压结束。

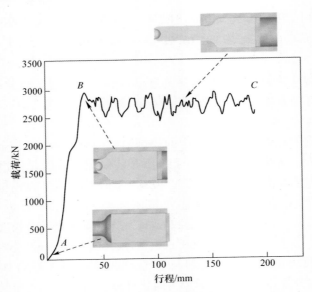

图 6-31　GH4151 合金挤压开坯过程载荷–行程曲线

　　基于该模型可分析坯料在挤压过程中的温度分布行为，图 6-32 所示为挤压过程中的温度云图。在挤压垫与坯料接触位置首先发生温降，而坯料被挤出挤压筒后，由于发生剧烈的塑性变形，棒料的温度显著升高。随着挤压的进行，坯料与挤压筒、挤压垫接触位置进一步发生温降。挤压结束时，挤压棒材整体呈现显著温升，而压余部分呈现明显的温降。

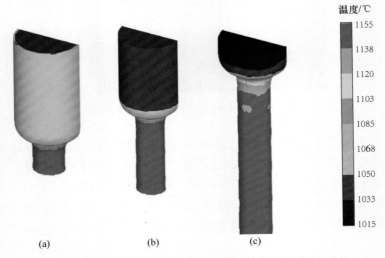

图 6-32　GH4151 合金坯料在挤压过程中的温度分布云图
（a）挤压开始时的温度分布；（b）挤压过程中的温度分布；（c）挤压结束时的温度分布

基于该模型可分析坯料在挤压过程中的组织演变及开裂倾向，图6-33（a）所示为挤压结束后的再结晶分数分布云图，可见挤压后的棒料已实现完全再结晶。图6-33（b）所示为挤压后的棒材平均晶粒尺寸云图，挤压后的棒材边缘、中心晶粒尺寸分别为 $1.6\ \mu m$、$3.2\ \mu m$。图6-33（c）所示为坯料挤压后的开裂系数分布云图，同样可预测合金的开裂行为。坯料存在明显的开裂趋势，这可能是由于挤压变形程度高，需要进一步结合合金组织变化予以优化。综合挤压后的结果可知，通过上述的挤压数值模型，可预估挤压过程中的载荷变化、温度分布、再结晶组织演变、开裂行为等。

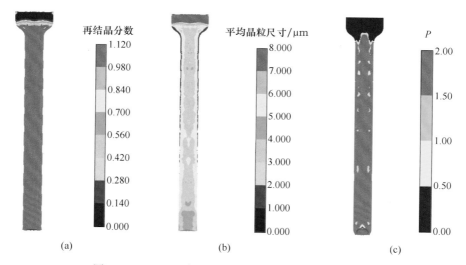

图6-33　GH4151合金挤压开坯过程组织演变情况
（a）再结晶分数云图；（b）再结晶晶粒尺寸云图；（c）开裂因子云图

高 γ' 含量的难变形高温合金 GH4151 在热加工后极易开裂，尤其在开坯环节，且组织难调控，但是通过建立相应的开坯控制模型，谨慎选择优化工艺，还是可以获得满意的结果。基于 GH4151 合金的流变应力本构模型、再结晶组织模型、开裂模型，定量描述均匀化态 GH4151 合金在变形时的组织演变行为和开裂倾向。应用构建的模型结合 GH4151 合金挤压开坯的数值仿真方法，可实现在不同挤压条件下的载荷、温度场、晶粒组织及开裂程度的预测，可为 GH4151 合金的热加工控制提供依据。

6.4　大锭型开坯设备—工艺—材料的关联分析

6.3 节中已经给出开坯工艺设计分析的模型构建和数值模拟计算方法，但实际上，开坯是一个极为复杂的制备过程，尤其针对大锭型的开坯，同时需要考虑设备的极限能力和具体操作工况（比如载荷、行程、转移路线等）、材料特性、铸锭尺寸、组织要求等。为此，针对一种实际的铸锭开坯工艺设计，除需构建模型和计算分析方法，还要进一步考虑设备—合金—工艺间的关联相互影响规律，只有这样，才能为大铸锭高温合金开坯提供更为可靠的设计依据，进而提出更为准确的开坯工艺设计方案，以下讨论几点需要在开坯过程中深入思考的细节问题。

6.4.1　包套后的加热制度制定

开坯过程中铸锭加热一般使用燃气炉加热，加热过程中主要发生炉气对坯料的对流换热以及炉壁和炉气对坯料的辐射换热。而针对大铸锭一般往往采用先裸坯加热，再出炉包套，然后再回炉加热的方式。包套后，由于包套材料对辐射的屏蔽作用，导致辐射换热程度大幅降低，显著影响坯料的到温情况。若采用裸坯时的预设温度加热，可发现坯料很难到温。如图 6-34 所示，第一火裸坯加热后出炉包套，铸锭全部包套后继续回炉加热，若仍采用预设炉温 1110 ℃，则需要 12 h 才能到温（到温指坯料整体温度处于预设炉温的 ±10 ℃ 范围内）。但若将炉温提升 10 ℃，即 1120 ℃ 下加热，使得加热的铸锭仍是达到预设的 1110 ℃，则仅 8 h 即可到温（1110 ℃）。由此可见，可以采用提升炉温以减少加热时间尽快达到未提温的预设温度的做法，使坯料尽快达到预设温度，节省加热时间，同时也避免坯料的组织过多粗化长大。

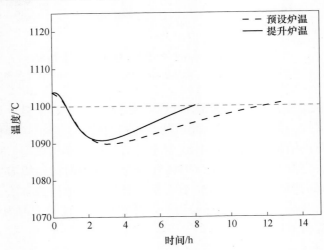

图 6-34　包套后回炉加热时不同加热制度下坯料的心部温度变化

由此可以看出，包套显然能降低转移或锻造过程中的温降，但也对加热到温增加了障碍，因此需要考虑包套对加热过程传热均温的影响。尤其是针对大锭型的包套加热，若未充分考虑实际均温到温的时间，也即实际铸锭温度较预设温度要低或温度分布不是很均匀，而依旧按照预设温度作为锻造温度，实际上会因坯料温度比预设温度要低导致锻造过程载荷增加。若是大锭型镦粗，很可能会出现实际过程中载荷高于设计计算的载荷，从而导致载荷超限。

6.4.2 镦粗过程中设备能力极限问题

为保证开坯棒材整体都具有均匀的组织和符合技术条件要求的性能，无论对于设备还是工艺都提出了极高的要求。高温合金材料变形抗力大、变形温度范围窄，比其他特钢材料的锻造难度大，再加上目前有的大锭型高温合金铸锭直径已达 1000 mm 以上，其锻造压力作用面积已是常规锭型的数倍，因此大锭型高温合金锻坯的制备需要严格确定锻造设备的能力。

以 6.3 节大锭型 GH4169 合金第 3 次镦粗过程为例，若按照开坯常规工艺，即在 1060 ℃保温后以 10 mm/s 的压下速度镦粗，模拟显示锻造载荷已超过 100 MN［见图 6-35（a）］。若是在 70 MN 设备下开坯，与开坯设备的锻造能力不匹配。所以，为确保该过程能在 70 MN 设备下顺利完成，锻造的温度不宜降低过多；若有可能仍应确保此火次锻造温度维持在 1100 ℃以上，并使用较低的压下速度，同时必要时需要在锻造过程中进行降速处理。

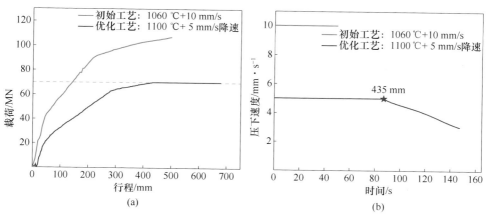

图 6-35　第 3 次镦粗初始工艺和优化工艺的载荷（a）和压下速度（b）对比

所以对该火次镦粗工艺进行调整设计，将锻造温度提高至 1100 ℃，并使用 5 mm/s 的压下速度。镦粗过程中，发现当行程到达 435 mm 时，载荷已达 70 MN［见图 6-35（b）］，所以此时开始逐步降低压下速度［见图 6-35（b）蓝色曲线］，使载荷维系在 70 MN，完成后续镦粗。使用调整后的工艺能够提高镦粗比，为开坯过程提供更高的变形量，但会增加锻造时间，需要避免温降带来的开裂风险。

除了镦粗过程变速以降低载荷外，实际上还应该考虑对计算模型的修正问题，一般计算给出的载荷往往会比实际压制过程的真实载荷要偏大。这个问题应该是与应力-应变曲线的选取有关，以均匀化态合金铸锭镦粗过程为例，应力计算模型中一般是以某一种晶粒度情况下测试获得的应力-应变曲线作为计算输入依据。但实际镦粗锻造过程中，随着变形量的增大，动态再结晶使得晶粒度一直在变化，理论上应力-应变曲线也应随着发生变化。因此，用某一晶粒度情况测试的应力-应变曲线值作为整个镦粗过程的载荷计算依据显然会发生一定的偏差，为此需要做更加精准的数据计算依据的思考分析，该方面的问题比较复杂，还需开展深入系统的分析工作。

6.4.3　加热与转移过程中的热应力致裂风险

随着大型铸锭尺寸增加，制备过程产生的热应力相应增大，热应力致裂风险也随之增加。一般锭型的制备过程只需要考虑熔炼和均匀化过程中的热应力影响，但是对于大锭型铸锭，均匀化过程虽然改善了铸锭的偏析状态，但也会导致晶粒长大，其塑性并未提升很多，尤其是对于开坯前几火过程晶粒仍较大，存在较大的热应力致裂风险。可以通过建立热应力致裂判据来进行分析，热应力致裂因子 Q 表达式为：

$$Q = \frac{\sigma^*}{\sigma_f} \tag{6-39}$$

式中，σ^* 为最大拉伸主应力；σ_f 为抗拉强度。

该判据可反映加热或转移过程中锻坯的瞬间实时热应力致裂风险状态。

以 6.3 节 GH4169 合金的开坯过程第一火加热制度为例，加热过程未出现较大热应力。但是，在第一火镦粗结束后，经清除包套加转移过程若用时共 10 min 后，回炉 1110 ℃ 加热，热应力致裂判据较大值（1.000）出现在 60 min 时，且该较大值会持续约 30 min，存在较大风险，如图 6-36 所示。也就是说，在镦粗后回炉加热的过程中，由于清除包套和转移时间经历约 10 min，产生表面与心部的温差，将会导致在再加热过程中最大拉应力出现大于此刻抗拉强度的风险。

为此，针对开坯前几火变形后的加热过程应力控制风险问题，首先可通过计算分析，找出是否存在这些风险点，然后再通过进一步的分析，提出避免这些风险点的解决方案。

（1）尽量缩短清除包套和转移时间。若将清除包套和转移总时间缩短至 8 min，则热应力致裂判据较大值由 1.000 降低至 0.845；若继续缩短至 5 min，则热应力致裂判据较大值降低至 0.644，且由于清除包套和转移时间的缩短，温

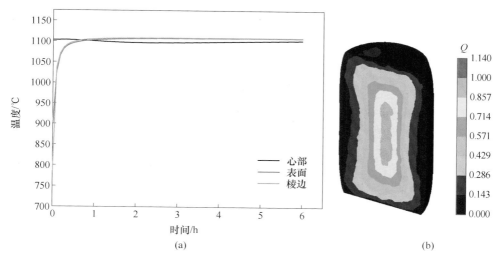

图6-36 第一火后加热过程温度变化（a）及60 min时热应力致裂因子分布（b）

降程度也降低，热应力致裂判据较大值提前至40 min时出现，持续时间也缩短。具体热应力致裂因子分布如图6-37所示。

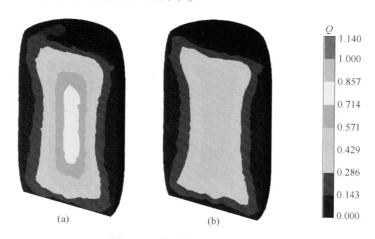

图6-37 热应力致裂因子分布
（a）清除包套+转移时间 = 8 min，加热第60 min时；（b）清除包套+转移时间 = 5 min，加热第40 min时

（2）先转移至加热炉附近再清除包套（即尽量减短裸坯暴露在空气中的时间）。初始方案的时间安排为：0~1 min 移出→1~5 min 清理→5~9 min 转移→9~10 min 入炉。考虑先转移至加热炉附近再清除包套，即时间安排改为：0~1 min移出→1~4 min 转移→4~8 min 清理→8~9 min 转移→9~10 min 入炉。同样耗时 10 min，但由于较晚清除包套，棒坯散热程度低，回炉加热时受到的热应力

也降低，则热应力致裂判据较大值由 1.000 降低至 0.804，具体分布如图 6-38 所示。与图 6-36 对比，总时间不变，但热应力致裂风险明显降低了。

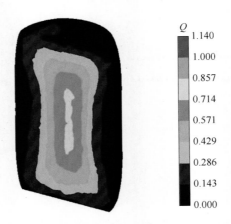

图 6-38　先转移至加热炉附近再清除包套加热第 60 min 时热应力致裂因子分布

（3）加热制度修改为多段式加热（该方案给出理论上的依据，实际过程当然需要考虑设备条件许可情况）。可以修改加热制度曲线为多段式加热，例如初始入炉温度为 1050 ℃，升温速率为 20 ℃/h，至 1110 ℃ 后保温 ［见图 6-39（a）］，或初始入炉温度为 1000 ℃，升温速率为 22 ℃/h，至 1110 ℃ 后保温 ［见图 6-39（b）］，热应力致裂判据较大值分别为 0.879 和 0.717。同时由于加热制度的改变，热应力致裂判据较大值分别出现在加热 80 min 和 145 min 时。可见，使用初始温度越低的多段式加热，其热应力致裂越小。

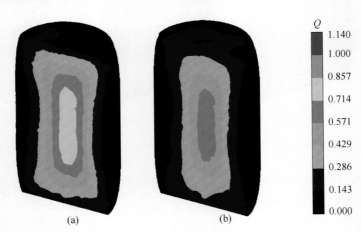

图 6-39　热应力致裂因子分布

（a）初始入炉温度为 1050 ℃，加热第 80 min 时；（b）初始入炉温度为 1000 ℃，加热第 145 min 时

通过对加热和转移过程热应力致裂风险的分析，尤其对大型铸锭开坯的前几火次回炉加热过程的控制原则制定能提供较好的分析判据。

6.4.4 开坯过程开裂判据中临界开裂因子的进一步思考

6.1.2 节中已经阐述了临界开裂因子 C_f，其值与温度相关，需通过系列高温拉伸试验测定出不同温度下的断裂应变或伸长率，然后计算并拟合出临界开裂因子。对于锻态的高温合金材料，一般认为临界开裂因子 C_f，基于拉伸测试中的伸长率，且其值与热变形 Z 参数有关。参考文献中的拉伸试验[20]，建立关系如图 6-40 所示。

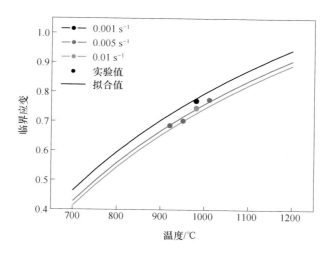

图 6-40 GH4169 合金锻态拉伸实验伸长率及拟合值

但是，对于均匀化态的高温合金材料，其晶粒粒径可达毫米级的尺寸，塑性远不如锻态材料；同时在开坯过程中，随着动态再结晶的进行，晶粒度也会发生很大的变化。为此，与开坯过程中应力应变取值的情况相类似，开坯过程中临界开裂因子也需要考虑实际过程中的晶粒度变化程度。因此，为了更加准确地预测评估开坯过程中的开裂倾向性，需要将临界开裂因子修正为与晶粒尺寸相关的形式，如图 6-41 所示。可以看到，均匀化态试样的拉伸实验结果分散性较大，因此使用实验值中的较低值拟合，即建立保守模型。

因为开坯过程铸锭整体组织和性能都会发生显著的演变，为了更准确地计算分析过程中的相关参数变化，对开坯过程的模型构建需要反复验证和深入思考并不断修正，以期达到能为实际生产提供更加可靠的工艺制定依据和指导。

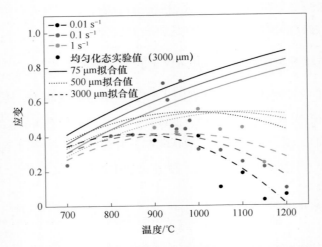

图 6-41　GH4169 合金均匀化态拉伸实验伸长率及拟合值

6.4.5　开坯过程锻件锻透状态分析及思考

在通常的多道次开坯锻造模拟中，一般使用前一道次的平均晶粒尺寸作为下一道次的初始晶粒尺寸，以此完成各道次工艺之间的衔接。计算平均晶粒尺寸：

$$\frac{1}{d^2} = \frac{X_{\mathrm{drx}}}{d_{\mathrm{drx}}^2} + \frac{X_{\mathrm{mdrx}}}{d_{\mathrm{mdrx}}^2} + \frac{X_{\mathrm{srx}}}{d_{\mathrm{srx}}^2} + \frac{X_{\mathrm{nrx}}}{d_{\mathrm{nrx}}^2} \tag{6-40}$$

式中，右侧项表示四种晶粒的占比 X 和晶粒尺寸 d（动态再结晶 DRX、亚动态再结晶 MDRX、静态再结晶 SRX、未再结晶 NRX）。但是，对于大锭型均匀化态的铸锭，由于其晶粒尺寸过大（可达毫米级），很难在前一二火次的镦拔过程发生完全再结晶，显然此时的平均晶粒尺寸就无法准确表示项链状晶粒的组织状态。若继续使用平均晶粒尺寸作为后续工序的组织信息传递，则会产生计算数值与实际晶粒组织结果不能很好吻合的情况，为此导致计算出现可靠性偏差。为了解决这个问题，本书作者提出特征晶粒尺寸的概念，用于表示这种组织状态，公式如下：

$$\begin{cases} u^2 = \left(\dfrac{d_{\mathrm{drx}}^2 - d^2}{d_{\mathrm{drx}} \times d}\right)^2 \times X_{\mathrm{drx}} + \left(\dfrac{d_{\mathrm{mdrx}}^2 - d^2}{d_{\mathrm{mdrx}} \times d}\right)^2 \times X_{\mathrm{mdrx}} + \left(\dfrac{d_{\mathrm{srx}}^2 - d^2}{d_{\mathrm{srx}} \times d}\right)^2 \times X_{\mathrm{srx}} + \\[2mm] \qquad \left(\dfrac{d_{\mathrm{nrx}}^2 - d^2}{d_{\mathrm{nrx}} \times d}\right)^2 \times X_{\mathrm{nrx}} \\[2mm] d_{\mathrm{c}} = d \times (1 + 3u) \end{cases} \tag{6-41}$$

式中，u 为晶粒尺寸的标准差；d_{c} 为特征晶粒尺寸。

d_c 值虽无实际物理意义，但认为使用此值作为下一步的初始晶粒尺寸进行后续计算，更加符合实际情况。即认为当前的项链状组织在下一步的再结晶计算时，等同于晶粒尺寸为特征晶粒尺寸 d_c 作为输入值进行下一步的再结晶计算。显然，随着镦拔过程再结晶程度的增加，特征晶粒尺寸与平均晶粒尺寸趋于相等，为此也可看出，通过对比两种晶粒尺寸的计算值差异程度，可给此时锻造工艺对锻件锻透与否评估判断提供一个参考依据。

图 6-42 给出了 6.3 节 GH4169 合金大锭型开坯 3 次镦拔过程中的晶粒度计算情况，从计算结果可以看出，第 1 次镦粗过程因再结晶程度低，用平均晶粒尺寸给出的晶粒大小显然就比特征晶粒要小很多，而实际上因再结晶程度很小，大部分属于未再结晶的大晶粒，此时的实际晶粒尺寸应该还是很大的（大的未再结晶围绕着很小的再结晶晶粒，即大的项链晶组织）。从图 6-42 也可以看出，在此情况下计算，锻坯在第 3 次镦粗后基本上可看出已经锻透［见图 6-42（e）］，而第 3 次拔长之后才能完全锻透［见图 6-42（f）］，这也符合实际大型铸锭一般需要三镦三拔的实践开坯经验。

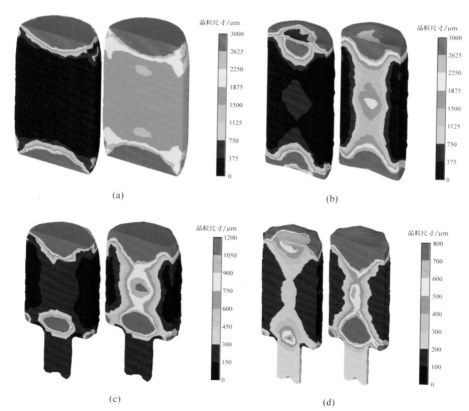

(a)

(b)

(c)

(d)

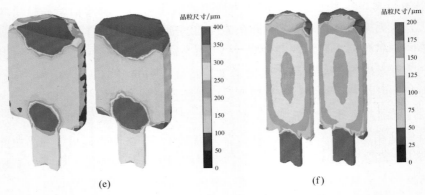

图 6-42 模拟的平均晶粒尺寸（左）和特征晶粒尺寸（右）分布

(a) 第 1 次镦粗；(b) 第 1 次拔长；(c) 第 2 次镦粗；(d) 第 2 次拔长；(e) 第 3 次镦粗；(f) 第 3 次拔长

考虑均匀化态在开坯过程中晶粒尺寸会产生显著的变化，通过引入特征晶粒尺寸的概念，使得开坯过程晶粒度演变计算模型更加吻合实际的晶粒度变化规律，可为开坯过程的组织控制提供更加可靠的思考分析和研究方法。

6.5 小 结

通过对变形高温合金镦拔开坯工艺设计和制定开展了系统的研究，构建了高温合金开坯过程控制模型，提出了一套工艺设计方法；通过将经验参数设计方法与有限元计算相结合的方式，较好地实现了变形高温合金镦拔开坯工艺的合理设计，为变形高温合金开坯工艺设计提供了研究思路和依据。

(1) 阐述分析了开坯工艺设计的经验参数设计方法。虽然有限元分析方法在如今的工艺设计过程中必不可少，甚至人们有完全依赖数值计算进行工艺设计的趋势。但由于开坯工艺是一种高度复杂的多影响因素工艺，单纯使用有限元计算方法可能会导致工艺可靠性有失偏颇的问题，因此需要一种设计方法为数值模拟指明工艺设计的大概方向。在过去的几十年中，无数研究者通过大量的生产实践总结出了一套经验参数设计方法，虽然该种设计方法没有数值计算那么直接，但是却能够设计出工艺轮廓，并使得数值计算过程避免不必要的尝试。

(2) 构建并提出了高温合金开坯过程微观组织预测与开裂损伤预测的分析计算方法，并实验验证了具有较高的可靠性。由于大多数热变形专业有限元软件提供了较为丰富的二次开发接口，通过将建立的微观组织演变模型与开裂损伤模型写入求解器，可以实现较为准确的晶粒尺寸和开裂损伤预测，为开坯工艺的设计提供了重要的反馈信息。

(3) 通过建立的开坯控制模型，结合经验参数设计方法和数值模拟计算方法，设计并讨论分析了 ϕ980 mm×2500 mm 超大尺寸 GH4169 合金铸锭的镦拔开坯工艺。同时对 ϕ580 mm×1980 mm 的 GH4738 合金铸锭镦拔开坯，以及 GH4151 难变形高温合金铸锭的热挤压开坯进行了设计讨论分析。阐述了构建的开坯过程控制模型和计算方法对于高温合金开坯工艺设计具有通用性，且能合理的并有针对性地提出开坯过程中的关键控制因素及其影响权重。

（4）为了更精准地完善改进开坯过程的控制模型，对开坯过程中围绕设备工况条件—材料特性—工艺设计优化间的相互关联性开展了思考讨论，为后续进一步完善有依据的开坯工艺设计提供研究思路和建议。

参 考 文 献

［1］抚顺特殊钢股份有限公司．一种快径锻联合生产高温合金 GH4169 细晶棒材制造方法：106868436［P］．2017-01-18.

［2］西部超导材料科技股份有限公司．一种 GH4169 高温合金自由锻棒坯及其制备方法：CN110449541［P］．2019-11-15.

［3］天津重型装备工程研究有限公司．一种 GH4169 合金棒料的制备方法：111097808［P］．2020-05-05.

［4］钢铁研究总院．一种高温合金细晶棒材的锻制方法：102492906［P］．2013-04-24.

［5］中国机械工程学会塑性工程学会．锻压手册［M］．北京：机械工业出版社，2007.

［6］刘助柏．塑性成形新技术及其力学原理［M］．北京：机械工业出版社，1995.

［7］李馨家．基于 DEFORM-3D 的热锻成形多尺度模拟软件的开发与应用［D］．上海：上海交通大学，2016.

［8］Yeom J T, Lee C S, Kim J H, et al. Finite-element analysis of microstructure evolution in the cogging of an alloy 718 ingot［J］. Materials Science & Engineering A, 2007, 449：722-726.

［9］张志国，赵长虹，孙文儒，等．GH4169G 合金的锻造工艺与组织性能研究［J］．钢铁研究学报，2011，23（S2）：162-165.

［10］Roy A K, Venkatesh A, Marthandam V, et al. Tensile Deformation of a Nickel-base Alloy at Elevated Temperatures［J］. Journal of Materials Engineering and Performance, 2008, 17：607-611.

［11］曲敬龙，杜金辉，王民庆，等．GH4720Li 合金细晶棒材制备的热加工工艺研究［J］．材料工程，2013（2）：74-77，86.

［12］姚力强．大规格 GH742 涡轮盘的新型制造技术［D］．上海：上海交通大学，2008.

［13］Yu H Y, Qin H L, Chen X Z, et al. Alloy Design and Development of a Novel Ni-Co-Based Superalloy GH4251［C］//Proceedings of the 10th International Symposium on Superalloy 718 and Derivatives. Pittsburgh：TMS, 2023：117-132.

［14］邓姣．GH4169 合金塑性变形过程中的断裂失效研究［D］．长沙：中南大学，2014.

［15］殷铁志，毕中南，曲敬龙，等．GH4738 合金锻件的热加工工艺研究［J］．钢铁研究学报，2011，23（S2）：259-262.

[16] Park N K, Yeom J T, Kim J H, et al. Characteristics of VIM/VAR-processed alloy 718 ingot and the evolution of microstructure during cogging [C] //Superalloy 718, 625, 706 and Various Derivatives. Pittsburgh: TMS, 2005: 253-260.

[17] Schwant R C, Thamboo S V, Anderson A F, et al. Large 718 forgings for land based turbines [C] //Superalloy 718, 625, 706 and Various Derivatives. Pittsburgh: TMS, 1997: 141-152.

[18] Schwant R, Thamboo S, Yang L, et al. Extending the size of alloy 718 rotating componets [C] //Superalloy 718, 625, 706 and Various Derivatives. Pittsburgh: TMS, 2005: 15-24.

[19] Uginet J F, Jackson J J. Alloy 718 forging development for large land-based gas turbines [C] //Superalloy 718, 625, 706 and Various Derivatives. Pittsburgh: TMS, 2005: 57-67.

[20] 邓姣. GH4169 合金塑性变形过程中的断裂失效研究 [D]. 长沙: 中南大学, 2014.

7 盘件锻造工艺依据及优化

对于质量要求非常高的盘件而言，利用热锻工艺来控制晶粒尺寸，改善混晶现象从而使微观组织细化和均匀化，是提高其力学性能的有效措施。在热锻成形过程中，材料将会发生动态回复、动态再结晶、亚动态再结晶、静态回复、静态再结晶和晶粒长大等微观组织演变[1]。所以，在热变形过程中预测和控制高温合金的微观结构对于涡轮盘最终性能至关重要。同时，高温合金材料变形抗力大、变形温度范围窄，比其他特钢材料的锻造难度更大，因此高温合金涡轮盘的制备需要严格确定热锻设备的能力和相应工艺的设计制定[2]。

高温合金价格较贵，尤其针对大型盘锻件，采用实物进行工艺试验成本高昂，风险也非常大，因此可以采用数值模拟技术对变形过程进行模拟分析。很多学者已经使用微观组织演变模型进行了大量模拟工作，但是对于锻造完整过程的通用模型仍需进一步开发，尤其是还需考虑多火次多道次变形过程中微观组织演变所涉及的参数传递。

本章通过实验建模和数值模拟相结合的手段，对高温合金涡轮盘生产过程中的多道次锻造过程进行模拟和控制，构建高温合金热变形过程的控制模型。利用软件二次开发，将材料的本构关系模型、微观组织演变模型以及热成形开裂模型等与商用有限元软件 DEFORM-3D 集成起来，建立并提出多道次热锻成形模拟计算分析方法，实现对高温合金涡轮盘多道次锻造工艺的计算分析和优化工艺。通过改变加热时间、始锻温度、转移时间、包套设置、锻压速度、模具温度和压下量分配等锻造过程的关键工艺参数，分析不同参数设置对锻造工艺过程中的温度均匀性、变形均匀性和组织均匀性的影响程度。将数值模拟结果和缩比件或双锥实验结果进行对比来验证所构建的模型和计算分析方法的可靠性，最后对典型大锻件的热锻成形工艺进行模拟和优化，实现对锻件的过程控制和工艺优化以达到对锻件进行控形控性的目的。

7.1 盘件锻造过程控制模型构建

本模型的建立基于微观组织演变模型、热成形开裂模型以及锻造过程的传热模型，这些模型最终与商用有限元软件 DEFORM-3D 集成，从而建立锻造过程的控制方法。以 GH4169 合金盘件锻造热变形过程为例介绍锻造过程有限元计算中涉及的几个重要模型的分析和构建。

7.1.1　传热模型

在锻压涡轮盘的过程中，涡轮盘锻件经历加热炉加热、转移至模具以及锻压成形等工艺流程，锻件不断地以不同的形式与模具及环境进行着热交换，同时在锻压中产生热量，形成了锻件的非稳态温度场。这主要包括：（1）锻压过程中锻件由于变形热效应产生变形热；（2）锻压过程中锻件与模具之间存在摩擦产热；（3）锻压成形过程中伴随着锻件与模具、锻件与空气之间的热量传递。

锻压过程中锻件的传热问题属于含内热源的非稳态热传导问题，其内热源是由锻件的变形热效应而产生的。假设合金的成分均匀，导热各向同性，则锻件瞬态温度场的场变量 $T(x, y, z, t)$ 应满足方程：

$$\rho C_p \frac{\partial T}{\partial t} - \lambda \left(\frac{\partial^2 T}{\partial x^2} + \frac{\partial^2 T}{\partial y^2} + \frac{\partial^2 T}{\partial z^2} \right) - Q_f = 0 \qquad (7\text{-}1)$$

式中，ρ 为合金材料的密度；C_p 为合金材料的比热容；λ 为合金的热传导系数；t 为时间；Q_f 为内热源强度，即由于变形热效应在单位时间、单位体积所产生的热量。

在热锻过程中，模具对锻件所做的功会部分转化为热能，从而导致锻件内部温度升高，这种现象称为变形热效应。由变形热效应生成的热量可表示为[3]：

$$Q_f = k \bar{\sigma} \bar{\dot{\varepsilon}} \qquad (7\text{-}2)$$

式中，Q_f 为生成热量；k 为应变能转变为热能的系数，Deform 中默认为 0.9；$\bar{\sigma}$ 为等效应力；$\bar{\dot{\varepsilon}}$ 为等效应变速率。

锻造热变形过程的边界条件主要有两种：

第一种边界条件发生在加热过程和锻压过程中，锻件与周围环境进行对流传热和辐射传热的表面 S_1，其边界条件为对流传热边界条件和辐射边界条件，公式如下：

$$\lambda \frac{\partial T}{\partial n} \bigg|_{S_1} - h_c(T - T_a) - \sigma \varepsilon (T^4 - T_a^4) = 0 \qquad (7\text{-}3)$$

式中，λ 为合金的热传导系数；n 为边界法线方向；h_c 为对流换热系数；T_a 为环境气氛的温度；σ 为斯特藩-玻耳兹曼常数，$\sigma = 5.67 \times 10^{-8}$ W/(m² · K⁴)；ε 为合金的表面放射率。

第二种边界条件发生在锻件与模具的接触表面之间，此部分传热条件较为复杂，包括锻件与模具之间的接触传热与摩擦产热。锻件与模具之间的接触界面传热情况复杂，存在三种传热形式：接触点处发生热传导、接触界面间隙内介质的热传导和接触界面间隙的辐射换热。由于接触界面间隙小到几微米，对流换热无法形成，这种形式的换热可以忽略。所以，锻压过程中锻件与模具的接触传热可以认为是宏观平整微观粗糙的固体接触传热，其传热界面的传热量为接触点传热量、间隙介质传热量以及辐射传热量之和。同时在锻压过程中，锻件与模具之间存在摩擦，摩擦产生的热流密度 q_f 可表示为[4]：

$$q_f = n\mu Pd \tag{7-4}$$

式中，n 为系数，取 0.5，表示产生的热量等量传递至模具和锻件；μ 为摩擦系数；P 为单位面积模具载荷；d 为变形体微元相对于模具移动速度。

综上所述，对于锻件与模具的接触表面 S_2，其边界条件可表述为：

$$\lambda\frac{\partial T}{\partial n}\bigg|_{S_2} - h_w(T - T_b) - q_f = 0 \tag{7-5}$$

式中，h_w 为锻件材料和模具材料的接触换热系数；T_b 为模具温度。

在 DEFORM-3D 中，上述模型的瞬态温度场变量方程式（7-1）、变形热效应生成热量方程式（7-2）和摩擦产生热流密度方程式（7-4）的计算已被集成。

下面将具体讨论环境对流换热系数 h_c、合金表面放射率 ε 和锻件材料和模具材料的接触换热系数 h_w 的参数取值，具体的研究思路为：按照传热理论构建相关参数的计算模型，计算求得换热过程温度变化的模拟结果（也可称为原始结果）。因为是基于传热理论计算的模拟结果，相关数据较为准确，故可认为接近实际结果。然后为了便于后续的数值计算，提出经验参数的概念，通过不断调整经验参数，使得利用经验参数计算换热过程温度变化的等效结果与基于传热理论计算的模拟结果完全自洽（见图 7-5），此时获得的经验参数可用于锻造过程的模拟计算使用。

在实际锻造中，为了保持锻造温度在锻造期间维持在加工窗口内，会在锻前采取包套措施。对于小型锻件，一般采用入炉前冷包，使用包套材料（主要是陶瓷纤维）包覆后再用不锈钢条固定；但对于大型锻件，整个加热过程通常采用裸坯加热、到温后取出、黏附包套、回炉再加热至到温。对于裸坯加热开始至黏附包套前的这段时间，坯料一直处于无包套裸露状态。

使用 Fluent 软件计算无包套时的对流换热系数，首先分析研究了 GH4169 合金坯料在加热不同时期对流换热系数的变化。将高度为 1.4 m 的 GH4169 合金坯料置入 6 m×3 m×1.5 m 加热炉，坯料温度分别设为 300 K（刚入炉时）和 1300 K（到温时），加热炉的实际功率为 1150 kW，除顶面外全部分布热电阻。图 7-1 为 GH4169 合金裸坯加热时的对流换热计算结果，从图中可以看出，不同温度下的对流换热主要区别在于坯料温度低的情况下会导致对流向下的气流速度更快。但计算结果显示，二者的区别是可以忽略的（300 K 下平均值为 6.60 W/(m²·K)，1300 K 下平均值为 6.59 W/(m²·K)）。

然后，分析研究坯料在散热时对流换热系数的变化，将 1.4 m 高的 GH4169 合金坯料置入 10 m×10 m×10 m 环境，坯料温度 1300 K，环境温度 300 K。图 7-2

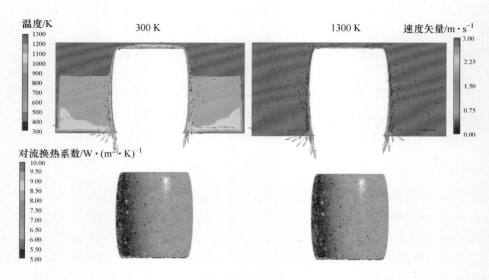

图 7-1 GH4169 合金裸坯加热时的对流换热系数模拟计算

为合金裸坯散热时的对流换热系数计算结果,可以看出,散热时对流向上的气流速度相比加热时更快,同时坯料上方开阔的空间也有利于散热。但计算结果显示,加热和散热之间的区别不是很大〔散热时平均值为 7.98 W/(m^2·K)〕。

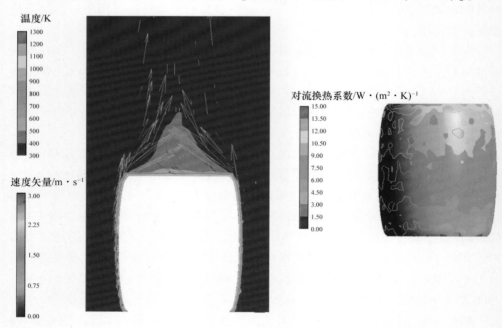

图 7-2 GH4169 合金裸坯散热时的对流换热系数模拟计算

最后，确定合金材料的发射率，实际 GH4169 合金在空气中经 1000 ℃ 加热 60 min 后（表面已氧化变黑）的发射率如图 7-3 所示[5]。但该值为将该材料置于无限大真空环境的发射率取值，若置于电阻炉内加热或在厂房环境散热的环境下，其值会略小。计算等效发射率 ε_h 公式为：

$$\varepsilon_h = \cfrac{1}{\cfrac{A_2}{A_1}\left(\cfrac{1}{\varepsilon_1} - 1\right) + \cfrac{1}{\varepsilon_2}} \tag{7-6}$$

式中，ε_1 为环境材料的发射率（炉墙耐火砖，一般取 0.75）；ε_2 为坯料材料的发射率；A_1 为炉膛内表面积；A_2 为坯料表面积。

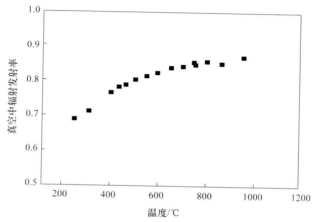

图 7-3 GH4169 合金在空气中 1000 ℃ 加热 60 min 预氧化后的真空发射率[5]

由此计算得到发射率的取值如图 7-4 所示，假设该参数同样适用于散热情况。

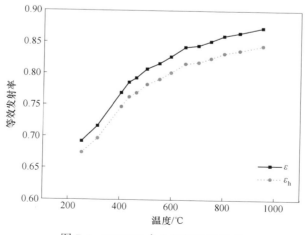

图 7-4 GH4169 合金的等效发射率

上述模拟得到的参数是随温度变化的函数，比较复杂，不便于在模拟计算过程中使用。为此，提出一种与之等效的经验参数，即固定对流换热系数+固定发射率的形式，这样就能大大简化模拟工作的输入。通过大量的等效结果与模拟结果进行的自洽计算分析，最终确定加热情况的经验参数为对流换热系数 12 W/(m² · K) + 发射率 0.8，该值也适用于散热情况。图 7-5 给出了加热和散热时计算的模拟结果和等效结果的对比，两者非常相符，也为提出的经验参数提供了可靠验证依据。

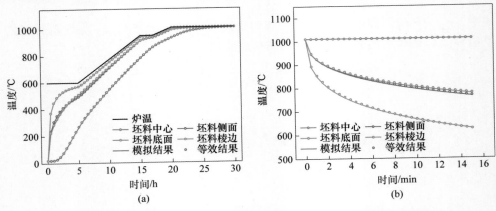

图 7-5　GH4169 合金加热（a）和散热（b）时模拟结果和等效结果的对比

目前，针对包覆包套传热参数的相关研究较少，调查获得陶瓷纤维包套材料的热学参数如表 7-1 和图 7-6 所示[6]。

表 7-1　陶瓷纤维包套材料的密度和辐射率

材料	密度/kg · m⁻³	辐射率
陶瓷纤维	28	0.30~0.45

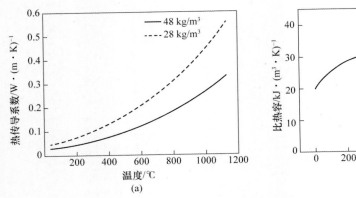

图 7-6　陶瓷纤维包套材料的热传导系数（a）和比热容（b）

使用 DEFORM-2D 构建包含包套的传热模型（见图 7-7），利用与上述经验参数同样的确定方法，研究计算分析发现取经验参数为对流换热系数 35 W/（m^2·K）的等效结果时与模拟结果相拟合，如图 7-8 所示。

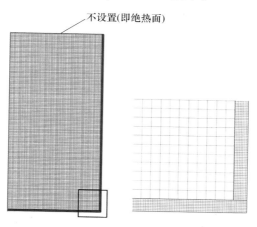

图 7-7 包含包套的传热模型

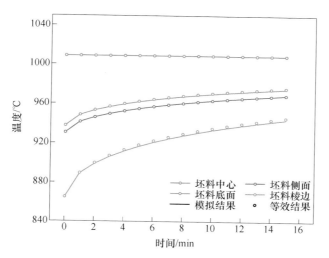

图 7-8 包套传热模型模拟加热结果的模拟结果和等效结果的对比

取 GH4169 合金冷包套后温升实测结果进行对比，发现取经验参数为对流换热系数 30 W/（m^2·K）时符合实际情况，如图 7-9 所示。所以，可确认使用对流换热系数 30 W/（m^2·K）为经验参数，该结果同时表明，使用包含包套的传热模型具有一定可靠性。

对于散热时的经验参数，仍采用相同方法，得到经验参数为对流换热系数

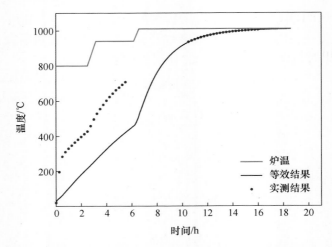

图 7-9　GH4169 合金冷包套后温升实测结果和等效结果的对比

13 W/(m² · K)，如图 7-10 所示。目前相关参数的进一步分析和确认还需开展研究工作，因为主要存在以下困难：（1）若使用热电偶测量，测量仪器不便于同坯料一起转运；（2）若使用测温枪测量坯料裸露的地方，模拟发现其温度与裸露面积相关性很强。

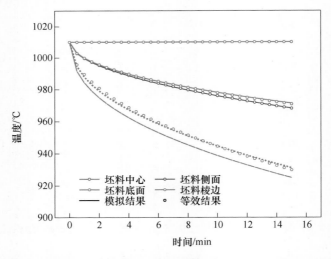

图 7-10　传热模型模拟散热结果的模拟结果和等效结果的对比

目前，针对坯料和模具接触传热参数的具体数据也需要进一步开展分析研究工作，主要因为存在实验测量环境过于理想化，现场测量需要打孔安装热电偶成本过高。因此采用经验参数，放置时坯料和模具接触换热系数为 13 W/(m² · K)（与散热对流换热系数相同），锻压时坯料和模具接触换热系数为 500 W/(m² · K)[7]。

7.1.2 微观组织演变模型

本章算例中使用 GH4169 合金的微观组织演变模型总结如图 7-11 所示，其大致流程为两部分：变形情况下和未变形情况下。当单元正在变形时，且当前变形量大于临界再结晶应变，在其未实现完全动态再结晶前，根据其变形条件计算动态再结晶参数（动态再结晶分数 f_{drx}、动态再结晶初始晶粒尺寸 d_{drx}、未再结晶分数 f_{nrx}、未再结晶变形后晶粒尺寸 d_{nrx}），此时状态参数为 5；若随着变形进行，其动态再结晶分数达到 100%，则状态参数为 10；若单元在此时间步未变形，但之前的变形量大于临界再结晶应变，则在其未实现完全再结晶前，根据其之前变形条件以及现在保温条件计算后动态再结晶参数（亚动态再结晶分数 f_{mdrx}、亚动态再结晶初始晶粒尺寸 d_{mdrx}、静态再结晶分数 f_{srx}、静态再结晶初始晶粒尺寸 d_{srx}、未再结晶分数 f_{nrx}、未再结晶后动态晶粒尺寸 d_{nrx}），此时所发生的亚动态再结晶和静态再结晶视为同时发生但动力学不同的两个过程，所以两者同步进行且相互竞争，状态参数为 15；若随着时间进行，其再结晶分数达到 100%，则状态参数为 20；对于之前已产生的动态再结晶晶粒，以及随后完成完全再结晶后的亚动态、静态和未再结晶晶粒，分别进行长大处理；最后将计算的八个参数（某些参数有可能不存在）汇总为微观组织演变参数（平均晶粒尺寸、晶粒均匀度等），如图 7-11 所示。以下具体介绍模型各部分使用的公式及参数。

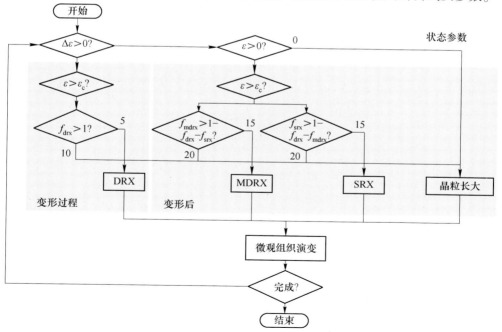

图 7-11　GH4169 合金的微观组织演变模型流程图

GH4169 合金的动态再结晶模型参考文献 [8]：

$$\begin{cases} \varepsilon_c = 8.87 \times 10^{-4} d_0^{0.2} Z^{0.099} & (\dot{\varepsilon} \geqslant 0.01 \text{ s}^{-1}) \\ \varepsilon_c = 9.57 \times 10^{-6} d_0^{0.196} Z^{0.167} & (\dot{\varepsilon} < 0.01 \text{ s}^{-1}) \end{cases} \tag{7-7}$$

$$\begin{cases} f_{drx} = 1 - \exp\left[-\ln 2\left(\dfrac{\varepsilon}{\varepsilon_{0.5}}\right)^{1.68}\right] \varepsilon_{0.5} = 0.037 d_0^{0.2} Z^{0.058} & (T \leqslant 1038 \text{ ℃}) \\ f_{drx} = 1 - \exp\left[-\ln 2\left(\dfrac{\varepsilon}{\varepsilon_{0.5}}\right)^{1.90}\right] \varepsilon_{0.5} = 0.029 d_0^{0.2} Z^{0.058} & (T > 1038 \text{ ℃}) \end{cases}$$

$$\tag{7-8}$$

$$d_{drx} = 1.301 \times 10^3 Z^{-0.124} \tag{7-9}$$

式中，ε_c 为临界再结晶应变；d_0 为未变形前的初始晶粒尺寸；Z 为与变形条件相关的 Zener-Hollomon 参数，$Z = \dot{\varepsilon} \exp\left(\dfrac{Q}{RT}\right)$；$Q$ 为变形激活能，取 415 kJ/mol[9]；f_{drx} 为动态再结晶分数；d_{drx} 为动态再结晶晶粒尺寸。

值得注意的是，针对合金成分控制的要求及初始晶粒度输入的不同等，需对此模型做出相应的修正。

（1）临界再结晶应变一般认为是与流变应力峰值应变相关的值（$\varepsilon_c = \beta \varepsilon_p$，$\beta = 5/6$）。在实际的变形过程中，其峰值应变计算值略大（见图 7-12），且实际变形过程中应变率几乎全部在 0.01 s^{-1} 以上。因此，将式（7-7）修正为：

$$\varepsilon_c = 1.4 \times 10^{-3} d_0^{0.2} Z^{0.099} \tag{7-10}$$

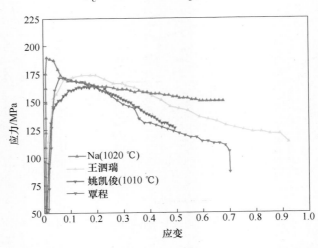

图 7-12 不同实验研究与文献 [9] 中 GH4169 合金的流变应力曲线对比

（2）一般研究对于动态再结晶分数的求取过程中，使用压缩试样中心位置的微观组织统计计算。实际在模拟过程中发现，压缩后中心位置的实际应变远大于试样的名义应变（约为 2 倍），所以，相当于需要将动态再结晶分数曲线沿横轴拉伸为原来 2 倍。同时，此模型中界限温度 T 具体指 δ 相完全回溶温度（1038 ℃），而 GH4169 合金 δ 相回溶温度与合金中 Nb 含量有关，比如针对 Nb 含量（质量分数）约为 5.1% 时的 GH4169 合金，其 δ 相固溶温度也相对较低（如 990 ℃）[10]。因此，可将式（7-8）修正为：

$$f_{drx} = 1 - \exp\left[-\ln 2\left(\frac{\varepsilon}{\varepsilon_{0.5}}\right)^{1.68} \right] \quad \varepsilon_{0.5} = 0.074 d_0^{0.2} Z^{0.058} \quad (T \leqslant 990 \text{ ℃})$$

$$(7\text{-}11)$$

$$f_{drx} = 1 - \exp\left[-\ln 2\left(\frac{\varepsilon}{\varepsilon_{0.5}}\right)^{1.90} \right] \quad \varepsilon_{0.5} = 0.058 d_0^{0.2} Z^{0.058} \quad (T > 990 \text{ ℃})$$

$$(7\text{-}12)$$

由于此参数变量为关于温度的分段函数，实际建模过程中做微分处理：

$$\begin{cases} \Delta f_{drx} = -\exp\left[-\ln 2\left(\frac{\varepsilon}{\varepsilon_{0.5}}\right)^{1.68} \right] \frac{-\ln 2 \times 1.68}{\varepsilon_{0.5}} \left(\frac{\varepsilon}{\varepsilon_{0.5}}\right)^{0.68} \\ \varepsilon_{0.5} = 0.074 d_0^{0.2} Z^{0.058} \quad (T \leqslant 990 \text{ ℃}) \end{cases} \quad (7\text{-}13)$$

$$\begin{cases} \Delta f_{drx} = -\exp\left[-\ln 2\left(\frac{\varepsilon}{\varepsilon_{0.5}}\right)^{1.90} \right] \frac{-\ln 2 \times 1.90}{\varepsilon_{0.5}} \left(\frac{\varepsilon}{\varepsilon_{0.5}}\right)^{0.90} \\ \varepsilon_{0.5} = 0.058 d_0^{0.2} Z^{0.058} \quad (T > 990 \text{ ℃}) \end{cases} \quad (7\text{-}14)$$

然后，对所有时间步的动态再结晶分数增量做累加。

（3）由于形核能力差异，不同初始晶粒尺寸的坯料动态再结晶晶粒尺寸也不同。式（7-9）中的系数在小晶粒时可以修改为 6.5×10^2，本节讨论的模型用于实际开坯后的锻棒，晶粒尺寸较大，不做修改。

（4）结合实验和众多研究结果，认为动态再结晶发生在 900 ℃ 以上。

GH4169 合金的亚动态再结晶模型参考文献 [8]：

$$f_{mdrx} = 1 - \exp\left[-\ln 2\left(\frac{t}{t_{0.5}}\right)^{1} \right] \tag{7-15}$$

$$t_{0.5} = 1.7 \times 10^{-5} d_0^{0.5} \varepsilon^{-2.0} \dot{\varepsilon}^{-0.08} \exp\left(\frac{12000}{T}\right) \tag{7-16}$$

$$d_{mdrx} = 8.28 d_0^{0.29} \varepsilon^{-0.14} Z^{-0.03} \tag{7-17}$$

式中，f_{mdrx} 为亚动态再结晶分数；d_{mdrx} 为亚动态再结晶晶粒尺寸。

对此模型做出修正如下：

首先，由于形核能力差异，不同初始晶粒尺寸的坯料亚动态再结晶晶粒尺寸也不同。式（7-17）中的系数在小晶粒时可以修改为 6.21，本节讨论的模型用于实际开坯后的锻棒，晶粒尺寸较大，不做修改。

其次，结合实验和众多研究结果，认为亚动态再结晶发生在 950 ℃ 以上。

根据文献［11］、［12］报道，合金的静态再结晶参数与初始晶粒尺寸无关，因此，GH4169 合金的静态再结晶模型参考开坯相关文献［11］：

$$f_{srx} = 1 - \exp\left[-\ln2\left(\frac{t}{t_{0.5}}\right)^1\right] \tag{7-18}$$

$$t_{0.5} = \left(-3.92 + \frac{5508}{T}\right)\varepsilon^{-0.75}\exp\left(\frac{74829}{RT}\right) \tag{7-19}$$

$$d_{srx} = 28\left(\frac{T}{1223}\right)^3\exp\left[3\times10^{-5}(T-1223)t\right] \tag{7-20}$$

式中，f_{srx} 为静态再结晶分数；d_{srx} 为静态再结晶晶粒尺寸。

结合研究结果[13]，认为静态再结晶发生在 980 ℃以上。

在大尺寸 GH4169 合金盘锻件锻造过程中，晶粒长大对于微观组织的演变起到十分重要的作用。与小型锻件不同，大型锻件在锻后需要较长时间才能冷却，其心部晶粒在接近锻造温度的环境下发生再结晶后晶粒长大，一个准确的晶粒长大模型对于精确预测锻后微观组织至关重要。对比各研究[8,14]后发现，不同晶粒长大模型差距较大，因此，需要通过实验来重新建立新的可靠晶粒长大模型。

使用初始晶粒尺寸为 27 μm 的 GH4169 合金成品锻棒实验，获得晶粒长大曲线如图 7-13 所示。该曲线的拟合公式为：

$$d^{4.1} = d_0^{4.1} + 2.8\times10^{35}t\exp\left(\frac{-721000}{RT}\right) \tag{7-21}$$

从图 7-13 可以看出，式（7-19）在 1000~1040 ℃下 90 min 内与结果较为吻合。960 ℃和 980 ℃下，合金会快速析出大量 δ 相，对晶粒长大起到钉扎作用，晶粒尺寸几乎不变。而对于 1000 ℃，合金仍会析出 δ 相，但其动力学过程缓慢，大约在 90 min 后才在晶界析出少量 δ 相，所以曲线在 90 min 处出现拐点。

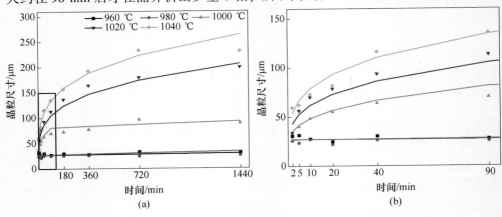

图 7-13　GH4169 合金的晶粒长大曲线（a）及局部放大曲线（b）

因此，引入 δ 相影响因子 $\omega(f_\delta)$，表示 δ 相对晶粒长大的钉扎作用，它是与 δ 相分数相关的函数，具体关系可以表示为[15]：

$$\omega(f_\delta) = \frac{(krf_\delta^{-0.5})^n}{[d(T, 50\text{ h})]^n} \tag{7-22}$$

式中，k 为常数，在 GH4169 合金中取 14；r 为 δ 相粒子平均半径；$d(T, 50\text{ h})$ 为合金在 T 下保温 50 h 后的晶粒尺寸，以作为该温度下的极限尺寸；n 为式（7-19）的指数 4.1。

因此，GH4169 合金的晶粒长大模型为：

$$d^{4.1} = d_0^{4.1} + \omega(f_\delta) \times 2.8 \times 10^{35} t \exp\left(\frac{-721000}{RT}\right) \tag{7-23}$$

实际计算过程中，锻件中的温度不会保持恒定，为了便于计算，将加热时间换算为在 1050 ℃下加热至同等效果所需时间，等效时间计算公式为：

$$\Delta\tilde{t} = \Delta t \exp\left[\frac{721000}{R}\left(\frac{1}{\tilde{T}} - \frac{1}{T}\right)\right] \tag{7-24}$$

式中，Δt 为时间步；$\tilde{T}$ 为 1050 ℃；T 为当前时间步的温度。

所以，晶粒长大公式为：

$$d^{4.1} = d_0^{4.1} + \omega(f_\delta) \times 2.8 \times 10^{35} \tilde{t} \exp\left(\frac{-721000}{RT}\right) \tag{7-25}$$

在计算出再结晶晶粒相关的参数之后，根据文献［8］，未再结晶晶粒相关参数表达式为：

$$f_{\text{nrx}} = 1 - f_{\text{drx}} - f_{\text{mdrx}} - f_{\text{srx}} \tag{7-26}$$

$$d_{\text{nrx}} = d_0\left(-\frac{\varepsilon}{4}\right)\left(\frac{f_{\text{nrx}}}{1 - f_{\text{drx}}}\right) \tag{7-27}$$

未再结晶晶粒尺寸的计算中，乘以 $-\varepsilon/4$ 表示变形后的未再结晶晶粒尺寸，初始晶粒被动态再结晶晶粒侵吞，再乘以 $[f_{\text{nrx}}/(1-f_{\text{drx}})]$ 表示保温后的未再结晶晶粒尺寸，剩余晶粒被后动态再结晶晶粒侵吞。

在计算出再结晶晶粒相关的参数之后，根据文献［8］，未再结晶晶粒相关参数表达式为：

$$f_{\text{nrx}} = 1 - f_{\text{drx}} - f_{\text{mdrx}} - f_{\text{srx}} \tag{7-28}$$

$$d_{\text{nrx}} = d_0\left(-\frac{\varepsilon}{4}\right)\left(\frac{f_{\text{nrx}}}{1 - f_{\text{drx}}}\right) \tag{7-29}$$

综合八个参数（DRX、MDRX、SRX 和 NRX 的分数和晶粒尺寸），计算微观组织演变参数[11]，公式如下：

$$\frac{1}{d_{\text{av}}^2} = \frac{f_{\text{drx}}}{d_{\text{drx}}^2} + \frac{f_{\text{mdrx}}}{d_{\text{mdrx}}^2} + \frac{f_{\text{srx}}}{d_{\text{srx}}^2} + \frac{f_{\text{nrx}}}{d_{\text{nrx}}^2} \tag{7-30}$$

$$u^2 = \left(\frac{d_{\text{drx}}^2 - d^2}{d_{\text{drx}} \times d}\right)^2 \times f_{\text{drx}} + \left(\frac{d_{\text{mdrx}}^2 - d^2}{d_{\text{mdrx}} \times d}\right)^2 \times f_{\text{mdrx}} + \left(\frac{d_{\text{srx}}^2 - d^2}{d_{\text{srx}} \times d}\right)^2 \times f_{\text{srx}} +$$

$$\left(\frac{d_{\text{nrx}}^2 - d^2}{d_{\text{nrx}} \times d}\right)^2 \times f_{\text{nrx}} \tag{7-31}$$

式中，d_{av} 为平均晶粒尺寸；u 为晶粒均匀程度。

从以上的讨论分析可以看出，针对一个具体成分的合金和具体锻件尺寸特征，为了准确预测合金锻造过程中的组织演变，需要结合具体情况对构建的组织控制模型做适当的修正调整，而不是一味引用现成的模型公式。通过系统的分析修正，下面对本节讨论的组织控制模型做出表述。

（1）GH4169 合金的动态再结晶模型为：

$$\varepsilon_c = 1.4 \times 10^{-3} d_0^{0.2} Z^{0.099} \qquad (T_c^{\text{drx}} = 900\ ℃) \tag{7-32}$$

$$\begin{cases} \Delta f_{\text{drx}} = -\exp\left[-\ln 2\left(\frac{\varepsilon}{\varepsilon_{0.5}}\right)^{1.68}\right] \dfrac{-\ln 2 \times 1.68}{\varepsilon_{0.5}}\left(\frac{\varepsilon}{\varepsilon_{0.5}}\right)^{0.68} \\[2mm] \varepsilon_{0.5} = 0.074 d_0^{0.2} Z^{0.058} \qquad (T \leqslant 990\ ℃) \end{cases} \tag{7-33}$$

$$\begin{cases} \Delta f_{\text{drx}} = -\exp\left[-\ln 2\left(\frac{\varepsilon}{\varepsilon_{0.5}}\right)^{1.90}\right] \dfrac{-\ln 2 \times 1.90}{\varepsilon_{0.5}}\left(\frac{\varepsilon}{\varepsilon_{0.5}}\right)^{0.90} \\[2mm] \varepsilon_{0.5} = 0.058 d_0^{0.2} Z^{0.058} \qquad (T > 990\ ℃) \end{cases} \tag{7-34}$$

$$d_{\text{drx}} = 1.301 \times 10^3 Z^{-0.124} \tag{7-35}$$

（2）GH4169 合金的亚动态再结晶模型为：

$$\begin{cases} T_c^{\text{mdrx}} = 950\ ℃ \\[2mm] f_{\text{mdrx}} = 1 - \exp\left[-\ln 2\left(\frac{t}{t_{0.5}}\right)^1\right] \\[2mm] t_{0.5} = 1.7 \times 10^{-5} d_0^{0.5} \varepsilon^{-2.0} \dot{\varepsilon}^{-0.08} \exp\left(\frac{12000}{T}\right) \\[2mm] d_{\text{mdrx}} = 8.28 d_0^{0.29} \varepsilon^{-0.14} Z^{-0.03} \end{cases} \tag{7-36}$$

（3）GH4169 合金的静态再结晶模型为：

$$\begin{cases} T_c^{\text{srx}} = 980\ ℃ \\[2mm] f_{\text{srx}} = 1 - \exp\left[-\ln 2\left(\frac{t}{t_{0.5}}\right)^1\right] \\[2mm] t_{0.5} = \left(-3.92 + \frac{5508}{T}\right) \varepsilon^{-0.75} \exp\left(\frac{74829}{RT}\right) \\[2mm] d_{\text{srx}} = 28 \left(\frac{T}{1223}\right)^3 \exp\left[3 \times 10^{-5}(T - 1223)t\right] \end{cases} \tag{7-37}$$

（4）GH4169 合金的晶粒长大模型为：

$$d^{4.1} = d_0^{4.1} + \omega(f_\delta) \times 2.8 \times 10^{35} \tilde{t} \exp\left(\frac{-721000}{RT}\right) \tag{7-38}$$

（5）未再结晶晶粒相关参数表达为：

$$\begin{cases} f_{nrx} = 1 - f_{drx} - f_{mdrx} - f_{srx} \\ d_{nrx} = d_0\left(-\dfrac{\varepsilon}{4}\right)\left(\dfrac{f_{nrx}}{1 - f_{drx}}\right) \end{cases} \tag{7-39}$$

（6）微观组织演变参数为：

$$\begin{cases} \dfrac{1}{d_{av}^2} = \dfrac{f_{drx}}{d_{drx}^2} + \dfrac{f_{mdrx}}{d_{mdrx}^2} + \dfrac{f_{srx}}{d_{srx}^2} + \dfrac{f_{nrx}}{d_{nrx}^2} \\ u^2 = \left(\dfrac{d_{drx}^2 - d^2}{d_{drx} \times d}\right)^2 \times f_{drx} + \left(\dfrac{d_{mdrx}^2 - d^2}{d_{mdrx} \times d}\right)^2 \times f_{mdrx} + \left(\dfrac{d_{srx}^2 - d^2}{d_{srx} \times d}\right)^2 \times f_{srx} + \\ \quad \left(\dfrac{d_{nrx}^2 - d^2}{d_{nrx} \times d}\right)^2 \times f_{nrx} \end{cases}$$

$$\tag{7-40}$$

7.1.3 合金的开裂判据模型

本算例中使用 Cockroft-Latham 准则[16]：

$$\int_0^{\bar{\varepsilon}_f} \frac{\sigma^*}{\bar{\sigma}} d\bar{\varepsilon} = \varepsilon_c \tag{7-41}$$

式中，σ^* 为最大拉伸主应力；$\bar{\sigma}$ 为等效应力；$\bar{\varepsilon}_f$ 为开裂时的等效应变；ε_c 为临界开裂应变。

相关研究表明[17-18]，临界开裂应变 ε_c 与 Z 参数呈线性关系，参照文献[19] 中实验结果，得到：

$$\varepsilon_c = 1.57196 - 0.02403 \ln Z \tag{7-42}$$

所以，GH4169 合金的开裂判据为：

$$\int_0^{\bar{\varepsilon}_f} \frac{\sigma^*}{\bar{\sigma}} d\bar{\varepsilon} = 1.57196 - 0.02403 \ln Z \tag{7-43}$$

与前述章节开裂判据分析过程相同，计算获得的应变值大于临界开裂应变值时，即 P 值大于 1 时，认为出现开裂倾向。

7.2 盘件锻造控制模型的验证

双锥试样尺寸如图 7-14（a）所示，中间为圆柱，直径由中间到上下两端成一定锥度减小。因为双锥形试样在热变形中，存在变形量、变形速率分布广泛的特征，为此采用大尺寸的双锥试样来对锻造控制模型进行验证。使用锻态 GH4169 合金材料进行双锥压缩实验，变形前微观组织如图 7-14（b）所示，晶粒度约为 ASTM 6.0 级。

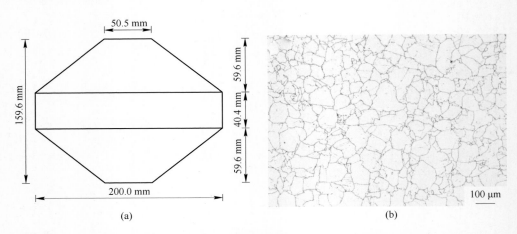

(a)　　　　　　　　　　　　　　　(b)

图 7-14　GH4169 合金双锥试样示意图（a）和初始晶粒组织（b）

双锥试样分别加热到 980 ℃、1020 ℃、1060 ℃和 1120 ℃，在此温度下在压力机上以 30~40 mm/s 的变形速率，从高度 160 mm 压缩到 40 mm，之后对变形后组织采取空冷。对锻造盘沿纵截面剖开，取 1/2 半圆，按图 7-15 所示分割成12 块，将每块分成 4 部分进行微观组织分析。

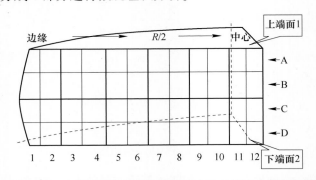

图 7-15　GH4169 合金双锥试样的热变形后微观组织分析取样示意图

对双锥试样开式锻造后按照图 7-15 所示的取样示意图进行取样，采用光学显微镜对微观组织进行分析，双锥试样晶粒组织分布如图 7-16 所示。

将盘状试样沿纵截面剖开进行微观组织分析，运用图像处理软件，对试样组织进行分析统计，得到变形后再结晶分布，如图 7-17 中的实验结果所示，其中黄

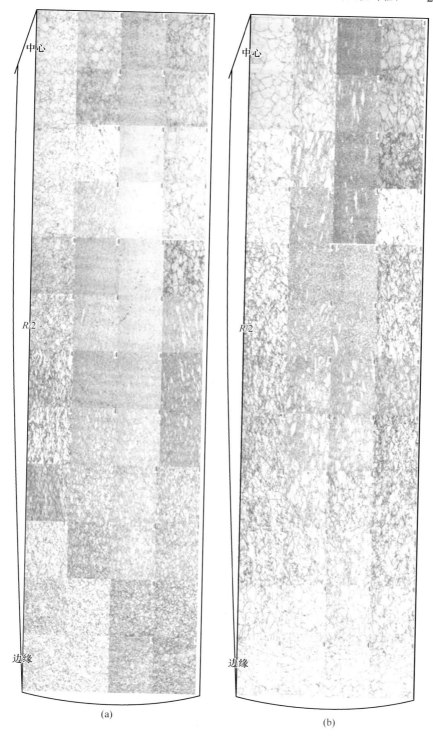

(a)　　　　　　　　　　　　(b)

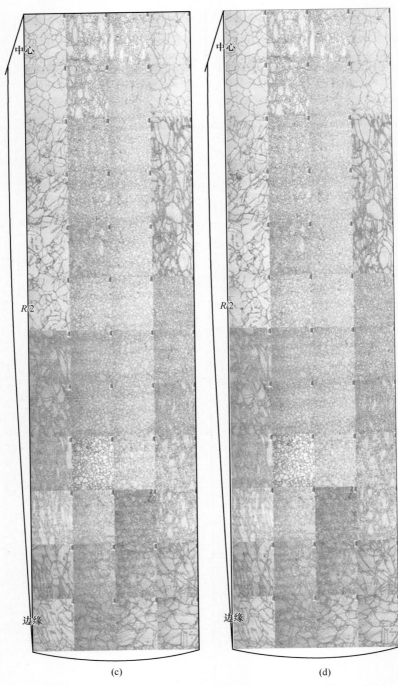

(c)   (d)

图 7-16 GH4169 合金双锥试样不同加热温度锻造后的组织分布
(a) 980 ℃；(b) 1020 ℃；(c) 1060 ℃；(d) 1120 ℃

色区域为再结晶大于90%，白色区域为再结晶量为10%~90%，蓝色区域为再结晶量小于10%区域。基于盘件锻造控制模型，使用同样的形变热处理条件进行模拟，得到的再结晶分布如图7-17中的模拟结果所示。通过对比可以认为，模型对再结晶分数的预测基本准确。

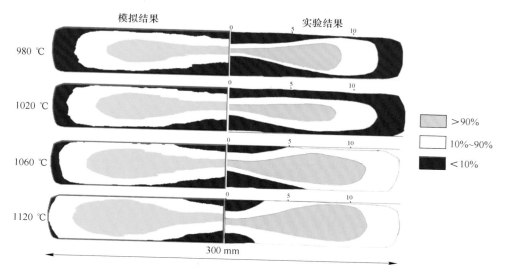

图 7-17 GH4169 合金不同加热温度下双锥压缩实验再结晶分数的模拟结果与实验结果对比

　　有研究者对变形后的 GH4169 合金在保温不同时间的过程中进行原位跟踪观察实验，即将 GH4169 合金试样经 1020 ℃、0.1 s^{-1}、应变为 2 的扭曲变形后继续保温，同时进行原位实验观察，其晶粒组织的演变情况如图 7-18 所示[20]。利用构建的锻造过程组织控制模型进行相同条件的数值模拟计算分析，获得的计算模拟结果与原位试验实测结果基本相符，具体见表 7-2。试样在变形后的 17 s 内进行后动态再结晶，MDRX 和 SRX 分数增加，NRX 分数减少；17 s 后由于后动态再结晶进行完全，各分数保持不变，晶粒长大至 29.7 μm，与实际结果 31 μm 较为接近。

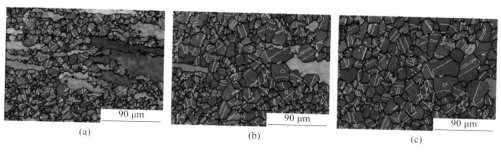

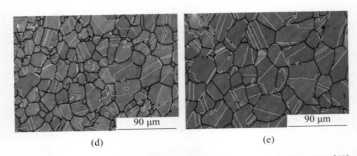

图 7-18 GH4169 合金变形后保温过程的微观组织演变原位观测[20]

（a）变形后保温 0 s；（b）变形后保温 7 s；（c）变形后保温 17 s；（d）变形后保温 34 s；（e）变形后保温 114 s

表 7-2 GH4169 合金变形后保温过程的微观组织演变模拟结果

	时间/s	0	7	17	34	114
	平均晶粒尺寸/μm	19.3	15.0	15.0	20.0	29.7
DRX 晶粒	DRX 分数/%	65.6	65.6	65.6	65.6	65.6
	DRX 晶粒尺寸/μm	15.8	17.6	19.7	22.5	30.7
MDRX 晶粒	MDRX 分数/%	0	24.6	32.7	33.2	33.2
	MDRX 晶粒尺寸/μm	0	10.8	10.8	16.3	27.9
SRX 晶粒	SRX 分数/%	0	0.4	0.9	1.0	1.0
	SRX 晶粒尺寸/μm	0	33.6	34.3	35.4	39.5
NRX 晶粒	NRX 分数/%	34.4	9.2	0	0	0
	NRX 晶粒尺寸/μm	70.9	19.2	0	0	0

　　验证结果表明，GH4169 合金热加工后组织演化模型的计算方法能较好地反映 GH4169 合金热变形后组织演化，其热变形后的再结晶量和晶粒尺寸能很好给出预测结果，因此 GH4169 合金热加工后组织演化模型具有一定的准确性。同时，由于双锥试样的模拟及加工都是基于实际生产过程中，因此 GH4169 合金热加工后组织演化模型的计算分析方法具有一定的实际生产意义。

7.3　盘件锻造工艺依据优化方法及应用推广

　　本节以锻造一个大型 GH4169 合金盘件的工艺优化计算分析为例，展示将锻造载荷控制在国内最大设备载荷极限 8 万吨，且又能获得组织均匀的大尺寸 GH4169 合金盘锻件的锻造工艺及模具设计优化分析过程。以此为例表明，基于锻造过程控制模型构建的研究分析方法具有通用性的特征，对于不同高温合金和不同形状的锻件只要有针对性地调整有关参数，并测试获得相关的合金材料参数，同样可以构建出一套锻造控制模型及计算研究方法。由此可以看出，建立的锻造过程控制模型具有通用性，可做进一步的推广应用。

7.3.1 多道次锻造过程模拟

将整个流程划分为自由锻、预模锻和终模锻三个步骤，每一步骤包括加热、转移、锻造和空冷四个过程，设计了盘件成形的方案，如图 7-19 所示。

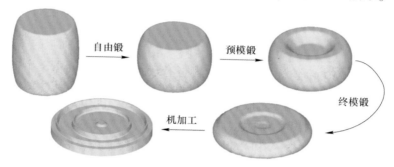

图 7-19 GH4169 合金大型盘件成形模拟方案

本小节基于 DEFORM-3D 软件，对基于传统设计经验的多道次锻造工艺进行数值分析。坯料质量约 13 t，初始晶粒尺寸设为 200 μm。具体的过程设置如下：

（1）加热过程。确定装料炉温 800 ℃、保温 5 h，之后以 14 ℃/h 升温到 950 ℃保温 2 h，再以 23.3 ℃/h 升温到 1010 ℃保温 10 h 至坯料到温。到温后取出做包套处理（取出后 4 min 时完成包套，14 min 时重新返回炉内），最后在 1010 ℃炉温下保温 15 h 使坯料到温。加热过程换热参数见第 7.1.1 小节。

（2）转移过程。该过程包括 4 min 的转移时间和 1 min 的放置时间。

（3）锻造过程。模具温度设定为 350 ℃，出炉后经 30 min 转移降温，压下速率为 10 mm/s。

（4）冷却过程。冷却过程换热参数见第 7.1.1 小节，冷却至室温。

下面介绍自由锻、预模锻和终模锻的主要参数：

（1）自由锻。图 7-20 为锻坯经自由锻后的温度场分布、开裂因子以及冷却后的平均晶粒尺寸，可以发现坯料侧面温降至 960 ℃左右，与模具接触的表面温度降低到 850 ℃左右。自由锻后坯料心部发生再结晶，晶粒尺寸得到细化。由于模具作用，上下表面存在碗形死区，仍保持初始晶粒，自由锻没有造成明显的开裂损伤问题。

（2）预模锻。图 7-21 为锻坯经预模锻后的温度场分布、开裂因子以及冷却后的平均晶粒尺寸，可以发现坯料侧面温降至 960 ℃左右，由于锻造时间较长，与模具接触的表面温度降低到 820 ℃左右。预模锻坯料中心部分变形量大，基本

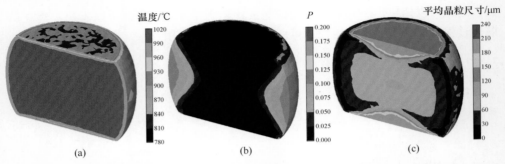

图 7-20　自由锻后锻坯的温度场分布（a）、开裂因子（b）及冷却后的平均晶粒尺寸（c）

发生完全再结晶，边缘部分变形量较小，晶粒尺寸略微细化。预模锻存在凸台，使得原本碗形死区体积局限在凸台位置，但仍然存在，预模锻没有造成明显的开裂损伤问题。

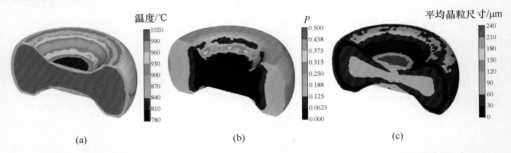

图 7-21　预模锻后锻坯的温度场分布（a）、开裂因子（b）及冷却后的平均晶粒尺寸（c）

（3）终模锻。图 7-22 为锻坯经终模锻后的温度场分布、开裂因子以及冷却后的平均晶粒尺寸，可以发现坯料侧面温降至 960 ℃附近，与模具接触的表面温度降低到 900 ℃以下。终模锻坯料变形分配在边缘部分，基本发生完全再结晶，中心部分保证一定变形量，防止晶粒长大。终模锻的小凸台设计能够基本消除死区，保证最终锻件的晶粒尺寸符合要求，终模锻没有造成明显的开裂损伤问题。

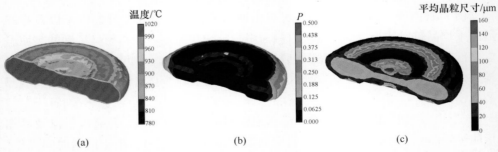

图 7-22　终模锻后锻坯的温度场分布（a）、开裂因子（b）及冷却后的平均晶粒尺寸（c）

通过构建锻造过程的控制模型，能很好地把制备过程工序间互相衔接贯通起来，形成一个工艺参数互相关联影响的分析研究方法。依此可以对盘件锻造全过程的工艺制定提供分析设计的依据，进而可对工艺设计提出优化方案。所以不仅可全流程连续贯通地进行分析，还可以把各子工序对最终锻件的影响程度和权重给出量化的评估依据，为实际指导操作控制做到有的放矢，重点关注和实践操控予以突出把控。

7.3.2　锻盘过程中相关问题的进一步思考分析和设计

对锻件进行工艺分析和设计时，尤其针对大型的锻件，需要综合考虑设备极限能力、工艺控制、组织行为、最终产品质量性价比和可靠性等问题。为此，可充分利用建立的锻造过程控制模型及计算分析方法，对一些诸如设备极限能力、模具设计、组织控制等开展系统的分析和设计工作。

7.3.2.1　模具设计对锻造载荷变化的影响

使用上述锻造过程基本参数，分析讨论方案一的模具设计，主要参考热锻件图给出的形状，其中预模锻模具上凸台高度（57+20）mm（其中，20 mm 为小凸台高度），下凸台高度 74 mm；终模锻模具上凸台高度（57+20）mm，下凸台高度 74 mm，每一步的模具设计如图 7-23 所示。锻造速率为 10 mm/s，模具加热至 350 ℃出炉并需要共计 30 min 的转移和安装时间。

图 7-23　方案一的模具设计

　　分析方案一在锻造过程中终模锻时的载荷变化情况，发现曲线在 1、2 两个位置存在拐点，其原因是锻件与上下模具开始接触，如图 7-24 所示。

7.3.2.2　分部位锻造思路的模具设计

　　考虑到模具形状设计对局部金属流动和载荷的影响，尝试分部位锻造思路，即：修改预模锻凸台高度，使预模锻将中间部分直接锻压到预定高度，然后再进行终模锻完成外围部分的锻压。此方案预模锻模具上凸台高度（237+20）mm，下凸台高度 289 mm，终模锻模具凸台高度不变，如图 7-25 所示。修改终模锻后载荷未降低，分析模具形状修改为方案二后终模锻载荷变化，发现曲线在最后阶

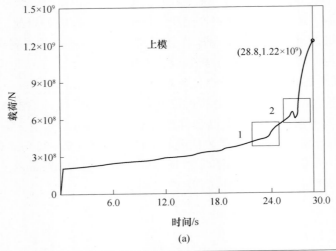

(a)

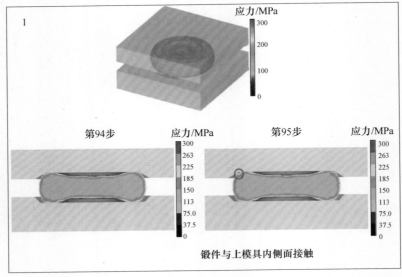

(b)

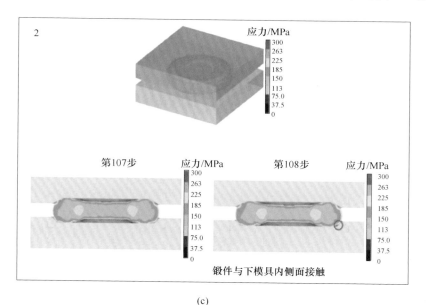

(c)

图 7-24　方案一的终模锻载荷变化情况

（a）锻造过程载荷变化；（b）锻造至 1 时刻的载荷计算；（c）锻造至 2 时刻的载荷计算

段突升；其原因是终模锻时，由于合金向中间流动，中间位置高度增加 20 mm，如图 7-26 所示。

7.3.2.3　改善金属流动的模具优化

分部位锻造的方案并不能大幅降低载荷，因为无论预模锻中间部位的压下程度如何，必须在终模锻继续对中间部位加以约束以保证成形，这样受力面又扩大至整个盘件的横截面，使载荷达到接近方案一的水平。但是，可以通过增大预模锻的压下量来延长终模锻达到极限载荷时间，当

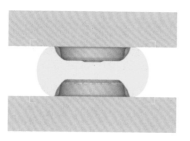

图 7-25　方案二的预模锻
模具形状

终模锻达到 8 万吨极限载荷后，以 8 万吨的恒定载荷压下，更短时间内完成剩余压下量的锻造。方案三设计增加凸台高度如图 7-27 所示，其中预模锻模具凸台高度 194 mm/197 mm，终模锻模具凸台高度 （54+20） mm/（57+20） mm （终模锻采用小凸台设计，以减少死区体积）。

在方案三的基础上修改预模锻和终模锻的压下量分配（预模锻整体压下+预模锻中间部位凸台额外压下/终模锻压下）：（100+391/445） mm、（150+391/395） mm、（200+391/345） mm、（250+391/295） mm 和 （300+391/245） mm，其中 （200+391/345） mm 是方案三的压下量分配。从图 7-28 看出，压下量分配对终模锻载荷的影响较小，主要因为流变应力一般随应变减小，终模锻在锻压投

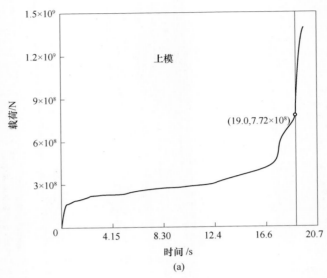

(a)

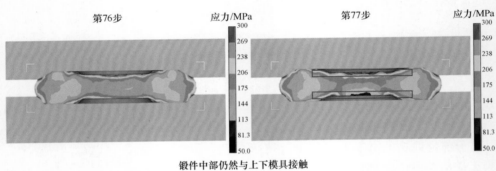

锻件中部仍然与上下模具接触

(b)

图 7-26 方案二的终模锻载荷变化情况

（a）锻造过程载荷变化；（b）锻造至第 76 步和第 77 步的载荷计算

图 7-27 方案三的模具形状及锻造过程

影面积基本一致的情况下，变形量大的载荷较小，但区别不大。但是，终模锻变形量低存在再结晶不完全的风险，而增大变形量可获得较小晶粒尺寸，如图 7-29 所示。

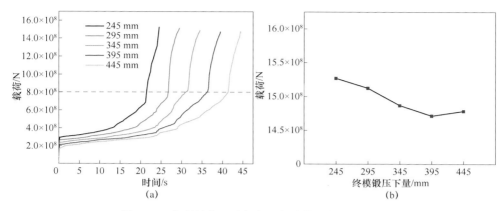

图 7-28 变形量分配对方案三的终模锻载荷的影响

(a) 总压下量相同时不同终模锻压下量载荷变化；(b) 最大载荷对比

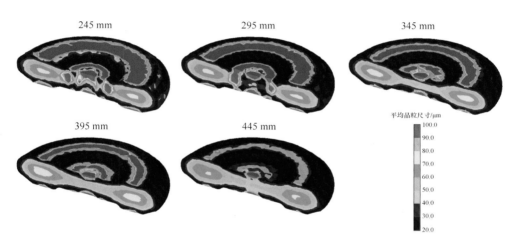

图 7-29 变形量分配对方案三的锻后组织的影响

在方案三的基础上修改预模锻模具凸台高度（上凸台高度/下凸台高度）：
154 mm/157 mm、174 mm/177 mm、194 mm/197 mm、214 mm/217 mm 和
234 mm/237 mm，其中 194 mm/197 mm 是方案三的凸台高度。从图 7-30 看出，
凸台高度对终模锻载荷的影响较小，主要区别体现在会产生不同时间点的载荷台
阶，细微差别也应是流变应力导致。但是，预模锻模具凸台太高存在再结晶不完
全风险，如图 7-31 所示。

在方案三的基础上修改终模锻模具上下飞边沿高度：72 mm、92 mm、
112 mm、132 mm 和 152 mm，其中 112 mm 是方案三的飞边沿高度。从图 7-32 看
出，飞边沿高度对终模锻载荷的影响很大，72 mm 的飞边槽高度设计可以达到最
低载荷。同时飞边沿高度对组织基本无影响，如图 7-33 所示。

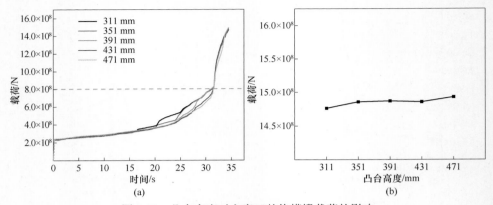

图 7-30　凸台高度对方案三的终模锻载荷的影响

（a）不同凸台高度的终模锻载荷变化；（b）最大载荷对比

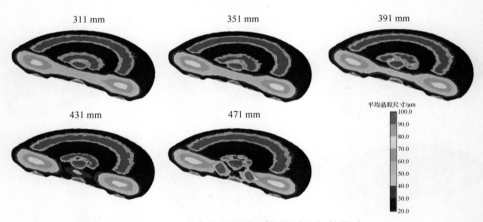

图 7-31　凸台高度对方案三的锻后组织的影响

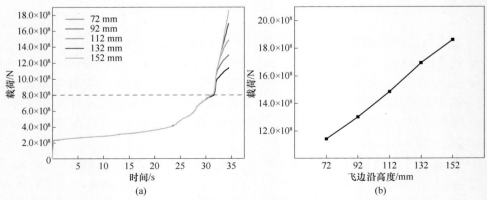

图 7-32　飞边沿高度对方案三的终模锻载荷的影响

（a）不同飞边沿高度的终模锻载荷变化；（b）最大载荷对比

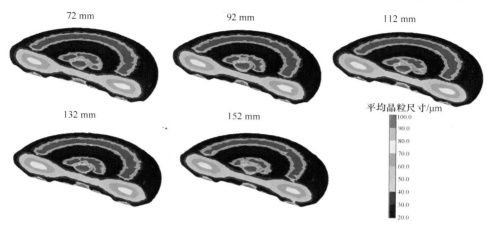

72 mm 92 mm 112 mm

132 mm 152 mm

平均晶粒尺寸/μm

图 7-33 飞边沿高度对方案三的锻后组织的影响

7.3.2.4 优化模具设计

综合考虑上述方案的设计思路，出于对预模锻定位的考虑，自由锻后在坯料底部加工凹坑，并在预模锻下模具增加小凸台用于定位（方案四），具体锻造过程如图 7-34 所示。此方案综合考虑了锻造定位、锻造载荷（见图 7-35）、锻后组织（见图 7-36）等因素，可以看出本方案对金属流动有足够的约束能力使内部充形完全，为本案例的优选模具设计方案。

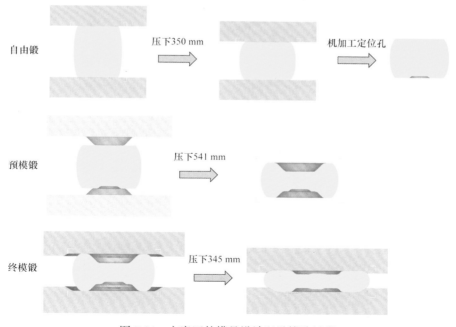

自由锻　　压下350 mm　　机加工定位孔

预模锻　　压下541 mm

终模锻　　压下345 mm

图 7-34 方案四的模具设计以及锻造过程

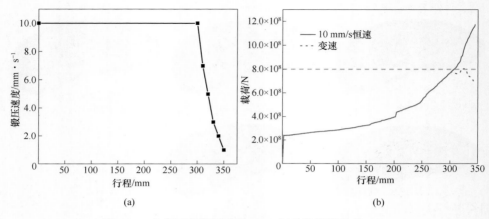

(a)   (b)

图 7-35 方案四的锻压速度 (a) 以及终模锻载荷 (b)

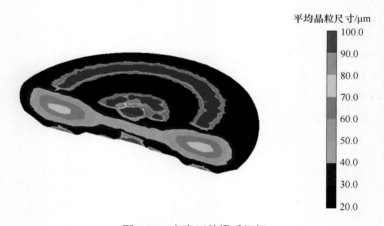

图 7-36 方案四的锻后组织

从以上的讨论分析可以看出，通过建立锻造过程控制模型和相关的计算分析方法，可对盘锻件锻造过程涉及到的模具设计、设备条件、合金特征、制备过程参数、损伤敏感性和组织控制一并进行综合的分析，以期获得最优化的锻造工艺，为实际锻造工艺提供依据和工艺设计指导。

7.4 小　　结

构建高温合金锻造过程中的控制模型，结合二次开发，将材料的本构关系模型、微观组织演变模型以及热成形开裂模型等与有限元软件集成，开发多道次热锻成形模拟计算分析和设计的通用方法，实现对锻件的过程控制和工艺优化，以达到对锻件进行控形控性的目的。

（1）建立了完备的大型高温合金涡轮盘多道次锻造过程数值仿真模型和分析方法，可获得锻造过程中各工序较为可靠的传热系数，预测实际多道次锻造过程中的温度场变化，便于制定加热规范和保温策略；建立了锻造过程的微观组织模型，可系统模拟材料复杂的微观组织演变，尤其适用于大尺寸坯料锻造过程中可能出现的死区、微变形区域或低温区域，便于控制锻件达到预期的组织要求。

（2）经实测实验数据和相关文献实验数据的验证，建立的锻造过程控制模型和分析方法模拟计算结果与实验数据有较好的吻合度，表明了模型和计算分析方法具有较好的可靠性。

（3）利用建立的计算分析方法，针对大型涡轮盘的锻造过程进行了工艺设计分析，分析了不同条件下模具的充形性能、锻造设备的极限成形性能以及锻造过程的组织控制，提出了面向实际生产的工艺优化方案；具体优化了将锻造载荷降低至 8 万吨且保证获得组织均匀的大尺寸 GH4169 合金盘锻件的锻造工艺及模具设计，进一步表明形成的研究分析方法对其他高温合金锻件的工艺设计具有通用性。

参 考 文 献

［1］李馨家 . 基于 DEFORM-3D 的热锻成形多尺度模拟软件的开发与应用 ［D］. 上海：上海交通大学，2016.

［2］马天军 . GH2674 合金大型涡轮盘成形过程的数值模拟 ［D］. 上海：上海交通大学，2007.

［3］刘君 . 叶片精锻变形—传热—组织演变耦合的三维有限元分析 ［D］. 西安：西北工业大学，2004.

［4］李俊，游理华 . 热锻过程中变形与热传导的耦合分析 ［J］. 机械研究与应用，1999，12（2）：19-21.

［5］Greene G A, Finfrock C C, Irvine T F. Total hemispherical emissivity of oxidized Inconel 718 in the temperature range 300～1000 ℃ ［J］. Experimental Thermal and Fluid Science，2000，22（3/4）：145-153.

［6］上海依阳实业有限公司 . 纤维类隔热材料有效导热系数与真导热系数相互关系的试验验证 ［EB/OL］. 2018. http：//www.eyoungindustry.com/uploadfile/file/20180218/20180218134428 _ 74241. pdf.

［7］丁蓉蓉 . 航空发动机 Ti6242s 合金压气机盘锻件的成形均匀性研究 ［D］. 重庆：重庆大学，2019.

［8］Na Y S, Yeom J T, Park N K, et al. Simulation of microstructures for Alloy 718 blade forging using 3D FEM simulator ［J］. Journal of Materials Processing Technology，2000，141（3）：337-342.

［9］Na Y S. Modeling and Prediction of Dynamic-Recrystallization Behavior during Hot Deformation of a Ni-Fe-Based Superalloy [D]. Daejeon: Korea Advanced Institute of Science and Technology, 2004.

[10] Frank R B, Roberts C G, Zhang J. Effect of nickel content on delta solvus temperature and mechanical properties of Alloy 718 [J]. 7th International Symposium on Superalloy 718 and Derivatives, 2010: 725-736.

[11] Yeom J T, Chong S L, Kim J H, et al. Finite-element analysis of microstructure evolution in the cogging of an Alloy 718 ingot [J]. Materials Science and Engineering A, 2007, 449-451: 722-726.

[12] Huang D, Wu W, Lambert D, et al. Computer simulation of microstructure evolution during hot forging of waspaloy and nickel Alloy 718 [C] //Proceedings of Microstructure Modeling and Prediction during Thermomechanical Processing, 2001: 137-146.

[13] Wang G, Chen M, Li H, et al. Methods and mechanisms for uniformly refining deformed mixed and coarse grains inside a solution-treated Ni-based superalloy by two-stage heat treatment [J]. Journal of Materials Science and Technology, 2021, 77: 47-57.

[14] 张海燕, 张士宏, 张伟红, 等. GH4169 合金涡轮盘热模锻工艺的优化研究 [J]. 塑性工程学报, 2007, 14 (4): 69-75.

[15] Coste S, Andrieu E, Huez J, et al. Effect of a heterogeneous distribution of particles on the formation of banded grain structure in wrought Alloy 718 [J]. Materials Science and Engineering A, 2005, 396: 97-98.

[16] Oh S I, Chen C C, Kobayashi S. Ductile fracture in axisymmetric extrusion and drawing-part 2: Workability in extrusion and drawing [J]. Journal of Manufacturing Science and Engineering, 1979, 101 (1): 36-44.

[17] Alexandrov S, Wang P, Roadman R E. A fracture criterion of aluminum alloys in hot metal forming [J]. Journal of Materials Processing Technology, 2005, 160 (2): 257-265.

[18] Cao Z, Sun Y, Wan Z, et al. Investigation on cracking behavior and development of a fracture model of Ti-47Al-2Nb-2Cr alloy during hot deformation [J]. Journal of Materials Engineering and Performance, 2018, 27 (10): 5360-5369.

[19] 邓姣. GH4169 合金塑性变形过程中的断裂失效研究 [D]. 长沙: 中南大学, 2014.

[20] Meriem Z, Roland E L, Nathalie B. In situ characterization of Inconel 718 post-dynamic recrystallization within a scanning electron microscope [J]. Metals, 2017, 7 (11): 476.